高等教育“十四五”创新型教材
高等教育创新探索系列教材

包装设计实用教程

刘维亚 主审
牛红军 牛 萌 董智宇 主编

U0838558

中国商业出版社

图书在版编目（CIP）数据

包装设计实用教程 / 牛红军，牛萌，董智宇主编
. -- 北京 ：中国商业出版社，2025.2
ISBN 978-7-5208-2840-6

Ⅰ. ①包… Ⅱ. ①牛… ②牛… ③董… Ⅲ. ①包装设计—教材 Ⅳ. ① TB482

中国国家版本馆 CIP 数据核字（2023）第 247181 号

责任编辑：朱丽丽
策划编辑：张　盈

中国商业出版社出版发行
（www.zgsycb.com　100053　北京广安门内报国寺1号）
总编室：010-63180647　　编辑室：010-63033100
发行部：010-83120835/8286
新华书店经销
三河市悦鑫印务有限公司印刷
*
787毫米×1092毫米　16开　12.5印张　281千字
2025年2月第1版　2025年2月第1次印刷
定价：59.80元
* * * *
（如有印装质量问题可更换）

刘维亚（高级设计师）

从事创意设计数十年，擅长将设计、造型、绘画及工艺巧妙地融合。为茅台集团、汾酒集团、光明集团、冠生园、家化、皇台集团、香港南洋烟草、天厨、美国橡园等诸多知名企业及著名品牌创作大量的作品，其中为陈年贵州茅台酒、青花瓷精品汾酒、大白兔礼品、露美高级系列化妆品、和酒金色年华、康雍乾御冠酒、佛手牌味精、南洋红双喜等产品设计的包装，曾荣获“世界之星”“中国之星”“华东大奖”“东方之星”等设计金奖及亚洲包装设计（APD）奖。有的作品，还被选定作为国礼馈赠及收藏。其他设计作品还包括：上海市劳动模范奖章、上海市人民政府奖状、“上海科技精英”奖牌、“上海轻工振兴奖”奖章；亚洲乒乓球联盟盟徽、上海市科学技术协会会徽，上海国际时尚消费品博览会标志、（APD）亚洲包装设计展示交流会标志、“东方之星”创意设计大赛标志、上海影城标志、飞达自行车标志及商标等近百件。

牛红军（教授）

牛红军，教授，高级工艺美术师。中国包联设计委员会全国委员、农工党河南省书画院常务理事。河南省人民政府授予“河南省职业教育教学专家”称号。

前言 PREFACE

随着社会的发展、科技的进步，包装在国民经济中占据越来越重要的地位，与民众的日常生活结合紧密，引导着人们的消费和生活习惯。包装作为一种传播载体，集艺术、科技、文化、观念等因素于一体，同时也受到这些因素制约，并与之互动。特别是在经济全球化的今天，包装设计也日趋国际化、市场化、个性化。中国的包装设计在改革开放 40 多年里取得了长足的发展，逐渐缩短了与国际包装强国之间的距离。本书以此为出发点，对包装设计的发展现状和趋势进行呈现，尤其是对中国当代包装设计取得的成果进行了较深入的介绍，让读者对当代包装设计的整体面貌有一定的认知，使读者系统掌握包装设计的基本理论和知识，了解包装设计的前沿技术和发展趋势，从而遵循生产生活规律和艺术规律进行创作和批评。

本书从“包装设计的起源与发展”“包装设计概述”“包装结构设计与材料的选择”“包装容器造型设计”“包装设计视觉传达的特征”“市场调研与设计定位”“包装设计创意构思”“绿色包装设计”八个专题呈现中国包装设计发展样貌和各时期包装设计取得的成绩。在写作过程中，包装设计经过几千年的发展历程，形成了许多富有长久价值的知识体系和设计规律，如包装容器中仿生设计、色彩的文化性、包装图形的具体应用等。这些基础性知识构建起当代包装设计的基石。同时，新材料、新技术、新观念的兴起，也改变了国际国内流行的包装设计风格、信息传递方式等，包装的内涵和外延随着时代的发展而不断扩展。而现有的包装教材和大部分的教参单纯注重技能的输出，对于包装学术研究成果涉及较少，从而降低了包装理论的高度，没有展现包装设计的研究领域和视野。

这本教材是编写团队共同努力的成果，凝聚着大家多年的努力。牛红军教授凭借自身深厚的专业知识和丰富阅历，从宏观上把控书籍的整体框架、规划章节内容，保证了内容完整、逻辑严谨。牛萌、董智宇负责部分章节内容的编写，并为本书的资料收集、信息整理做了很多工作。刘维亚先生作为从业多年的资深设计师，以顾问身份参与了本书的编写工作，他凭借丰富的专业实践经验，为本书的完稿提供了很多宝贵意见，对提升本书专业品质给予了很大的帮助。

在本书编写的过程中，尽可能深入浅出地阐释包装前沿理论。同时，选择了大量国内外顶尖设计师和设计机构的包装设计作品来阐述原理，通过对作品的赏析来提高读者理论联系实际和艺术审美的能力，从而激发其创新、创造能力。

在整个写作过程中，笔者参考并引用了有关著作、论文和部分优秀设计案例以及设计师和设计机构创作的优秀包装作品，在此致以诚挚的谢意。

本书适用于高等院校视觉传达设计、产品设计、工业设计等相关专业的课程教学，同时对包装相关专业的从业人员也具有参考价值。鉴于编者的专业水平和实践经验有限，书中难免存在不当之处，如有错漏疏忽还请广大读者和同行专家批评指正。

编　者

2024 年 6 月

目录 CONTENTS

第一章 包装设计的起源与发展

ITEM 1

本章导读

本章主要阐述了原始的包装在初期的材料和形态均源于自然，随着商品交换的出现、经济的发展和市场竞争的加剧，商品的包装设计逐渐为人们所认识。商人们为了维护和提高商品的信誉而促成了商标和包装等形式的出现和发展。按照包装设计历史发展的过程来看，包装设计按照原始包装设计—古代包装设计—近代包装设计—未来包装设计的趋势在发展。

本章重点

○了解原始包装设计的萌芽时期特征
○工业革命推动了人造包装材料不断代替天然包装材料
○未来包装设计发展的趋势

第一节 包装设计的发展历程

一、原始包装设计的萌芽时期

人类自开始从事生产劳动，生产自己的产品时就有了包装。最初的包装无疑是为了保护产品，便于产品的储藏与携带。早期包装的材料和形态均源于自然，而功能目的也仅在于保存生产资料。古代劳动人民在长期的生活中，运用智慧，因地制宜，从身边的自然环境中发现了许多天然的包装材料，比如动物膀胱、贝壳、树叶、葫芦、竹子、木、藤、草、茎等（见图 1-1、图 1-2、图 1-3）。相传在我国战国时期，人们为了在端午节这一天纪念伟大的爱国诗人屈原，创造出了一种独特的食品——粽子，用清香的箬叶包裹糯米，包成独特的三角形，外边再用彩线捆扎，非常美观。在蒸煮的过程中，箬叶的天然清香渗透到糯米中，形成了独特美味的食品。这种形式与功能结合完美的食品包装一直流传至今，仍然受到广大人民的喜爱，由此可见其包装形式的生命力。

中国有句俗语叫“不知葫芦里卖的什么药”。用葫芦装药盛酒，在古代被普遍应用（见图 1-4）。葫芦外壳坚硬，保护性好，能起到良好的抗腐防潮作用，而且外形美观，便于携带，因此，直到现代，葫芦作为包装材料虽然已经不怎么被使用了，但它那为人所喜爱的造型特点经常被应用到产品包装设计中。

图 1-1　箬叶包的粽子

图 1-2　竹子做的杯子

图 1-3　藤编制的篮子

图 1-4　葫芦

竹、藤、草在古代普遍被当作包装材料得以应用。由于这些材料易于腐蚀，很难有更早期的实物保存下来。它的起源应当早于陶器，20 世纪 50 年代，在浙江吴兴钱山漾的新石器时代遗址中，出土了大量的竹编。太湖周围环境在原始社会非常适合竹藤的生长，因此可能是当时竹编的重要生产区。在 200 多件文物中，有篓、篮、簸箕、谷箩、竹席、农具等品种。竹编大都使用刮光加工过的篾条编出人字纹、梅花纹、菱格纹、十字纹等各种花纹，表明人们很早就已经注意了实用与美观相结合。

古代劳动人民根据天然材料的特性将材料应用于包装的设计中，其用材的合理性、制作的巧妙，以及装饰造型的美感充分体现了古人在包装设计中所追求的形式与功能的完美统一，对于我们今天的包装设计仍然具有很大的启迪和借鉴作用。

随着人类生活水平的提高、生产资料的丰富、生活经验的积累以及原始农业的发展，人们的物资产品有了剩余，吃不完的粮食需要储藏，于是出现了壶、罐一类的陶制储藏品。我们如今在博物馆中看到的彩陶、青铜器，其中的许多器皿都是盛器与容器，像陶罐、陶盆、青铜豆、青铜罐等，它们都具有保藏食品的作用，可以说是最早的包装样式（见图 1-5、图 1-6）。

图 1-5　陶罐

图 1-6　青铜罐

大约在原始社会的晚期、距今 10000—4000 年的新石器时代，社会的第一次生产大分工开始发生。考古证明，我们新石器时代的仰韶文化，已由母系社会转为父系社会，而龙山文化则出现了农业、制陶、牧畜、手工业等经济生产部门的分工和显著发展。生产力的发展和劳动者的社会分工、剩余产品的出现，从而奠定了私有制的基础。同时，由于劳动者的技术专业化倾向，使每个劳动者在生产活动中所生产的产品品种和数量都不尽相同，劳动者总是倾向于从事自己所熟练的技术生产，因此，为了满足个人的需要，开始出现物与物交换——最初级的商品交易形式。包装此时更多的功能是用于包裹保护产品在交换中的完整性。

1．陶器

陶器的发明，是人类发展到一定程度的产物，也是人类社会发展史上划时代的里程碑。原始农业的不断发展，为人类提供了比较可靠、稳定且可供食用的谷物。由于谷物是颗粒状的淀粉物质（见图 1-7），不像野兽的肉便于在火上烧烤食用，加之剩余的食物需要储藏起来，因此，随着农业经济的发展和定居生活的需要，先民对于烹调、盛放储存食物及汲水器皿的需要越来越迫切。陶器一出现，便成为原始时期先民主要的生活用具，它可以汲水、存水、饮水，还能烧水和烧炙、保存食物，大大改善了人类的生存条件，人类生活发生了质的飞跃，开辟了人类发展史上的新纪元。我国的陶器起源很早，1962 年在江西万年县仙人洞就出土了距今 8000 多年的陶器。到了新石器时代晚期，制陶技术已发展到很高的水平，人们用天然的赤铁矿颜料和锰化物颜料在陶器上绘制纹样装饰，烧制成精美的彩陶。彩陶的装饰纹样大都取材于自然景象，图案的造型手法简洁概括，富有韵律感，装饰性强，充分反映了古代人类对造型语言和形式美感的追求与探索（见图 1-8）。

图 1-7　谷物

图 1-8　彩陶

水鸟啄鱼文彩陶壶：出土于陕西宝鸡北首领遗址的水鸟啄鱼文彩陶壶（见图 1-9），口小、颈细、腹折、底平，形似蒜头，造型精巧而优美，绝大多数为泥质红陶，外表或素面无纹，或饰精美的彩陶图案。在仰韶文化半坡类型的遗址中，这是最常见的器物之一，说明当时广为使用。由于它腹大口小，所以可用它盛储水和酒，便于饮用。出土于北首岭的这件蒜头壶堪称仰韶文化的精品，其肩腹部用黑彩绘一组寓意深刻的水鸟啄鱼图，构图线条相当简练，鸟和鱼的形态生动活泼。一只水鸟用嘴紧紧叼住一条大鱼的尾巴，大鱼身体扭曲，昂首张望，呈负痛难忍、欲逃不得之痛苦状。这条鱼身躯细长，头部呈方形，眼睛圆睁，两侧的巨鳃向外鼓起，头部和背部均有斑状花纹。这种构图具有巫术含义。有研究说，在史前时期，动物会被巫师作为与神沟通的助手。鱼生活在水中，鸟翱翔于天空，它们的生活区域和习性与人类迥然不同，因此引起史前居民的敬畏与联想。人们将这两种动物组合在一起，认为这样就可以与神灵沟通，而巫术总是与酒分不开的，巫师在施法的过程中往往要靠酒的帮助来进入迷幻状态，将具有巫术意义的图像绘于酒器的外表，有助于提高巫术的威力。北首岭的这件蒜头壶出土于一墓葬中，墓主人只以此件器物作随葬品，可见对它的珍爱程度。此器现藏于中国历史博物馆。

船形彩陶壶：陕西省宝鸡北首岭遗址出土的船形彩陶壶（见图 1-10），泥质红陶，口部呈杯状，器身横置，上部长，底部短，上部两端尖，造型颇像一只小船。在两侧的腹部，各用黑彩绘出一张渔网状的图案，渔网挂在船边，似正撒网捕鱼，又像小船刚刚捕鱼回来，在晾晒渔网。陶壶上端两肩上，横置两个桥形小耳，既便于提拿，又可穿绳背负，随身携带。北首岭是一处以仰韶文化遗存为主的遗址，位于现在宝鸡市的北侧，南距渭河 2 千米；紧邻遗址的东侧，便是渭河的支流金陵河。对于生活在河边的北首岭史前居民，捕鱼是一项重要的经济活动。在遗址中发现了数量较多的鱼类和龟鳖类动物的遗骸，另外还有螺等水生动物的外壳，它们显然都是从附近的河流中打捞上来的。北首岭的史前居民似乎对鱼特别重视，他们不仅生前食鱼，死后还要用鱼作随葬品。在一座墓葬的陶罐内就发现了两条鱼的骨骼，出土时骨骼松散地与黑色的物质黏结在一起，估计当时可能是先将鱼烹制成菜肴，再装入罐中埋在墓内的。当时人对鱼如此珍爱，对捕鱼的工具当然也就有特殊的感情。从这件船形壶的造型看，当时很有可能会造船。人们喜欢美酒，当然希望能拥有永远喝不完的佳酿，而船是永远要漂浮在水中的，用船形壶装酒，人们会觉得酒就像船下的水一样永远饮之不尽。可见，当时人不仅喜欢喝酒，而且特别重视装酒的器具。此器现藏于中国历史博物馆。

图 1-9　水鸟啄鱼文彩陶壶

图 1-10　船形彩陶壶

波浪纹彩陶钵：陕西省临潼县姜寨遗址出土的波浪纹彩陶钵（见图 1-11），口部微向内敛，鼓腹，圆底；泥质陶，外表呈橙黄色，用黑彩绘两周波浪纹，在唇部波浪纹的波谷之间，还用黑点加以点缀。整个器物近似一个半球体，小巧玲珑而又美观大方。彩陶钵是仰韶文化半坡类型的典型器物之一，不仅数量多，而且图案相当丰富，最常见的是所谓的“红顶钵”，即口沿外表饰一条红色或黑色条带纹的敛口或直口钵。其他图案还有变体鱼纹、倒三角、直线纹等。在器物形制上，钵的变化也较多，以敛口圆底钵最常见，也有直口和小平底钵。钵不仅大量发现于各遗址的地层、房屋和灰坑中，而且常见于墓葬的随葬品中，反映出这是当时最常用的一种饮器，人们既用它饮水吃饭，也用它喝酒。姜寨的这件彩陶钵出土于一座未被破坏的土坑墓中。这是一座比较独特的合葬墓，葬有 32 个人，男女老幼均有。人骨分两层放置，下层是一次合葬，上层是二次合葬。上层的死者是在死后一段时间被迁来的，而下层的死者则是在同一段时间死去的。一般认为，这种合葬墓是原始社会的家族墓葬。姜寨的这个家族在某个时期同时死去了很多人，同族的人便把他们葬在同一个墓穴中，同时也把在这之前死去的族人迁来，埋在这座墓的上层。对于这个家族来讲，这是一次很隆重的葬礼，活着的人为了寄托哀思，给他们随葬了丰富的物品，把生活中所需的各种东西都送给他们，让他们在另一个世界中享用，这些东西有陶罐、陶盂、小口尖底瓶、陶盆、陶杯、石砚、石研棒、砒磨器、骨异、牙饰、蚌刀、蚌饰、陶钵等，总数达 50 件，其中以陶钵的数量最多，共有 10 件，占全部随葬品的 1/5。钵是当时人生前最需要的器具，死后也要尽可能多地带到另一个世界去。波浪纹彩陶钵现藏陕西西安半坡博物馆。

图 1-11　波浪纹彩陶钵

鱼鸟纹彩陶葫芦瓶：陕西省临潼区姜寨遗址出土的鱼鸟纹彩陶葫芦瓶（见图 1-12），泥质红陶，瓶口部呈杯状，器身瘦长，小平底，造型类似一只葫芦。在腹部两侧各附一耳，耳上穿有一小孔。瓶口部遍涂黑彩，颈部以下用黑彩绘有复杂的鸟纹和鱼纹组合图。在腹部的两面，各绘上、下两组鸟纹，鸟均只绘头部。上部的鸟头被圈在一个方框内，头上方有一带倒刺的弧线，嘴朝向杯口；在鸟嘴的下方，绘有一个鱼头，鸟似在啄这个鱼头。下侧的鸟也在一个方框内，嘴朝向瓶底。在这两组鸟纹的正上方，还有三个并列的三角图案，图案的上方，有两个小圆点。在瓶的两耳部，以耳为中轴点，各绘一组不同纹，一侧绘两个鱼的侧面像，鱼嘴张开，朝向耳部；另一侧则是用三角形组成的鱼纹。葫芦形瓶是仰韶文化“史家类型”的代表性器物之一，距今 5600 年左右。大多用细腻的陶土塑造而成，外表多呈红色，也有个别的是泥质黑陶。其造型多样且美观，器身分两部分，上大下小，形似口小腹大的葫芦。多数素面无纹，极少数饰绳纹和指甲纹。外表用黑彩绘饰图案的器物并不太多，但是凡为彩陶者，均构图复杂，图案精美而寓意深远，堪称仰韶文化的精品。除这里所说的鱼鸟纹组合图外，还有变体鱼纹和变体人面纹等，它们既抽象又传神，表现出仰韶文化的居民具有很高的艺术技巧。葫芦形瓶在史家类型的遗址中均有出土，数量还相当大，姜寨就有 114 件，仅次于钵，说明是日常生活中最常用的一种器物。推测它可能兼具盛器和饮器两种用途，既可装水、装酒，也可用它来喝水饮酒。该瓶腹部深而大，便于装东西；口部小而圆，便于饮用；器身上、下部分之间有向内凹的细腰，有些在下腹部还有两耳，便于执握和携带。用它装酒，既可在家开怀畅饮，又能随身携带，以便随时品尝。所以，自此以后，葫芦和葫芦形的器物便与酒联系到了一起。商代甲骨文中的“酒”字就是一个类似于葫芦的图案，后世的道士和仙人的腰间往往挂一个充满魔力的酒葫芦，因此，葫芦不仅是酒器，还成了一种法器。此器现藏于陕西西安半坡博物馆。

图 1-12 鱼鸟纹彩陶葫芦瓶

猪形陶鬶：山东省泰安大汶口遗址出土的猪形陶鬶（见图 1-13），夹砂红陶，通体挂红陶衣，两耳上耸，耳尖部穿有一小孔，双目圆睁，方鼻上拱，嘴张开，整个头部是一个造型生动的猪面，背部前置提梁，后装一筒形小口，尾部有一上翘的小短尾，腹部圆鼓，两足向前伸，后面两足向后蹬，器物造型类似一头昂首翘望、体态肥壮的猪。这既是一件精美的雕塑工艺品，又是一件非常实用的注酒器。使用时，先将酒从背后的圆筒形口中注入，然后手握提梁，将酒从前面的嘴部倒出来。用如此别致的器具倒酒，给饮者增添许多乐趣。仿照猪的形态制造实用的器物，是大汶口文化的特色之一。类似的器物在山东省青岛市胶州市三里河遗址中也出土了一件，其外表呈灰褐色，类似猪皮的颜色；胎质夹砂，底部似有烟熏痕。大汶口遗址不同的是，三里河的这件鬶只在背的后部设圆柱形器口，是注酒和倒酒的唯一通道，可能是温酒器具。猪是大汶口文化的主要家畜之一，在许多遗址中都发现了大量的猪骨骼。大汶口文化的居民生前以猪为主要肉食，死后也要用猪骨随葬。三里河遗址用猪下颌骨做随葬品的墓就有 18 座，最少的 2 块，最多的 37 块。大汶口则用整个猪头随葬，最少的 1 头，最多的达 14 头。不过，一个很有意思的现象是，随葬猪形陶鬶的墓葬都不见猪头骨。大汶口的猪形鬶出土于第 9 号墓中。这是一座大墓，墓室设二层台，墓主人手执獐牙，随葬了 70 余件器物以及成堆的牙刀和骨、牙料等，但没有猪骨；三里河的猪形鬶出土于一座老年女性墓葬中，随葬品只有陶器和蚌器。这一现象或许表明，猪形器物在墓中可能和真正的猪具有同样的功能，主人生前视它为珍玩，死后也把它带在身边，作为财富和地位的象征。此器现藏于山东省博物馆。

图 1-13 猪形陶鬶

2. 青铜器

我国早在商代的时候，青铜器就已经得到普遍的使用，主要是奴隶主和达官贵人满足其奢华生活的各种用品。青铜器的造型丰富多样，仅作为容器出现的就可分为烹饪器、食器、酒器、水器等。在青铜器的创造中，凝结了古代人民对制造工艺和装饰美学法则的掌握。在装饰上除了平面纹样外，还出现了很多立体雕塑装饰，比如把盖子的钮做成鸟形，把盖做成双角兽等，从而大大丰富了青铜器的造型。

乳钉纹铜爵：提起中国古代的青铜礼器，会给人以肃然起敬的感觉。我国古代灿烂的青铜文明，在人类文明史上是一个伟大的奇迹。中国青铜器的起源，可上溯至5000年前，《史记·封禅书》说“黄帝作鼎”，更多的古书则说夏禹铸九鼎，可这些说法尚未被今天的考古发现完全证实。现今的考古事实是，我国年代最早的一组青铜礼器，出土于河南省洛阳市偃师区二里头遗址，主要有鼎、爵等共10余件，以爵为最多，很显然绝大多数是酒器。二里头青铜器的价值，主要在于它是我国商周青铜器之源头，对于研究青铜礼器的起源、演进和早期青铜冶铸技术，有着重大科学价值。二里头遗址出土铜爵中最具代表性的是1975年发现的乳钉纹铜爵（见图1-14），它的形体与同时期的陶爵相似，窄长流，尖长尾，钉状双柱矮小，细腰，瘦腹，扁带状板，三棱锥状足。腰腹正面装饰一排乳钉，共5颗，夹在二道凸弦纹之间。现藏于偃师商城博物馆，属商代早期文物。该铜爵形体单薄古拙，透露着浓重的原始气息，在数以万计的商代青铜酒器中，实在是貌不惊人，然而若论其科学价值，却是商代铜爵中最为出类拔萃者之一。这件铜爵的流、尾特别长，以致其爵体总宽度大大超过了总高，再加上其三足瘦细，便给人一种头重脚轻比例失调之感觉。然而，这种在现代人看来是缺憾的事，在当初却是颇为值得夸耀的优越之处。我们知道，铜爵的流是用来饮酒的，而其尾，一是用来均势，即平衡器物重心；二是为了向爵内注酒更方便，流与尾的长度都应适可而止。可是，当时铜爵刚刚诞生不久，为了充分显示青铜铸件的优点，可较大限度地延展，不易折损，故而工匠们有意识地夸张地增长铜爵的流和尾，以此炫耀青铜的优越和铸造技术的高超。人们只是一味地赞叹铜爵三足的细高和流、尾的窄长（陶爵不易做到这一点），谁还去理会什么结构是否均衡。最早识别出铜爵，并在金石书中著录铜爵的，是宋代的金石学家。但对于宋代许多普通文人来说，其对商周铜爵的认识仍还有限。梅尧臣《吴冲卿出古饮鼎》诗云：“精铜作鼎土不蚀，地下千年藓花幂。腹空凤卵留藻文，足立三刀刃微直。左耳可执口可斟，其上两柱何对植？”末二句所描述的正是商代晚期至西周早期常见铜爵的样子：腹呈凤卵竖立状，有繁细的花纹，三足作刀形，单錾，有流，双柱。这种样式的铜爵目前已出土许多，1978年在安阳殷墟出土的“贞爵”便是其中之一，其形制与宋诗的描述非常吻合。梅尧臣把铜爵叫作“饮鼎”，定位饮器是对的，但归入鼎类则大错特错了。

图 1-14 乳钉纹铜爵

牛首饕餮纹铜尊：尊是盛酒之器，我国现知年代最早的铜尊，以1955年郑州白家庄商代中期墓中出土的一件牛首饕餮纹铜尊（见图1-15）为代表，它的口部外移，颈部有三道凸弦纹，阔肩，肩饰一周夔龙纹，腹部较肥，饰饕餮纹，圈底下附圈足，现藏于中国历史博物馆。商代中期铜尊的一般特征便是侈口、高颈、广肩、肥腹、圈足；商代晚期出现觚状尊；西周中期出现新型尊，为侈口、缩颈、垂腹。至东周时，铜尊在中原地区已罕见，而在南方的吴越蔡楚等地仍较常见。尊，古时又写作樽。樽作为酒器，可以是专称，也可以是泛称，可指铜器，也可指漆木器。如《礼记·乐记》“铺筵席，陈尊俎”，汉代刘向《说苑·修文》“若夫置樽俎，列笾豆，此有司之事也”，《战国策·齐策》“千丈之城，拔之尊俎之间”，宋代王安石《寄郎侍郎》诗“久愿作公樽俎客，恨无三亩斫蓬蒿”，均泛指酒器。古时又往往尊、彝连称，泛指所有礼器，或引申为酒、酒宴。如《周礼·春官·司尊彝》“掌六尊六彝之位”，《周语》“奉其牺象，出其樽彝”。

图1-15　牛首饕餮纹铜尊

龟徽铜罍：河南省郑州市，地处中原腹地，是京广、陇海两大铁路干线交点，地理位置十分重要。早在商代，这里曾是都城所在地。当时的商王仲丁，面临国内“比九世乱”和东方“蓝夷作寇”之局面，决心重振国威，于是把都城迁到了现在的郑州，那时郑州一带叫作隞，如今，学术界把郑州的仲丁都城称为“郑州商城”。1955年，考古工作者在郑州商城内的白家庄发掘了一座商代中期墓葬，有木棺，墓穴内铺有朱砂，并出土了一组青铜器，计鼎、斗、爵、罍、盘各一件，另外还出土了象牙觚、绿松石饰、玉器以及圆陶片等物品。其中，出土的龟徽铜罍（见图1-16）为小口，高颈，广肩，深腹，圆底，高圈足。其肩部饰带状云雷纹，腹部在两周云雷纹之间，饰浅浮雕饕餮纹，圈足上有凸弦纹和十字镂空。较特殊的是，铜罍的颈部等距分布着三个龟的徽像，学者考证是族徽，即古代的“图腾”，表明该罍属于以龟为图腾的氏族的礼器。在商周时代，人们往往以动物为图腾，见于铜器者有龟、象、虎、鹿、豕、马、牛、羊、鸟等若干种。实际上，早在新石器时代，我国先民已在崇拜、使用多种动物图腾，并见诸玉器、陶器之上。郑州出土的这件铜罍，是我国首件经科学发掘出土的商代中期铜罍，也是现知我国年代最早的铜罍，其龟徽则是我国古代青铜器上最早的族徽。因此，该器颇受专家们的青睐。此罍现藏于河南博物院。在日本的泉屋博物馆，也收藏一件铸有龟徽的商代铜尊，龟徽已美术图案化，属商代晚期。罍是盛酒之器，《诗经·卷耳》云“我姑酌彼金罍，维以不永怀”；东汉班固《东都赋》有“于是庭实千品，旨酒万钟。列金罍，班玉觞，嘉珍御，太牢飨”。金罍即铜罍，因罍是盛储酒的器皿，故古时把酒尽谓为“罍耻”，《诗经 · 蓼莪》说“瓶之罄矣，维罍之耻”，即酒瓶中无酒，是罍的耻辱。铜罍始见于商代中期，在商代晚期仍较流行，最晚的铜罍大体是西周穆王时期的，出土于陕西长安县（今长安区）普渡村的长由墓。罍与尊同为盛酒之器，因而罍有时也称罍尊，如《史记 · 礼器》载：“庙堂之上，罍尊在阼，牺尊在西。”据《史记 · 梁孝王世家》记载，西汉梁孝王府中“有罍樽，值千金”，唐人司马贞说梁孝王之罍尊“画云雷之象以金饰之”，实际上极可能是一件商代旧物，在西汉时属珍贵文物，故价值甚高，后来因为这件宝物，还给梁孝王府带来灾祸。

图 1-16　龟徽铜罍

兽面提梁铜卣：铜卣是古代盛酒之器，有提梁。卣，最早见于《诗经 · 江汉》，诗云“厘尔圭瓒，秬鬯一卣”，周代青铜器铭文中也说以卣装酒。现知年代最早的铜卣，出土于郑州商城遗址。1982 年 7 月 11 日，在郑州向阳回民食品厂基建工地施工的工人，在地下 5 米深处发现 7 件商代铜器，计有鼎、罍、盂、盘、尊等。文物部门闻讯，即赶往现场进行发掘清理，并判定此处是一座商代中期的铜器窑穴，又在附近发掘出一件大型铜方鼎，鼎内盛放 5 件铜器：卣 1 件、觚 2 件、小圆鼎 2 件。兽面提梁铜卣（见图 1-17）口小腹大，有盖，盖钮呈蘑菇状。颈部饰一组云雷饕餮纹，腹饰饕餮纹。圈足上有圆镂孔，饰联珠云雷纹。扁提梁，两端雕饰蛇头。该器作为中国古代铜卣的鼻祖，其价值不言自明，而其腹部的花纹，亦极珍贵，在我国宗教史和美术史研究方面，意义重大。商周铜器上似人非人、似兽非兽的动物形花纹，实际上是秉承了新石器时代的一种神灵的形象。在良渚文化玉器上，刻有十分神秘的徽像——人与动物合而为一的神灵形象，头戴一顶大羽冠。在龙山文化玉器上，也有类似神徽，只是人与动物已分身，动物为鸟首状，环目，扁喙，头顶有高羽冠，羽冠中央还有冠徽。郑州向阳食品厂出土铜卣上的花纹，也是头有羽冠，冠中央高竖冠徽，额有菱形纹，巨口，口之下还有一个倒置的羽冠。它与史前古玉器上的神徽，显然一脉相承。请不要小看了这个并不太复杂的图像，它曾是中国古代极受敬仰的对象，那顶巍峨飘逸的羽冠，是当初最高统治权的象征。据郭沫若考证，“皇字的本义即是插有五彩羽的王冠”；中国社会科学院考古研究所所长任式楠教授认为，良渚文化玉器神徽上那高耸宽大的羽冠，可能就是古代皇冠。就是说，古文“皇”字便是用鸟羽制成的皇冠的象形字，此铜卣上的主题花纹，正是远古帝王形象之遗存。

图 1-17　兽面提梁铜卣

3. 漆器

中国以漆作为涂料，相传始于 4 000 多年前的虞夏时代，但是实际的应用漆器可能比传说的还要早。

彩绘对凤纹漆耳杯：彩绘对凤纹漆耳杯（见图 1-18）系 1982 年在湖北省江陵县马山公社砖瓦厂一座战国墓中出土的楚国文物，木胎斫制，椭圆形口，双耳上翘呈新月形，浅腹，小平底。器表和口沿内侧髹黑漆，杯内髹暗红色漆。花纹系用朱、黄、浅黄、金黄四色绘成，口沿内侧、耳面及耳外侧绘变形凤鸟，杯两端外侧绘变形凤纹、卷云纹，器内底部正中饰金黄色花瓣，周围用银粉绘制双凤舞蹈纹。龙凤纹是这座楚墓出土文物上最常见和最有魅力的装饰图案，其凤鸟图像的最大特点是形体矫健，舞姿优美，翼尾羽毛华丽。耳杯内的舞蹈双凤纹，因器设图，把双凤绘成旋转对称式，在一个面积不大的椭圆形装饰面上，创造了生动活泼、优雅对称的美丽画面，使观赏者禁不住有翩翩欲舞、跃跃欲歌之感，艺术感染力极强。与耳杯同时出土的丝织品上刺绣的凤鸟纹，与耳杯上的凤鸟纹风格相同，因其装饰面积大，有充分的发挥余地，便更显得舒展大方，美妙无比。

图 1-18　彩绘对凤纹漆耳杯

乘舆漆耳杯：乘舆漆耳杯（见图 1-19）是一件西汉成帝的御用宝器。看上去与通常的漆耳杯的形制相同，只是腹略深。夹纻胎，椭圆形口，平底，实圈足。双耳镶鎏金铜壳。杯内髹朱漆，杯外黑漆，近口处以朱漆绘一周菱形纹夹圆圈纹，其他部分朱漆绘流云凤鸟纹，耳面绘朱色几何云水纹，近底座处以针刻半圈隶书款识。

专家释读为："乘舆髹丹画木黄耳杯一升十六勺杯。绥和元年，考工并造。丹工丰，护臣彭，佐臣伊，啬夫臣孝主。守右丞臣忠，守令臣丰省。"杯长 15.6 厘米，高 4.5 厘米。"乘舆"是皇帝的代称。如《孟子·梁惠王下》："今乘舆已驾矣。"贾谊《新书·等齐》说："天子乘车曰乘舆。"而蔡邕《独断上》说："车马衣服器械百物曰乘舆""天子至尊，不敢渫渎言之，故托之于乘舆。""考工"即西汉中央政府的少府卿之属官考工令。"护""佐""啬夫"均为考工室中的官名。"守右丞""守令"二职是级别稍高的官名。一器之作，有这么多人组织、督察、制作，可见其专业化程度较高。把有关人名记于器上，是为了明确责任、保证质量，倘有差错追究起来很方便。乘舆漆杯系 20 世纪 50 年代出土于甘肃省武威县城南祁连山下磨咀子的一座汉墓中，现为甘肃省博物馆藏品。皇宫御用漆杯流落到边地，很可能是作为皇帝的赏赐品而远传河西的。

角形玉杯：广州在西汉早期是南越国的都城番禺，这里本是秦代的南海郡地，秦末中原战乱，统一岭南的秦将赵佗乘机割据，于汉高祖四年（公元前 203 年）据岭南三郡建南越国，传国五世 93 年，于元鼎六年（公元前 111 年）被汉武帝平灭。南越国地处偏僻，南越王陵隐秘不为人知。据传说，赵佗陵墓倚山为坟，规模甚大，内藏大量珍玩异宝。三国时孙权想发个横财，派遣数千兵卒寻掘赵佗墓，凿山破石，费时耗力，却一无所获。然而出人意料，南越王国第二代国王赵昧的墓葬，却于 1983 年 6 月 9 日在广州市区象岗山上被发现。经发掘，墓中出土大量珍贵文物，角形玉杯（见图 1-20）便是其中之一。这件玉杯原放置棺椁"头箱"中，用丝绢包裹着，显示了主人对它的珍爱。杯为青玉质，半透明，局部有红褐色浸斑；造型仿犀角，口呈椭圆形，杯身末端呈卷索形回缠于杯身下部；杯上装饰主要是一条夔龙，从口部到底部，夔龙回环卷缠于杯身上，由浅浮雕逐渐转为高浮雕，及底时成为圆雕；陪衬花纹是单线浅刻的勾连云雷纹。该杯玉质坚实，光泽温润，是名贵的新疆和田青玉。

角形玉杯的造型新颖独特，雕琢巧夺天工，器形纹饰浑然一体。汉代的番禺是犀角象牙的集散地，这件玉杯应该是仿照犀角杯雕制的，是南越国玉匠创制的不朽艺术瑰宝。据史书记载，赵昧是继承其祖父赵佗而为南越王的，即位后多病。经对墓中尸骨进行科学鉴定，推断墓主死于 35 ～ 40 岁，结合墓中随葬大量药物，可证史书不妄。

图 1-19　乘舆漆耳杯

图 1-20　角形玉杯

4. 瓷器

中国最具有代表性的工艺品首推陶瓷，它几乎成了中国传统文化的象征。陶瓷作为容器的一种形式，在中国历史的发展中应用之广，历史之悠久，以至影响力都是其他种类容器无可比拟的。瓷器严格来说始于东汉，但从陶器到瓷器，大约在战国时期经过了半瓷质陶器的过渡过程。到了东汉时期，瓷质日趋纯正，瓷胎较细，釉色光亮，釉和胎的结合日渐完美。直至今日，陶瓷除了工艺品、日用品以外，时常被用作具有民族传统风格的包装容器，如白酒、中药的包装等。

越窑鸟形杯：越窑鸟形杯是我国成熟的青瓷器，于东汉末年创成于上虞，这也奠定了越窑在中国瓷器史上的崇高地位。三国时期，吴国把越窑青瓷推向发展，除了烧造一些保留大量东汉风格的青瓷器，如双系壶、双耳罐等，还特别喜欢模仿动物的样子制作瓷器，譬如蛙形水注、羊形烛台、熊灯等，皆生动活泼，稚趣可爱。1974年，在浙江省上虞县（今上虞区）百官镇凤山东吴墓中出土的一件越窑鸟形杯（见图1-21），就是越窑动物形瓷器中的珍品。古人常把器盖上的钮做成鸟的样子，给器物增添活泼气氛，但把整个酒杯做成鸟的样子则较少见。越窑鸟形杯的杯体是圆钵状，上腹有两道凹弦纹，前腹部堆塑一只鸟，鸟头高昂，翼尾舒展，背负大杯，做冲天奋飞状；在杯腹的后部，又接塑了一个宽宽的鸟尾，尾上翘，从侧面看，杯子前后的鸟身、鸟尾与杯身，恰好构成一只鸟的形状，它与东周时期的鸟形漆勺，有异曲同工之妙。该杯釉色淡绿而均匀，高3.8厘米，口径10厘米，现藏于北京故宫博物院。西晋左思《吴都赋》曾用“里宴巷饮，飞觞举白”八个字来描述东吴都城饮酒风气之炽盛，东吴的陶工，正是在这种风气的熏陶和引导下，设计制造出了这件别致的越窑鸟形杯。

图1-21　越窑鸟形杯

青瓷鹰形双系盘口壶：我国青瓷自东汉诞生以来，经过三国时期的酝酿，至西晋时形成一代新风尚，这就是取动物形象为瓷器造型，既吸收了商周铜器中鸟兽尊之特点，又融入了一些常见禽兽的姿态，形象优雅别致，妙趣横生，其中最常见的青瓷酒器便是鸡首壶，而与鸡首壶属姊妹器的是一种以鹰为装饰的青瓷盘口壶（见图1-22）。1964年在南京中华门外板桥镇石闸湖西晋墓中出土了一件鹰饰青瓷盘口壶，浅灰色胎，灰青釉，浅盘口，短颈，球状腹，平底；左右肩有对称二系钮，可系绳而提；前肩塑有鹰头，钩喙短颈；壶腹两侧刻两个博大的羽翼，下腹前方塑二爪，后方塑小尾。看上去此壶就像是一只肥硕无比的鹰鸟，把本来身形矫健、善搏长空的鹰鸟塑造得如此肥笨、憨态滑稽，倒也别有趣味。此壶高17.5厘米，现属南京市博物馆藏品。

晋代流行以瓷器为酒器，大量的鸡首壶以及这件盘口壶，都属酒器。晋人潘岳在《笙赋》中说：“披黄苞以授甘，倾缥瓷以酌酃。”便是以瓷器盛酒的铁证，缥瓷是浙江温州一带窑厂瓷器，釉色淡青。把酒器从青铜器和漆器方面转向瓷器，在中国物质文化史上是一个重要变革。从此以后，瓷器成为人们生活中最主要的酒器种类。

所谓“盘口壶”，是当今人们的一种叫法，实际上这种器物古时并不叫壶，而很可能叫瓶。1954 年洛阳西郊东汉墓地出土的一件陶罐，形与晋代盘口壶相仿，其身上写有“解注瓶”字样，它的名字显然叫瓶。据说，晋代名士阮孚身材矮小且秃顶，并极为嗜酒，曾因以金貂（皇帝赐佩的官位标志物）换酒而被弹劾。周文帝很喜欢此人，有一天，周文帝欲戏弄一下阮孚，命人在屋子里放了 10 瓶酒，瓶较大，可容一斛，瓶上加帽。阮孚进屋见到后，灵机一动，脱口说道：“吾兄弟何为入官家匡坐相对，宜早还宅。”然后抱起酒瓶就走，周文帝大笑。看来这位阮先生颇有幽默感，他把那些粗矮的酒瓶与自己的身材相比拟，引为兄弟，说兄弟们怎么跑到官家来默默对坐？还是早些回家吧。于是 10 瓶酒归了他。阮孚抱回家的酒瓶，应该就是晋代常见的盘口壶。

图 1-22　青瓷鹰形双系盘口壶

青釉神兽尊：西晋时期比较流行以盘口瓷壶作酒器，青釉神兽尊（见图 1-23）的基本形制与盘口壶相仿，因其装饰奇异，遂成为我国西晋青瓷中的名品。现藏于南京博物院的青釉神兽尊，1976 年出土于江苏省宜兴县（今宜兴市）城东的一座西晋墓中，瓷胎，质地细腻，施青灰色釉，釉色淡雅，釉面很不均匀。它的诱人之处，是因器制宜，塑造了一只大腹便便的神兽形象。它凸目阔鼻，巨口微张，内含一颗宝珠。颌下绒毛两分，前肢平举，双掌朝前，后肢屈曲呈蹲坐状。后背处有角状突出物，身侧刻划双翼。看上去，整器就像是一只肥腹腆凸、屈肢蹲坐、昂首望天的神兽。尊体与兽体合二为一，浑然不分，可谓构思奇巧，实属早期青瓷中十分难得的艺术佳作。它与 1964 年在南京出土的西晋鹰饰瓷壶，有异曲同工之妙。二器相比，前者雄浑而威严，后者则俏丽而清秀。尊上设有 6 个系钮，每侧 3 个呈“品”字形安置，上面的一钮最大，下面二钮小，可用于穿绳提尊。

图 1-23　青釉神兽尊

魏晋南北朝是我国雕塑艺术史上的重要发展时期，江苏南朝陵墓上的石兽以及各地石窟寺中的雕像，均独具风貌，充满活力。这件尊上的神兽与六朝陵墓前的石雕兽多有相似之处。令人叹服的是，西晋陶瓷匠师以其不凡技法，在一件不足 30 厘米高的尊上，表现了一个气吞山河的神兽形象，它的气势与神威，丝毫不比那些傲立于帝陵前的巨型石雕兽逊色。

上虞窑青瓷扁壶：上虞窑青瓷扁壶（见图 1-24）系 1970 年 8 月在江苏省金坛县（今金坛区）白塔公社惠群村出土的一件西晋文物。小圆口，扁圆腹，有圈足。肩上双耳作鼠形，有翼，短尾。腹部一面刻一草人状图案及“紫（此）是会稽上虞范休可作琿者也”13 字，另一面刻草人状图案及“紫是鱼浦七也”6 字。壶施满釉，釉色一面泛黄，一面泛青，呈半透明状，有冰裂纹。器高 23.2 厘米，腹宽 21 厘米，现为镇江博物馆藏品。我们知道，青瓷是东汉晚期在上虞创造性烧制成功的，浙江从此成为青瓷的发源地，名扬中外。该壶铭刻说明它是会稽上虞鱼浦一位名叫范休可的人制作的，鱼浦是一湖名，后来改名白马湖。“琿”字经过考证，青瓷扁壶在三国两晋时期的正名叫“琿”；古时候甄与椑、钍相通，仅所指器物之质料有别。而“卑”又可以写作“甲”。在山西太原拣选到的战国铜扁壶自名为“钍”，湖北江陵凤凰山 167 号汉墓遣策称漆扁壶为“大柙”，在江西九江征集的“于兰家”铜扁壶自名“钾”，可证本器之“琿”应即甄。江陵凤凰山 10 号汉墓出土的第 6 号牍上记有“酒柙二斗一”，说明椑是盛酒之器。《广雅 · 释器》说：“扁榼谓之椑。”《说文》中说：“榼，酒器也。”因此，可以肯定上虞窑青瓷扁壶是一件酒器。上虞窑青瓷扁壶造型匀称、端庄而柔美，釉色晶莹滋润，是上虞窑青瓷中的代表作，也是我国早期青瓷中的佳作。以动物为装饰，是我国瓷器从青铜器继承下来的一个特点，但是在瓷器上塑造老鼠形象，则极为罕见。该壶以圆雕双鼠为耳系，实属别出心裁。双鼠弓背伏行，嘴触地，似在嗅壶内美酒的香气，形神俱佳，情趣深长，颇有新奇感。俗话说，老鼠过街，人人喊打。因为老鼠与人争粮，故而历来为人类所仇视。《诗经 · 硕鼠》即说：“硕鼠，硕鼠，无食我黍！”“硕鼠，硕鼠，无食我麦！”“硕鼠，硕鼠，无食我苗！”可是西晋的陶匠范休可巧做雕塑，把令人切齿的老鼠塑造得玲珑可爱，不能不说是古代艺术的杰作。

图 1-24　上虞窑青瓷扁壶

除了上述的一些主要形式以外，像金银器、石器、玉器、木器、琉璃等材料，都曾被作为容器的形式来应用（见图 1-25、图 1-26、图 1-27）。

图 1-25　金器

图 1-26　玉器

图 1-27　木器

二、古代包装设计的成长时期

随着生产力的提高，人类进入了新的历史发展时期，手工业使劳动分工有了根本性的提高，包装在功能上也有了根本性的变化。

市场竞争不断发展进步，为了吸引受众兴趣，把用来交换的产品交换出去，就必须把产品陈列于市场，这时包装的功能就不能仅仅停留在之前的保护功能上，它开始渐渐起到传递产品信息、促进产品售卖的作用。商业的发展带来了商业的竞争，商人为了维护自家商品的信誉而促成了商标和包装等形式的出现和发展。1964 年，陕西咸阳以及后来的河南长葛县（今长葛市）出土的西汉铁器，许多上面铸有“川”字，“川”指颍川，阳城（今河南登封市告城镇）。还有在北京郊区大葆台西汉古墓中出土的文物中，有的铁斧等铁器上面铸有“渔”字，“渔”指渔阳郡（今天的京郊密云区）。这些可以看作是最早的产品商标使用（见图 1-28、图 1-29）。

图 1-28　铁器

图 1-29　铁器

关于包装的使用，在我国不会晚于战国时期，在《韩非子》中记载了“买椟还珠”的故事，是讲一个不识货的郑国人以高价买去了华丽的装珠匣子，而将珠子还给了商人。这也从侧面说明了当时商业对包装的重视以及包装水平的消费吸引。

中世纪时期我国手工业非常发达，商业也很繁华，包装在商品交换中起着很重要的作用。随着造纸术的发明，东汉时期出现了印刷的早期形式——拓印。隋唐时期，我国的雕版印刷技术已经相当高超，比如现存最早的雕版印刷品之一，在敦煌发现的公元 868 年刻印的《金刚经》，版面工整，图文并茂，印制精美，体现了印刷技术与版面设计的结合。宋代，我国雕版印刷达到顶峰，许多地方形成了大规模的刻印中心。这时期出版印刷了大量典籍，由于商业的发展，还出现了木板刻印的世界上最早的纸币——交子（见图 1-30）。

印刷术被运用于包装设计当中，比如在包装纸上印上商号、宣传语和吉祥图案已相当普遍。我国现存最早的印刷品包装，是宋代（960—1279）刘家功夫针铺广告。它是一张包装纸（见图 1-31、图 1-32），上书“济南刘家功夫针铺”，左右两边分别是“认门前白”“兔儿为记”字样，中间是一只兔子的图形标记，下半部是广告语“收买上等钢条，造功夫细针，不误宅院使用，客转为贩，别有加”等字样。图形鲜明，文字简洁易记。下面还有一些关于商品及销售方面的说明。在这张包装纸上我们可以看到构成现代包装的许多基本要素：商标、插图（兔子的形象）、广告语、产品相关知识等。

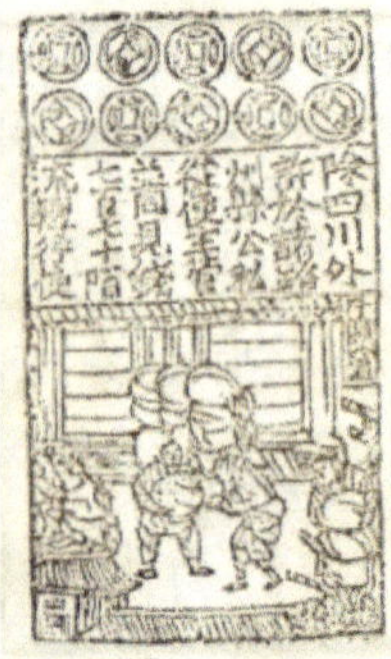

图 1-30　交子

图 1-31　刘家功夫针铺广告

图 1-32　刘家功夫针铺广告青铜版

北宋画家张择端的《清明上河图》(见图 1-33、图 1-34) 形象地反映了开封城内商业的繁华景象，城内店铺林立，贸易兴隆，早市、夜市昼夜相连。酒楼、茶楼等错落有致。在画中我们可以发现各式各样的包装，或是捆绑形式，或是内外多层形式，包装材料多种多样，有麻布、竹编、木材、纸料、皮料等。

图 1-33 《清明上河图》(局部)

图 1-34 《清明上河图》(局部)

宋、元时期，酒具生产更趋多样化和地方化。出现了玉壶春瓶、梅瓶等特制的酒瓶（见图 1-35、图 1-36）。玉壶春瓶是一种撇口、细颈、垂腹、圈足，以变化柔和的弧线为轮廓线的瓶类，其功能一方面是实用性强，口部易于封闭；另一方面是在为酒做广告。据专业人士考究，“玉壶春”是一种酒的名字，而这种酒在当时（宋代）是“江州（或邻近地区）有名的上乘好酒”，具有一定的知名度，因此推断，盛装这种酒的瓶子可能是某种固定的造型（撇口、细颈、垂腹、圈足的造型），因为这种酒长盛不衰，酒瓶的形状为人们所熟悉，久而久之，人们便把这种造型的瓶子因酒盛名而叫作“玉壶春瓶”。

图 1-35　细颈玉壶春瓶

图 1-36　圈足玉壶春瓶

手工业时代，中外都创造了许多类似的包装设计。中国的酒包装形式非常多，大红色的标贴与各色陶瓷的酒坛、酒罐相配，构成了中国关于酒包装色彩方面的特定传统。1996年在河北省出土的金代（1115—1234）酒瓶，容量为2.5千克，上面刻有“千酒”字样的商标，是我国目前发现的最早的销售用酒包装（见图1-37、图1-38）。

与此同时的西方，包装发展进程相对比较缓慢。活字印刷在1400年才由阿拉伯人从中国传入欧洲。1495年英国才建成造纸厂。瓷器出现得更晚，直到18世纪从中国传入后，才开始生产。

图1-37　金代酒瓶

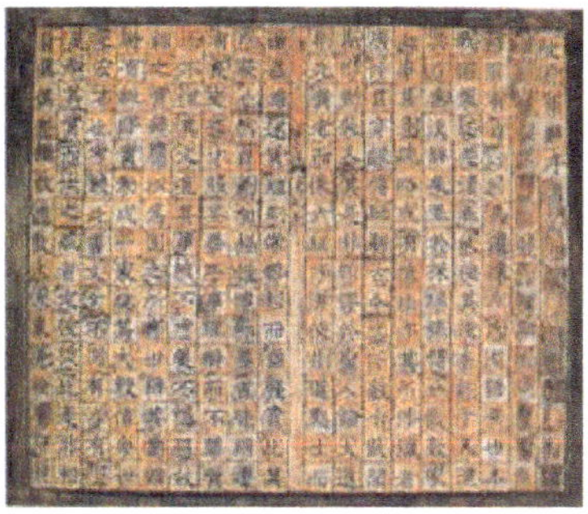

图1-38　金代酒瓶的包装

三、近代包装设计的发展

工业革命席卷欧洲大地后，世界上许多国家的社会生产力有了极大的提高，市场经济有了更深更广的发展。19世纪末20世纪初各种印刷机械出现，多色石版印刷技术开始发展与完善，使包装设计与制作有了长足的进步，也为包装设计进入一个新的发展阶段提供了经济与技术方面的基础。

工业革命推动了近代包装的发展，人造包装材料不断代替天然包装材料，机制包装不断代替手工包装，为现代包装的发展奠定了坚实的基础。起于中国的造纸术和印刷术在这个时期取得很大的进展，19世纪末20世纪初各种印刷机械相继出现，长网造纸机、圆网造纸机和多色石板印刷先后试制成功，再加上随后的机制板纸、机制纸袋和瓦楞纸板陆续问世，食品加工业开始向现代化转变。自1795年法国首次出现用玻璃瓶封装加热食品后，玻璃瓶罐头、马口铁罐头和冷冻食品包装相继获得专利；机制木箱、机制铁板桶、金属软管、压缩式喷雾器、玻璃纸以及世界上第一台制灌机、轮转式制瓶机、灌瓶机等都是在这个时期发明的；19世纪末20世纪初，赛璐珞、酚醛、聚乙烯、聚苯乙烯等塑料相继问世，标志着商品包装进入现代化阶段。

第二节　包装设计的未来发展

在包装不断发展的今天，人们在享受物质所带来无忧无虑的生活方式的同时，却很少去关注这些物质极端丰富和发展的背后，其实存在不可再生资源枯竭的危机，也隐藏着人类对未来发展，可持续生存整体思考的盲点。当我们以这样的生活方式继续掠夺地球资源，结果是可想而知的，那将是人类整体的悲剧。为了避免危机来临，人类需要通过发掘自身精神协作的无限潜能，检讨过去的思想，改变惯常的思维模式，未来包装设计发展有以下几大趋势。

一、以人为本的包装设计

由于科学技术的发展、信息时代的到来，各个厂家生产的物质产品之间的差距越来越小，而消费者则对满足他们独特条件的产品要求越来越高，因此，包装设计作为一种创造商品不同差别的工具，能够使消费者通过商品销售包装得到商品的独特性而获得某种心理、情感的满足，从而影响消费购买和使用产品。品位、情调、层次、心理满足等能够展现个性特征的精神要素成为部分消费者购买的首选。于是那些个性鲜明、魅力独特，在外形、色彩、结构、选材上独具匠心，并且具有独到的销售意识的包装，日益受到消费者的青睐（见图 1-39、图 1-40）。

图 1-39　刷子包装

图 1-40　饮料包装

二、融人情感设计的包装

人是设计构思的主要因素，德国包豪斯的创始者之一纳吉曾说："设计的目的是人而不是产品。"设计者通过寻求商品特征与顾客心理之间的相融点，来感染消费者，吸引消费者。商品日趋丰富，市场竞争激烈，人们的消费心理变化微妙，因此，掌握和引导消费潮流，注重商品包装的情感设计，势在必行。设计师运用各种幽默、怀旧、充满乡土气息等意味的表现语言，来提升包装设计对消费者情感上的号召力，对于消费者来说，这种包装显得更为友好、亲切（见图 1-41、图 1-42）。

图 1-41　咖啡包装

图 1-42　食品包装

三、绿色的包装设计

人与生态环境的关系是目前人类面临的重大问题。经济的高速发展在早期通常是以毫无顾忌地掠夺自然资源为手段的，生态环境遭到相应的破坏，人类也因此得到了报应，环境恶化、自然灾害频发、气候异常，都直接威胁人类的生存。由于商品的包装也会产生大量污染环境的垃圾，人们的忧患意识促使了“环保型”包装及包装替代材料的研制开发，废旧包装的回收利用也得到了发展，并形成了新的产业。“环保型”包装是以能否回收利用为界限的，现在具有回收标记的包装在发达国家市场上已经占绝大部分。回收标记寓意深长，它由三个箭头首尾相接环绕组成，第一个箭头代表废包装回收；第二个箭头代表回收利用；第三个箭头代表消费者的参与，以表达价值的重新体现，这三个箭头构成了一个永恒的、生生不息的循环（见图1-43）。

1972年联合国人类环境会议通过了《人类环境宣言》，拉开了世界“绿色革命”的帷幕。对于包装界而言，“绿色包装”是20世纪最震撼人心的“包装革命”。1975年，德国率先推出有“绿色”（即产品包装的绿色回收）标志的“绿色包装”。绿色环保标识是由绿色箭头和白色箭头组成的圆形图案（见图1-44），双色箭头表示产品或包装可以回收利用，符合生态平衡和环境保护的要求。在此后的十几年中，“绿色包装”迅速在世界各国发展，地域标准和各国标准先后问世。1993年6月，国际标准化组织（ISO）正式成立环境管理技术委员会（ISO/TC 207），着手制定绿色环保标准。经过三年的努力，第一个环保标准ISO14001于1996年1月正式施行。

图1-43　回收标记

图1-44　绿色环保标识

包装对环境造成的影响有许多方面，与人们生活密切相关的主要有塑料材料本身对环境造成的危害和过多包装给人们带来的困扰。塑料材料很难自然降解，回收率低，再利用成本高，而且破坏生态环境。被人们称为“白色垃圾”的塑料袋（聚乙烯）和一次性发泡快餐盒（聚苯乙烯）等包装都成了环境杀手。这些材料一旦在自然环境中被丢弃，不但很难降解，而且会对土壤造成破坏。作为替代品，以苇秆、蔗渣、麦草等为材料的纸浆模塑品应运而生。这些材料100%可以回收，自然降解也只需几周时间，并且在强度、耐热、阻油、防水、消毒、无味等指标上都完全达到了有关标准。

贸易全球化的进程造就了世界性的商品流通网络，使得包装产业的重要性增加，高效率和低限度地产生废弃物是包装业所要承担的主要责任。历史上曾有很多商家为了利益采用不正当手段做夸大包装或虚假包装来蒙骗消费者，目前许多国家都有了限制过度包装的法律法规，对包装的外形与产品外形尺寸之间的成本及体积比例做出了明文规定，以此来限制过度包装的现象。中国于2015年5月发布了《月饼》国家标准（GB/T 19855—2015）限制月饼的过度包装现象（见图1-45），规定包装成本不能超过月饼出厂价格的25%；单粒包装的空位应不超过单粒总容积的35%，这是我国为防止过度包装而制定的第一项国家标准。曾有调查统计，其城市每天产生的城市垃圾中，40% 来源于各种包装物，其中又有 80% 是由于过度包装而产生的垃圾。包装业与环境之间的利害关系是明显的，这也促进了包装材料、制造技术、新的包装方式的开发，包装业不断地向削减资源消耗量的方向努力。在新产品的开发过程中，设计师也扮演着重要的角色，设计师在设计阶段应把重点放在考虑如何节省材料的使用，并达到最佳的包装效果上。

图 1-45　月饼包装

四、包装设计还应考虑到回收及再利用问题

一般来说，可重复利用的包装都是由于采用了高品质材料，如乳制品包装、饮料瓶和啤酒瓶等（见图 1-46、图 1-47、图 1-48）。但是纸材由于本身材质的限制，纤维强度在使用中会遭到破坏，因此只能作为原材料回收；而有的包装回收再处理的成本较高，且燃烧处理还会产生有害的气体，因此，严格的资源分类处理是值得提倡的。含有纤维的纸浆作为包装材料可以达到塑料包装的保护性，还有利于回收，是塑料很好的替代原材料。当然，解决包装的环境污染问题仅靠设计环节是做不到的。要解决这个问题，首先要依靠国家出台和完善相关的法律法规，把解决包装污染上升为国家行为；其次要注重全民环保意识的教育；最后要靠垃圾回收处理技术的进步，解决这个问题才会有技术保障。目前我国在垃圾处理上还没有做到真正的分类回收，垃圾处理大多还是以燃烧和掩埋的方式进行，因此包装材料回收利用率低，看来解决包装垃圾问题还需有成熟的回收处理技术作为保障。在包装设计中体现环保观念的人性化设计，用可回收、可降解再生或天然的材料作为包装材料，对保护环境具有重大意义。环保观念的核心是“减少、回收、再生”原则，它强调尽量减少无谓的材料消耗，重视再生材料的使用。这一原则要求设计师应该具有强烈的环保意识，充分考虑包装的结构、材料的应用及印刷工艺要求、最终的废弃处理等，努力倡导环保包装设计意识。例如，包装冰淇淋的玉米烘烤包装杯就是典型的环保可食性包装（见图 1-49），既满足了包装要求，又节省了包装材料且无污染。使用可回收材料来增加循环利用率，使用可降解材料在自然环境中逐步分解还原，最终以无毒形式回到生态环境中去，等等，都是节约资源的有效途径。

图 1-46　牛奶包装

图 1-47　饮料包装

图 1-48　啤酒瓶

图 1-49　冰淇淋包装

五、民族元素的包装设计

种种民间生活中的包装是人类向自然学习的继续，是智慧、传统、文化的结晶。无论哪个民族的文化都是以自己特有的面貌出现的。任何艺术的形式绝不会轻易地放弃其传统特性，所谓的民族风格和形式，很大程度上是顺应了广大人民群众喜闻乐见的习惯（见图 1-50、图 1-51）。随着生活习惯的变化，旧的形式不能够满足当今人们的需求。为了使消费者能够接受推陈出新的产品，在包装设计中，在民族风格的基础上加入创新的元素，既要开拓新的设计款式，又要体现原有的传统文化特色，才能与现代人的审美和生活需求相结合。从某种角度来看文化的发展，民族传统中饱含深层的感情，整个世界都出现了文化复归的现象。民族的元素正是现代设计中不可缺少的重要因素和支撑，只有民族的才是世界的。如今，设计师们将注意力转向自己本民族的文化，极力将其与现代艺术融为一体，这种回归意识与设计意识相结合，体现了民族审美情绪的强化（见图 1-52、图 1-53）。由于世界各国文化的差异，有时会出现理解上的距离，这种距离往往会使人因为新鲜感而产生兴趣。因此，在国际大市场中，以民族为本位的设计战略思想越来越受到重视。

图 1-50　民族风格包装的礼盒

图 1-51　民族风格的筷子包装

图 1-52　民族元素的包装

图 1-53　民族元素的茶叶包装

本章小结

本章对包装设计的起源与发展做了详细的分析和论述，首先分析了包装的起源；其次介绍了古代包装设计的成长时期；再次分析了近代包装设计的发展；最后对未来包装设计发展的趋势加以论述。

本章习题

1. 原始的包装选用了哪些天然的包装材料？
2. 未来包装设计发展的趋势有哪些方面？

第二章 包装设计概述

ITEM 2

本章导读

本章对包装的概念、功能、分类、作用等方面分别加以分析，使读者能够快速对包装设计有一个基本了解和认识。

本章重点

包装设计，英文名 Package Design，是一门独立的、自成体系的新学科。它受经济发展的支配，有其社会属性，同时又有其自身发展的规律和特性，是艺术设计与其他学科内容的相互补充与综合。包装是在流通过程中为保护产品、方便运输、方便储存、促进销售、按一定的技术方法而采用的容器、材料及辅助物的总体名称。随着社会经济的发展、科技的进步、文化艺术的发展，人类所需的精神与物质生活发生变化，包装设计的概念也随之发展和变化。许多优秀的包装正是科学与艺术、物质与精神的各种因素相互联系、贯通、渗透的综合。琳琅满目的商品充满了我们的现代生活，各类产品通过包装设计无声地传递着各式各样的商品信息，吸引住络绎不绝的顾客。商品能否畅销，很大程度上取决于商品的包装。“包装是商品无声的推销员”，这足以证明包装设计的重要性（见图 2-1）。

图 2-1　产品包装的图片

第一节　包装的概念、功能、分类及作用

一、包装的概念

谈到包装，人们曾赋予其不同的内涵。过去人们认为包装仅仅起容纳物品、方便取用的作用。现在人们对包装赋予了更广泛的含义，以系统论的观点，把包装的目的、要求、构成要素、功能作用以及实际操作等因素联系起来，形成一个完整的概念。世界各国对包装的含义有不同的理解，说法也不尽相同，但基本意思是一致的，都以包装的功能作为核心的内容。例如，美国把包装定义为“包装，是使用适当的材料、容器，而施于技术，使其能将产品安全到达目的地——即在产品输送过程中的每个阶段，不论遭到怎样的影响皆能保护其内装物，而不影响产品价值”；而日本概括为“包装是指在物品的运输、保管交易或使用当中，为了保护其价值与原状，用适当的材料、容器等加以保护的技术和状态”；加拿大认为“包装是将产品由供应者送到顾客和消费者手中，而能保持产品完好状态的工具”。英国认为“包装是为货物的运输和销售所做的艺术、科学和技术上的准备工作”。总之，包装是使产品从生产企业到消费者手中保护其使用价值和价值的顺利实现而具有特定功能的系统。同时包装又是构成商品的重要组成部分，是实现商品价值和使用价值的手段，是商品生产与消费之间的桥梁，与人们的生活密切相关。

我国国家标准（GB4122—83）《包装通用术语》中，对现代商品包装作了明确定义：“为了在流通过程中保护产品，方便储存，促进销售，按一定技术方法而采用的容器、材料及辅助等的总体名称。”也指“为了达到上述目的采用的容器、材料和辅助物的过程中施加一定技术方法等的操作活动”。也就是说，包装是一类工业制品，它与商品形成包容与被包容的关系，通过结构和材质功能，对商品施以保护，使商品在整个流通过程中免受机械的、物理的和化学的损害，能完整无损、整洁美观地到达消费者手中，进入消费过程。这些制品包括杯、碗、瓶、盒、罐、桶、箱、缸、坛、筐等众多形式，也包括膜、网、袋、内衬、丝、带、绳及其他裹包商品所用材料和辅助材料。同时，包装又是一种操作活动，操作活动的目的和结果，是使上述包装制品与商品形成具体的、符合一定要求的包容形式。操作活动是一定技术方法的体现，是实现包容形式和质量的决定性因素。

二、包装的功能

一个商品，从原料加工、制成产品，到在市场上作为商品出售，一般要经过三个领域：生产领域、流通领域、销售领域，最后才到达消费者手中。在整个转化过程中，包装起着非常重要的作用。人们的生活与生产离不开包装，是因为包装具有多种功能。

1. 容装功能

包装容器应当满足标定的或是用户所要求的内装物容量要求，不得有任何的泄漏和渗漏。

2. 计量功能

某些容器具有计量功能，消费者可按剂量使用或食用内装物。计量的准确度必须符合预定要求。例如，剂量服用的药水瓶，其最重要的功能，它应能保护产品，使之不受损害与损失。

3. 保护功能

包装的保护功能是最基本，也是最重要的功能，它应能保护产品，使之不受损害与损失。商品在流通过程中，对其产生的伤害因素，如温度、湿度、气体、放射线、昆虫、鼠类等，它们均可能损害包装，危害产品；人为因素，商品在运输、装卸、储存过程中，因操作不慎或不当，使商品受到冲击、振动、跌落而损伤，或堆放层数过多而压坏。因此，应根据不同产品的形态、特征、运输环境、销售环境等因素，以最适当材料、设计合理的包装容器和技术，赋予包装充分的保护功能，保护内装产品的安全。对危险货物采用特殊包装，注意防止其对周围环境及人和生物的伤害，如药品的包装（见图 2-2）。

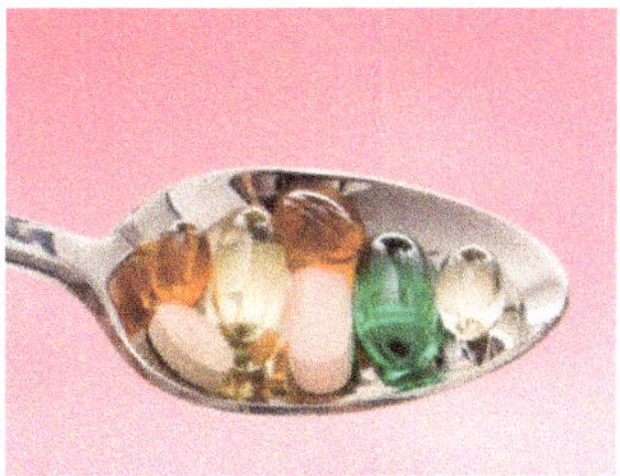

图 2-2　药品包装

4. 方便功能

现代商品包装能为人们带来许多方便，这对于提高工作效率和生活质量都发挥着重要作用。包装的方便功能应体现在以下几个方面：

（1）方便生产。对于大批量生产的产品，包装要适应生产企业机械化、专业化、自动化的需要，兼顾资源能力和生产成本，尽可能地提高劳动生产率。

（2）方便储运。对每件包装容器的质量、体积（尺寸、形态等），均应考虑各种运输工具的方便装卸，便于堆码；也应考虑人工装卸货物重量一般不超过工人体重的 25%（限于 20kg 左右）等；同时还要考虑流通过程中运入仓库、商店、住宅的仓储、堆码方式，货架陈列效果，消费过程中室内摆设、保管等。

（3）方便使用。合适的包装，应使消费者在开启、使用、保管收藏时感到方便。如用胶带封口的纸箱、易拉罐、喷雾包装、便携包装等，并以简明扼要的语言或图示，向消费者说明注意事项及使用方法，以方便使用（见图 2-3、图 2-4）。

（4）方便处理。部分包装具有重复使用的功能。例如，各种材料的周转箱，装啤酒、饮料的玻璃瓶，包装废弃物（纸包装、木包装、金属包装等）的回收再生产，便于环境保护，有利于节省资源（见图 2-5）。

图 2-3　易拉罐包装

图 2-4　便携包装

图 2-5　可回收包装

5. 销售功能

包装如同无声的推销员，良好的包装能引起消费者的注意，激发消费者的购买欲望。包装的销售功能是通过包装设计来实现的。优秀的包装设计，以其精巧的造型、合理的结构、醒目的商标、得体的文字和明快的色彩等艺术语言，直接刺激消费者的购买欲望，从而产生购买行为。有些包装还具有潜在价值，如美观实用的包装容器，在内装物用完后还可以用来盛放其他的物品，造型独特别致的容器、印刷精美的装饰，不但能提高商品的售价，促进商品的销售，而且可以作为艺术鉴赏品收藏（见图 2-6、图 2-7）。

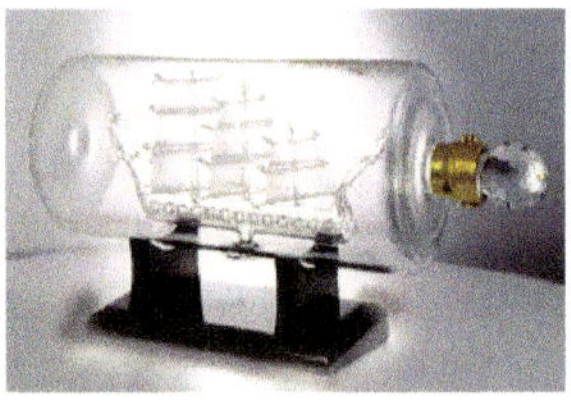

图 2-6　酒瓶

图 2-7　酒瓶

6. 社会功能

包装同其内装物一样，是生产系统与社会发生联系的重要媒介，反映着当代生产、技术的发展水平，以及消费趋势和消费水平。包装具有对不适宜内装物范围的提示性和安全性，包装本身不能构成对环境的污染和对使用者的侵害，应符合国家卫生标准及其他相关标准的要求。

7. 包装的象征功能与包装的附加值

每一个特定的社会都自然而然地划分为若干个阶层，每个阶层都有自己特有的生活方式，这种特有的生活方式除了语言、举止外，常常有许多特有的产品，如衣着、日常生活用具、佩戴的装饰品、代步的车舆、室内的陈设等来作为象征。也就是说，一方面，人类要求上进的本能希望自己在某一阶层的地位能得到他人的承认，并能进一步踏入更上一层的社会，必须用物质营造某种与之相符的生活方式；另一方面，上述所有这些用具除了它们应具有的使用功能外，应该还有一种似乎没有实用价值的象征功能，并且这种功能必须转化为某种价值，即产品的象征性也同样可以卖钱。

包装的附加值是在包装象征功能的基础上产生的。在现代社会中，几乎任何产品都离不开包装，任何包装都寄托着某类象征，任何象征都不同程度地反映出包装的附加值。包装的附加值既然不是人们可以附加上去的，那么也就不能随意降低和取消。

有人声称为了让更多的人能享用某名牌而降低该名牌产品的包装规格，意在通过降低附加值来降低价格，这种看似好心的做法实际上是危险的，其结果很可能会断送该名牌本身。

包装附加值的估量和预测应该有一套科学、合理、可操作的程序方式。它首先离不开周密的市场调查，应该在掌握相当数据的基础上，明确产品的市场定位，即什么产品、为什么要生产、卖给谁，来估算产品及包装能够给予购买者带来的象征功能，以此作为静态的附加值的基数。附加值的产生和认同还关系到有关产品各种包装的构思及设计的艺术水准，有关产品的广告效应、产品及包装的社会认知度、对社会重大活动及事件的参与度、公众对产品的反映等一系列的动态参数。其中核心问题还是包装本身。包装附加值的测定一经明确，包装设计师的智慧就起决定性的作用。也就是说，附加值的最终落实要靠设计师的艺术才华，而不是靠没有生命的高档材料；要靠包装传达出来的艺术品位，而不是借用各种土的、洋的“神仙皇帝”。

在市场机制尚不够完善的情况下，不少国家都曾召集专家来研究过度包装，甚至带有欺骗性的包装问题（见图 2-8、图 2-9）。也提出一些限制过度包装，保护消费者利益的措施。例如，日本早在 20 多年前就规定包装所占的空间容积不得超过产品所占空间容积的 20%；包装费用与产品的价值应该相称，一般不超过商品价值的 15%；等等。近几年中国也出台了相关法规，2022 年，中华人民共和国国家市场监督管理总局发布的《限制商品过度包装要求——食品和化妆品》标准正式实施。该标准对食品过度包装做出了强制性规定，食品包装层数不得超过 3 层，包装空隙率不得大于 60%，初始包装之外的所有包装成本总和不得超过商品销售价格的 20%，以期杜绝过度包装。

图 2-8　虚假包装

图 2-9　过度包装

三、包装的分类

包装的形式具有多样化的复杂性与交叉性。从包装的不同工作视点和不同功能角度出发，包装具有多种分类。

1. 按包装形态分类

按包装形态分类，包装可分为个包装、中包装、外包装。

（1）个包装。个包装是指直接与产品接触的包装，也称单个包装。商品配装成一个整体，一般随同商品一起销售给顾客。个包装上大都印有商标、商品性能介绍和保管使用方法等说明，以达到宣传商品、指导消费的作用（见图 2-10）。

（2）中包装。中包装通常是指将 2 ～ 12 件商品的个包装再进行集装，组合成一个新的包装整体，是个包装的组合包装。中包装主要是为了加强对商品保护，便于组装，同时也是分发、销售商品时便于计量的需要。例如，10 包香烟为 1 条，8 个杯子为 1 盒，20 罐易拉罐啤酒为 1 箱，等等。

瓶装啤酒包装通常 24 瓶为 1 箱，箱子采用瓦楞纸材料，制作结实，使产品能安全运输。在结构设计上注重广告效应，起到了 POP 的展示效果。

随着带中包装的产品适应超级市场的销售，对于中包装，在考虑制作结实的基础上，设计也越来越受到重视。它起到的作用往往与小包装是同等的。它的外形、图形、色彩、标记、符号同样构成了产品的外貌，代表着某种特定的商品，成为直接与消费者交流的桥梁（见图 2-11）。

（3）外包装。外包装是指在商品个包装或中包装外面再增加一层包装，也叫大包装。由于它的作用主要是用来保障商品在流通中的安全，也便于装卸、运输、存储和保管，因此又叫作运输包装。一般在设计时，在包装上标明产品的型号、规格、尺寸、颜色、数量、出厂日期，再加上一些视觉符号，诸如小心轻放、防潮、防水、堆放极限、有毒等（见图 2-12）。

图 2-10　个包装

图 2-11　中包装

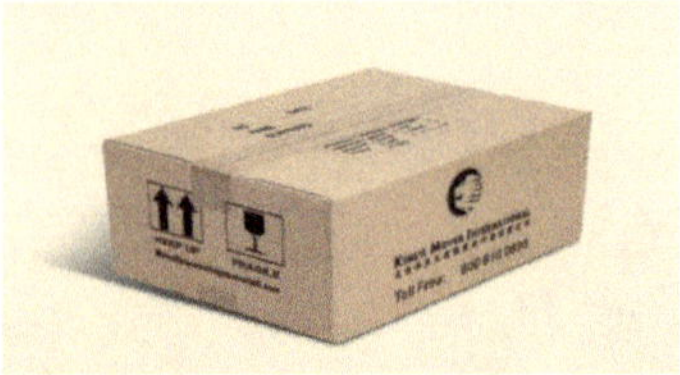

图 2-12　外包装

2. 按包装材料分类

按包装的材料对包装进行分类，每一种相同的材料构成一类包装。不同的商品，考虑到它的运输过程与展示效果等，其使用材料也不尽相同，如纸包装、木包装、塑料包装、金属包装、陶瓷包装、玻璃包装、棉麻包装、丝绸包装、竹包装等（见图 2-13、图 2-14）。

图 2-13　纸包装

图 2-14　玻璃包装

3. 按商品内容分类

按商品的内容对包装进行分类，可分为食品包装、烟酒包装、医药包装、文化用品包装、化妆品包装、玩具包装、五金制品包装、家电包装、文教品包装、日杂品包装等（见图 2-15、图 2-16）。

图 2-15　玩具包装

图 2-16　五金制品包装

4. 按包装产品性质分类

按包装产品性质对包装进行分类，可分为商业包装、工业包装、专用包装、特殊用品包装（如军用品、化学品、工艺品、珍贵文物）。

（1）商业包装。商业包装的主要功能着重宣传商品，促进销售，便于零售及商品销售额的提高等。商业包装是直接面向社会的，它的对象是个体消费者，因此，在设计上要有一个准确的定位，力争符合商品的诉求对象，既经济实惠，又方便实用、美观大方（见图 2-17）。

（2）工业包装。工业包装又称储运包装，它以商品的运输或储存为主要目的。工业包装分为工业捆扎、内装和外装容器，它对装潢不是很讲究，主要功能是保护产品，便于计量和运输。它可回收并反复使用，主要使用对象是工厂和商场（见图 2-18）。

图 2-17　商品包装

图 2-18　工业包装

5. 按包装工艺技术分类

按包装工艺技术对包装进行分类，可分为敞开包装、捆扎包装、真空包装（食品、肉）、防水包装等（见图 2-19）。

图 2-19　捆扎包装

6. 按包装组合分类

按包装组合进行分类，可分为内系列包装、配套包装等。

7. 从商品的销售角度分类

从商品的销售角度分类，可分为内销包装、外销包装、经济包装、礼品包装等。

8. 按包装设计的风格和表现形式分类

按包装设计的风格和表现形式分类，可分为卡通包装、传统包装、怀旧包装、追寻浪漫的包装、注重理性的包装。

9. 按包装目的分类

按包装目的进行分类，可分为销售包装和运输包装。销售包装是以销售为主要目的，与内装物一起到达消费者手中的包装，具有防护、美化和宣传产品，促进销售的作用。销售包装的容量一般相对较小，造型精美，结构上注重实用、方便，装饰上追求和强化心理效应。运输包装是以运输、储存为主要目的的包装，具有保障产品安全，方便储运装卸，加速交接、点验的作用。运输包装一般容量相对较大，更注重包装的强度、防震等功能及实用方面的要求。

10. 按容器填装后是否变形分类

按容器填装后是否变形进行分类，可分为软包装和硬包装。软包装是在填充或取出内装物后，容器形状可发生变形的包装，这类容器一般是用纸、纤维制品、塑料薄膜或复合材料制成，如纸袋、纸盒、塑料袋、塑料编织袋和蒸煮袋等（见图 2-20）。硬包装是指在填充或取出内装物后，容器形状基本不发生变形的包装，这类容器一般是由金属、木材、玻璃、陶瓷及硬质塑料等材料制成，具有较高的强度和刚性（见图 2-21）。

图 2-20　软包装

图 2-21　硬包装

11. 按包装的防护功能分类

按包装的防护功能进行分类，可分为防水、防潮、防霉、防震、防尘、防静电、防辐射、防盗、防虫、防爆、防燃、隔热、耐热、耐压、耐寒、耐蒸煮、保鲜及保护儿童安全等。

12. 按包装的工艺特征分类

包装按工艺特征进行分类，可分为拉伸包装、充气包装、真空包装、收缩包装和无菌包装等（见图 2-22）。

图 2-22　真空包装

13. 按常见的包装形式分类

包装设计要调动一切艺术形式，出奇制胜。不同的商品，不同的材料，需要采取不同的艺术形式。商品包装形式多种多样，常见的有以下几种。

（1）堆叠式包装。商品在货架上陈列时，为节省货位，要把同类商品堆叠起来展销，这种包装造型的设计称为堆叠式包装，如各种冲压成形的扁形、方形、圆形等食品包装。这种包装造型特点是，罐的顶部一般有内径大于底部凸出边沿的结构，以便层层堆叠展销（见图 2–23）。

图 2–23 堆叠式包装

（2）悬挂式包装。在商品货架上悬挂展销的商品包装称为“ pop 式包装”。它是为了在令人眼花缭乱的商品“海洋”中突出自己而采用的一种广告式宣传与零售相结合的包装形式。主要是一些体积小、数量零星的加工产品，如餐具、玩具、电池、剃刀、削发剪、理发剪以及钢卷尺、尼龙表带、牙刷、圆珠笔和衬衫等。这种包装形式有其独特结构，如吊钩、吊带、网兜等。一般常见的是在塑料袋或在纸板顶部开洞，还有用商品本身可挂部分来悬挂进行展销（见图 2–24）。这种包装形式的特点是，能够充分利用货架的空间进行陈列展销，可节省堆叠货位。由于采用透明塑料薄膜覆盖于衬纸板的商品上，所以商品清晰可见，消费者能一目了然地见到商品的规格、特性、颜色、重量、使用方法以及生产单位等具体内容，从而扩大宣传效果，并具有保护商品不易受潮和方便保管等优点。

（3）陈列式包装。陈列式包装也称“展开式包装”，为了在令人眼花缭乱的商品中突出自己，采用陈列式包装已成为一个趋势。常见一种纸盒包装，当盒盖关闭时，盒面是平的，便于携带或装箱运输，有的在盒的里面印有图案；当盒面翻开时，与盒内商品互相衬托，如五粮液酒盒设计，就是采用陈列式折叠方法进行设计的。陈列式包装具有吸引人眼球、激起消费者购买欲的宣传效果（见图 2–25）。

图 2–24 悬挂式包装

图 2–25 陈列式包装

（4）携带式包装。这是一种便于消费者携带使用，可放进衣袋里或加提手结构的一种包装形式。例如，有些小酒瓶的造型设计成扁形，便于放在衣袋里。一些体积较大而重的包装，既不能放进衣袋里，又不便于握在手中，为方便消费者携带，则在纸盒盖上增加一个提手结构。如成套瓷器、家用电器、食品等包装，多采用这种形式，以便消费者携带使用。但是，设计这种包装造型，提手的固定（咬合）度要强，提手要能承受商品的重量，同时，还要考虑提手结构不影响消费者携带使用（见图 2-26）。

（5）喷雾式包装。这是一种结构简单的按钮式喷雾容器包装，使用时只要用手指按一下，瓶内液体即从喷雾口中射出。这种包装多用于家庭用液体商品，如香水、洗手液以及洗发、护发素等（见图 2-27）。

图 2-26　携带式包装

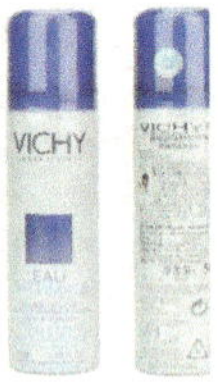

图 2-27　喷雾式包装

（6）礼品包装。礼品包装是专门作为送礼用的一种销售型包装。这种包装的商品范围很大，如各种食品、酒类、纺织品、工艺品、瓷器、水具、玩具、土特产品以及化妆品等比较高档的商品。一般礼品装潢画面多以图为主，商标、牌名、厂名等内容则占画面较小位置。从材料选用、造型结构到装潢画面设计都着眼于装饰美化，设计者从礼品这种特殊的销售意图上进行画面构思，如在市场上常见的各种食品包装上的图案，其内容多采用色彩绚丽的名胜古迹、风景、花鸟、花卉、民族图案等作为画面装饰。此外，礼品包装还常见于用各种不同内容的艺术作品，如名画、特种工艺品、舞蹈以及民间故事的绘画等，经过精心的艺术加工后运用到礼品包装上，以加强礼品包装的艺术性，给消费者以美的享受（见图 2-28）。

（7）配套包装。所谓“配套包装”，即将商品搭配成套出售的一种商品包装形式。它是将同类商品按不同规格配套：或将同类性质用途相近的数种商品配套；或将同类商品的不同品种配套，装入一个包装内出售。例如，一副乒乓球拍包装里面带有几个乒乓球，或配有球网等附加品；礼品酒有配套商品盒，内配几个酒杯；常见床单包装配以枕套，鞋油配有鞋刷子，绘画颜料与画笔配套以及针线、纽扣、剪刀组合一起的配套包装等。这种包装不仅可美化包装造型，而且给消费者在使用时以方便，借以吸引消费者扩大商品销售（见图 2-29）。

图 2-28　礼品包装

图 2-29　配套包装

（8）附属装饰。这种装饰形式主要是通过某些包装造型的附加装饰来增强消费者的吸引力。其中常见的有吊牌、丝带、花结以及装饰性衬垫等。这些附属装饰形式，既有其装饰性，增加商品的名贵感和包装造型的艺术效果，又具有宣传商品的作用。其中吊牌应用范围最为广泛，如酒类（多用于国家和地方名酒或获奖酒的包装上）、纺织品、工艺品、电视机、收音机、电风扇以及一些高档商品的包装上都是常见的。

吊牌设计分平面和浮雕两种形式。所用材料有金属、纸板和塑料等。丝带和花结的作用与吊牌相同。采用这种形式，要注意它的装饰性，对整个包装装潢作全盘考虑后再进行设计，避免遮挡画面的图案与文字。

为了增加包装造型的艺术效果，设计者还可以创造性地设计出其他新的装饰形式（见图 2-30）。

（9）复用包装。这种包装容器除了用作商品本身的包装以外，还给消费者提供其他的使用价值，如玻璃罐、织锦盒、香水瓶以及塑料杯和一些马口铁制品等包装容器。当商品用完后，可作为杯、盘、盒、花瓶、篮子或其他用品使用（见图 2-31）。

图 2-30　附属装饰

图 2-31　复用包装

（10）系列化包装。就是把各种用途类似的商品，用近似的包装造型和统一的装潢图案联系起来，使之形成一种系统的反复，易于给消费者留下强烈的视觉印象，这是一种既有变化又协调统一的包装形式。

包装的系列化现已成为一种明显的趋势，它的特点是，往往能使消费者对一种商品感到满意时，继续购买其他类似商品。这在国内外市场上是常见的一种商品包装。包装设计图案的特点，多数从商标上下功夫，商标是系列化商品包装的重要标志。在表现手法上，也各有不同，有的采取变换色调和商品形象作为系列包装，有的则采用变换文字或图案形成系列，还有的在包装上以变换彩色照片的内容为系列化主要表现手法。此外，还常见有以卡通画面、装饰图案、写实绘画等艺术形式衬托商品内容，作为系列包装设计，它们都强调一种“亲属”关系的一致性，使画面具有统一感，并给人以丰富多彩的感觉（见图 2-32）。

图 2-32　系列化包装

（11）“开窗”包装。采用“开窗”的形式来突出商品内容，也是最常见的一种表现形式。纸盒“开窗”可分为局部开窗、盒盖全透明和多面透明三种形式，它使消费者能够直接看到商品形状、花色和质量。如纺织品盒上的“窗”就能直接看到商品的花样、领式、材质等。开窗设计的纸盒包装除用于服装包装外，对于工艺品、器皿、陶瓷、玩具、手帕、台布、枕巾、相册、糖果、糕点等包装，均可适当地根据需要采用盒面“开窗”形式，以增加商品在市场上的销售能力。

盒面开窗首先取决于商品内容，根据商品的需要而定。一个好的窗口在设计时需要从多方面来考虑，如对“开窗”大小位置的选择，是否能显示出商品最精美的部位；窗口的几何形状是否合乎生产工艺要求；窗口四周的图案装饰是否得当，以及“开窗”的面积是否有损于盒子的强度等，这些都是需要设计人员周密考虑的问题（见图2-33）。

图 2-33 “开窗”包装

总之，商品包装的造型与结构，要把科学、艺术、材料、经济、心理、市场等要素结合起来，体现多种功能的需求。不能脱离销售和消费者使用的方便，要做到便于使用、便于携带、便于陈列、便于储存、便于运输和便于销售。否则，一切脱离实际的造型设计，都无益于商品销售。

四、包装的作用

在现实生活中，包装是增加商品价值的一个重要手段。好的包装设计，不仅可以宣传产品、美化商品，而且可以促进商品的销售和增强商品的市场竞争力。在市场中商品要靠包装去吸引消费者，刺激他们的购买欲望，起到“无声售货员”的作用。

当我们走进商场、超级市场，常常被眼花缭乱的商品品牌，琳琅满目、五花八门的包装形式所吸引，消费者在市场上选购商品时，首先产生的印象不是商品的内在质量，而是它的包装。

想一想，是不是这样的，我们去超市前，有的东西我们并没有计划要买的，然而往往是包装将我们的视线所吸引，于是欣然解囊，这就是一种无形的吸引力，是包装设计的魅力（图2-34、图2-35）。

图 2-34 坚果包装

图 2-35 香烟包装

随着文化生活水平的不断提高，对于商品，人们一方面要求产品的内在质量，另一方面则要求产品外观设计简洁、生动和美观。这实际上是对消费者潜移默化的审美教育，培养人们高尚的情操与欣赏趣味，感受生活的美，陶冶、激励、引导人们热爱生活，所以，不能忽视包装设计这个“无声销售员”的作用。

商品与商品之间的相互竞争，在一定意义上讲，也是包装设计的竞争。包装设计的优劣，格调的高低，不仅直接关系美化商品、扩大销路等经济问题，同时也是反映我国文化水准、经济发展和科学技术的重要标志之一。

多少年来，我们习惯于将产品与商品不假思索地画上等号。这似乎无可挑剔。然而产品与商品毕竟有所不同，在设计师眼中，从产品到商品，犹如无生命的自然物质，进而化为有生命的社会成员。在商品社会中，产品对于广大消费者来说，往往只有存在的价值，没有服务价值；只有成本价值，没有附加价值；只有最基本的物质价值，没有包括文化、精神在内的综合价值。产品离开了包装，不要说“社会属性”，就连最基本的自然属性都难以保证。

例如，将南京“核桃酥”精美的外包装去掉后，就是一袋黑粉，不能确定成分，谁也不敢吃。所以说，商品需要包装，正是包装，在流通过程中把产品变成了商品，给商品注入了生命，给生命铸就了个性。比如酒类包装，正是因为有了包装，才能使我们在市场上一眼就能分辨出酒的档次，经过观察，甚至还有性格上的区分。因此，商品与商品之间，不但有性质的划分，而且在无人售货的超级市场上的相互竞争，在一定意义上讲，也就是包装的竞争。

第二节　包装设计的系统认识

包装及其制品的设计生产涉及很多专业、学科领域，含有不同的技术过程，是一个包装工程系统。只有从整个系统出发，才能对包装设计及其内涵有一个比较全面的认识和理解。

一、包装工程系统

根据系统中不同领域所表现出的特征的不同，包装工程系统由材料系统、开发设计系统、加工成型系统和机械系统四个子系统组成，各子系统之间互相交叉、连接、重叠，构成了包装工程这一网状开放的大系统。包装工程系统及其各子系统受到市场竞争、成本经济、法规标准等多方面的制约，各子系统之间也密切相关，只有相互协调发展，才能推动整个包装产业的发展，满足国民经济各部门、各行业发展的要求。

二、包装设计的范围

包装设计是对产品包装整体形成所进行的创造性构思与工作的过程。按其设计内容的不同，分为包装造型设计、包装结构设计和包装装潢设计。设计的任务是根据产品对包装的功能要求、成本控制及工艺条件等，利用一定的包装材料、辅助物或容器制品，构思出一种或几种符合现代包装发展趋势，具有市场竞争优势，以及符合消费者审美心理的产品包装式样，并最终形成符合要求的图样和样件。

1．包装造型设计

包装造型设计在保障包装功能要求的基础上，根据内装物的形态，运用美学法则，对包装容器的外观形体所进行的设计。作为包装造型设计，其研究的内容只是容器外观形体的变化，并赋予审美的价值。包装造型设计要分析所用材料的性质及成型的工艺特点，使造型具有结构实现的可能性和合理性，能实现预期的包装功能，其与包装容器的装潢设计有统一的艺术效果和心理效果。

2．包装结构设计

包装结构设计是按一定的造型式样和设计要求，选定包装材料及相关的辅助材料，以一定的技术方法、设计方法对包装容器内外构造进行设计，包括主体及附件的结构、各部分之间的组装及配合、内包装与外包装、容器与内衬等方面的设计。要用科学的原理和适宜的技术方法处理上述设计内容，在一定的经济目标下，实现包装应有的功能。

3．包装装潢设计

包装装潢设计是对包装容器外表进行装饰性艺术设计，包括商标、图案、文字、色彩等方面的设计。包装装潢设计应充分体现时代性和民族性，力求与造型风格统一，能充分反映内装商品的特征，强化品牌效应。它是根据不同商品的特定要求，围绕不同商品主题以及采用某种最有力的表现形式，通过构思、构图、色彩的处理，综合成一个统一完美的设计主体。其最基本的要求，就是一目了然地反映包装内容，突出商品特征，使人易于辨认。同时，还需具有新颖的艺术性和独特的风格。要讲究设计的艺术效果，能迅速吸引消费者，并使其一接触到就立刻受到感染，从而引起消费者购买欲望。要根据商品本身的质量、档次要求，做到恰如其分的美化。这是设计实践中一个重要的设计原则。

要想达到上述目的，必须通过艺术设计和加工。如果设计不好，将会影响产品的销路。为此，要求装潢画面，既要明显地表达特定的商品内容，又要尊重商品本身的特点和商品形象的真实性。不能生硬无趣地表达，以致使人熟视无睹，留不下深刻的印象。因此，设计效果一定要有吸引力。“吸引力”（或称诱惑力）是包装设计的使命，必须做到使人一见就能辨别出是什么商品以及什么牌号，使消费者在商品“海洋”中迅速地选择自己的理想商品。如果包装设计不能及时达意，就很难达到销售目的。

每种艺术的特点，往往是因为它的局限性所决定的，装潢艺术更是如此，它不同于一般绘画，设计者除具有一定的绘画基础知识外，还要懂得包装设计的常识，并要对市场进行调查了解，掌握消费者生活习惯和研究消费者的消费心理。从设计上来说，绘画基础固然重要，但忽视装潢设计本身的特点与要求，不了解装潢艺术设计的特殊规律是无法进行设计的。因此，我们必须加强装潢艺术理论的研究，从实际出发，研究探讨装潢设计的基本规律。

包装造型设计、包装结构设计和包装装潢设计是相互联系的。形体是结构组合的表现，结构是现实形体的方式。形体设计要素同时也是结构设计要素，必须同时考虑。如纸盒的整体式提手，它既是构成部分，也是整个形体的重要表现部分。装潢虽然是表面设计，但与造型关系密切，有强化造型效果的作用。装潢与结构须合理协调布局，按有效面积布置装饰图案，结构的设计，特别是局部结构设计，要考虑为装潢提供更多的可利用表面积，力求取得最佳视觉效果。

4. 包装设计的依据

由于商品种类繁多，商品的属性不同、形状不一、轻重有别、体积各异，所以，各种不同的包装造型设计，应以不同商品的性质、特点、形状、运输方式、选用不同包装材料和生产工艺技术等条件为依据。其造型结构，在进行设计时，对选用材料是否适当，是包装造型设计的首要问题，不同的商品，由于形态、用途、销售对象以及容量等都有不同的要求，设计师必须选用不同的材料进行加工制作。

包装材料种类很多，其特征也各有差异。我国商品的包装材料从过去使用的木、竹、棉、麻、柳等天然材料，发展到现在，已逐渐被广泛和大量使用的纸张、塑料以及金属等材料所代替。其中有的是透明的也有不透明的，有柔软的也有坚硬的，具有不同的特征，而商品也各有不同的特点，因此，在设计选择包装材料时，首先要搞清楚包装材料对保护商品的性能，然后才能选定适当材料进行包装造型设计（见图 2-36、图 2-37）。

图 2-36　柔软的包装材料

图 2-37　坚硬的包装材料

在进行包装造型设计时，必须从研究商品和包装材料的特性出发。具体来讲，就是应了解商品是否具有易碎、易腐、易挥发、易渗漏以及是否怕压、怕潮等不同的特征情况。同时，还要清楚商品的销售对象、销售方式和商品档次等方面的问题，并以此作为选用材料的依据。只有根据不同的材料进行包装造型设计，才能达到保护商品的目的。否则，就失去了包装的意义，造成不应有的经济损失。一件产品从出厂到消费者手中，要经过多次的搬、运、倒、储、销等环节，而在每个环节中的任何一次的扔、摔、挤、砸、踩、压、碰都会有损于包装结构的挺力，甚至会给商品以致命的损伤。因此，设计者在选用包装材料上，要从具体的包装对象出发，量体裁衣，进行包装造型设计，在设计过程中，必须考虑包装本身的牢固性，使商品免受损伤。

除此之外，还应考虑生产工艺条件，这一点也是不可忽视的，因为它关系到包装造型设计能否实现的问题。在设计实践中，当我们选定了合适的包装材料，也有了比较科学、美观的包装造型设计，但能否批量生产，取决于生产工艺技术条件，如果不具备这个条件，那么所设计的方案，就变成了纸上谈兵。

三、包装设计是一门重要的视觉传达设计专业课

由于包装设计具有综合性，在我国现有的学科分类中，包装设计被分在两种学科中：一种是属于工科的包装工程，其课程体系以包装材料、包装机构、包装印刷、包装结构与包装设计等为主要内容，其中工科类的课程占主导地位，而视觉传达性质的包装设计只占整个课程体系中的一部分。另一种属于艺术设计学科的视觉传达设计，其课程体系以包装的视觉传达设计为主，以包装的材料、结构与印刷方面的内容为辅。

在现代艺术设计教学中，视觉传达设计分为三个层次：设计基础，专业设计基础和专业设计。

1. 设计基础

此阶段学生要了解和掌握一般的艺术设计的技能和相关的理论知识，这是各种设计专业的学生都要学习的公共课程。具体来讲，比如有对平面与立体形态以及它们的组合构成关系的认识与研究、对各种材质和肌理的认识与研究、对色彩表现及其理论的了解等；此阶段学生还通过学习素描、色彩画等课程，掌握一定的造型与色彩的分析、表现技能，为进一步学习以后的相关专业设计技能打下坚实的基础。

2. 专业设计基础

此阶段的课程为各种设计专业的学生而设定，学生要学习和掌握有关这个专业设计所需要的各种基础技能与理论知识。对于专业学习而言，此阶段的课程尤为重要。具体包括：对各种平面设计的基本表达方式与语言的认识与研究，如图形作为视觉传达设计媒体的特点及其运用规律，各种插图表现方法与技能，字体的各种设计表现技能，编排设计的各种表现方法等；对各种绘制工具（包括电脑）的运用与掌握；对与专业设计相关的设计发展史与市场营销学理论的学习等。

3. 专业设计

此阶段以专业设计课程为主。如平面设计专业以包装设计、广告设计为核心，学生学习与掌握各种专业性的设计，既包括立体的销售广告（POP）、展示设计、工业设计初步等课程，也包括平面的企业形象设计、标志设计、样本设计等，还包括媒体设计、网页设计等设计内容。最后阶段，要求学生结合社会和市场现实需要，进行具有定位性、综合性的设计。

包装设计无疑是最为重要的专业设计课程之一。包装设计涉及企业营销学、广告学、消费心理学、企业形象宣传等方面的问题，也涉及包装材料、工艺等方面的知识，对运用各种视觉表现语言进行设计的要求也是全面的。

包装设计课程要求学生掌握了解以下几个方面包装设计的知识与技能：

（1）掌握包装设计的基本方法与基本程序。

（2）了解与运用市场营销学、消费心理学、广告学等相关的理论知识，能够正确地进行社会市场调查，确定设计定位。

（3）具有综合思考分析的能力，能够提出方案、筛选与优化方案、独立完成整个设计的过程。

（4）了解与包装设计相关的印刷工艺技术，了解包装结构、纸张材料与加工工艺等方面的知识，具有运用相关知识进行简单包装结构的设计，以及制作印刷稿的能力。

（5）掌握各种设计表现技巧，包括各种字体的设计与运用（见图 2-38）、各种插图形象的绘制与运用、各种与特定产品相关的包装编排方法（见图 2-39）等。

图 2-38　字体的设计

图 2-39　特定产品的包装

第三节　大包装观

日本包装设计家金子修也在他的《包装设计》一书中提出了新的包装概念。他从功能出发，将包装的概念大大地加以扩展。这位设计家用非常宽阔的视野放眼世界，认为大千世界上有千奇百怪的造物样式，各种各样的物体是相互依存、相互作用的。

金子修也的观点给我们很多思考的新空间，下面是他提出的一些观点。

（1）大气层是地球的包装。大气层能防止各种有害光线及其他物质入侵地球，可以让氧气、水分留在地球表层，构起了一层奇妙的生物圈，人类在其间自由自在地生活，地球成为天然安全的太空舱（见图 2-40）。

（2）建筑是人类的包装。建筑以其复合的材料与奇妙的结构划分出一定的空间，包容、保护着人类，不仅可避风挡雨，而且可以保温通气（见图 2-41）。

图 2-40　大气层

图 2-41　地球上的建筑

（3）服装是人类的包装。服装以永无穷尽的样式与色彩给人以美的外观，各式各样的面料可以满足透气性、保暖性、绝缘性、防水性等各种常规或非常规的需要。给人类以美的享受和个性（见图 2-42）。

（4）植物果壳包装。植物果壳为人类提供了各种各样的包装范例，例如，橙子的表皮柔软具有弹性，并有很好的透气性，构成了一层外保护壳，而内部的分瓤将果汁紧紧地包裹，“整合”为一体，整个包装结构紧凑、轻盈（见图 2-43）。

图 2-42　服装

图 2-43　植物果壳

无论是在功能形式、结构组合上，还是在视觉外观上，上面所列举的例子都具有人类设计“包装”的一些特性，而且，其中有些是非常重要的特性。我们应认真地加以研究和学习。金子修也的“大包装观”的真正意义是促使我们从更深更广的角度认识包装与包装设计，也反映或代表着现代包装设计概念的发展。

另外，现实包装设计的发展对形成现代包装概念的促进作用更大。

自欧洲工业革命以来，世界经济的飞速发展极大地改变了人们的生产方式，也改变了包装与包装设计的功能、形式与结构。经济技术的发展推动着包装成为一门重要的工业产业，包装设计成为企业营销活动的重要一环，同时也成为平面设计的一个重要领域。

人们发现，在我们的生活中无所不在的包装可以说是“包容”万象——包装的形式越来越多样，包装的功能不断拓展，包装正以飞快的发展速度展现着自己的新面貌。比如，有的包装只是一种促销标识标牌，并不“包裹”着产品，因而并不具备保护产品的功能；有的包装是无形的，如一些应用软件，其保护产品的“包装”可能是一些眼睛看不见的密码；有的包装重在表达感情，没有或者很少其他功能；有的包装与各种各样的促销广告结构相结合具备了新的功能与结构。

如今，包装的样式有了更多的细分，各种运输包装、销售包装有了新的划分与组合；各种复合性包装的材料、复合性的包装结构层出不穷。包装的概念无论是在内涵上，还是在外延上，都有了新的内容与界定。人们必须以全新的视角来观察、认识包装，以全新的方式来更新、充实与扩展包装设计的概念。

本章小结

本章对包装的概念、功能、分类进行了详细的分析和论述，并简述了“大包装观”，以促使我们从更深、更广的角度认识包装与包装设计。

本章习题

1. 包装的概念、功能、分类分别是什么？
2. “大包装观”提出了哪些观点？

第三章

ITEM 3

包装结构设计与材料的选择

本章导读

本章对设计产品包装的造型结构、包装的材料等方面加以探讨，使读者快速地对包装结构及材料加以了解和整体认识，熟悉外形美观的包装。

本章重点

○包装的多种结构设计

○包装的材料

随着商品多样化的发展，商品的外包装也越来越引起消费者的重视，很多结构合理、外形美观的包装能一下吸引住消费者，迅速抢占市场先机，达到事半功倍的效果。包装结构设计是指包装的内外部结构的设计，是按一定的造型式样和设计要求，选定包装材料及相关的辅料，并以一定的技术方法、设计方法对包装容器内外部构造进行设计。尽管商品的外包装样式不断地推陈出新，但包装物本身的结构都是由那些最基础的包装结构演化而来的。

第一节　包装结构设计类型

设计产品包装的造型结构，是以不同产品、不同包装材料和生产工艺技术条件为依据的，一般有以下几种类型的结构。

一、便于运输储存的包装结构

为了方便运输的储存，销售包装一般都要排列组合成中包装和运输包装。运输包装多为方形，方便装箱，如酒类包装和化妆品包装等（见图 3-1）。也可以通过两个或两个以上不规则的造型，组合成方形体。这样装箱时不会产生缝隙，可充分利用运输包装内的空间。既便于运输储存，又符合科学原理。

图 3-1 运输包装

设计造型时，要结构牢固，具有较好的耐冲击和抗压性能，不易被外力击破压坏，保证商品的安全运输，如容器的棱角用圆角和钝角要比较好。对一些易碎商品，比如工艺品的包装设计所作的特殊处理，如产品包装内衬垫的厚度与种类、商品排列方法、商品在包装内的固定性能等，力求在运输中经外力撞击挤压而不至于破损。在有效地保护商品的前提下，销售包装的造型设计还应尽可能地缩小体积，减少不必要的包装层次，不留空位，比如纸盒的合理裁切成型等，都是缩小体积的有效方法（见图 3-2）。

图 3-2 销售包装

二、便于陈列展销的包装结构

为适应商场和超级市场里陈列展销的特点，一般有以下几种形式出现。

1. 堆叠式包装结构

为节省货架上的货位，往往要把同类产品堆叠起来展销。在金属或玻璃包装上部与底部分别有两条凹凸槽，或在顶部加一个特别的塑料盖，使盖的圆圈突边与上面容器的底部内沿相吻合，这样就可以上下嵌合堆放。还可以利用在纸盒壁板底部边沿开凹槽，然后相应延长壁板顶部处作突出插入结构，当纸盒叠起时，可直接插入上面纸盒壁板底部边沿的槽口（见图 3-3）。有些高明的设计师把不同容量的容器顶部统一在一个尺寸内，或分成几种规格的尺寸，其尺寸统一为国家同类产品包装结构的标准尺寸，从而使不同国家生产的不同品种和容量的包装容器，都能在货架上堆叠展销，而不至于滑倒，同时，由于堆叠，产品具有了更大的视觉冲击力。

图 3-3 堆叠式包装

2. 可挂式包装结构

可挂式包装结构具有方便展销充分利用商店、超级市场货架空间的特点悬挂展销，突出商品，成本也比较低廉。一些小五金、小文教用品及部分食品、药品、纺织品，均可采用这种结构的包装形式。按其包装方法，有热成型以及盒型、袋型、套型和卡纸型等几种。

热成型挂式包装是用透明的塑料或薄片覆盖或罩在背后衬有纸板的产品上，使产品和纸板成为一个整体。

盒型、袋型、套型挂式包装，一般采用塑料或者纸做成盒、袋、套形状，上面开有挂孔和挂钩，包装正面用透明材料或开窗。

卡纸式挂饰包装，根据产品的形状，在纸板上开若干卡口，把产品卡在上面。由于卡纸挂式包装上开孔很多，而且产品占据版面很多，要注意版面文字和图形的安排，以免破坏完整性（见图 3-4）。

图 3-4　可挂式包装

3. 展开式包装结构

这是一种特殊结构的摇盖盒包装，利用包装盒打开盒盖展示商品，增强整体感和陈列效果。一般用在产品形象本身比较优美的包装上。在设计时必须同时考虑展开和不展开的画面。由于它具有直接展示在购买点的特点，起到了宣传作用，因此也可以称为 POP 包装（见图 3-5）。

图 3-5　展开式包装

4. 习惯的包装结构

有些产品的包装已经逐渐形成某种习惯性的（传统性的）造型，不看文字也能基本鉴别某类产品。如易拉罐饮料的造型一般为长圆筒形（见图 3-6）；鱼类罐头往往是扁平的长圆形柱体（见图 3-7）；火腿罐头大多是马蹄形（见图 3-8）；猪肉罐头一般是方形和圆形（见图 3-9）；牛肉罐头大多是梯形（见图 3-10）；水果类罐头多用瓶装（见图 3-11）。

图 3-6　易拉罐饮料

图 3-7　鱼类罐头

图 3-8　火腿罐头

图 3-9　猪肉罐头

图 3-10　牛肉罐头

图 3-11　水果罐头

5．系列化包装结构

由于商品的互相争奇斗艳以及种类繁多而引起的散乱，人们的视线喜欢首先落在统一、和谐、具有整体美的商品上，因此，利用包装的统一形式把某一企业的同类或不同类的产品组合成一个格调统一的群体系列型包装，通过商品系列化型陈列的群体性，使消费者便于辨认和记忆（见图 3-12）。

图 3-12　系列化包装

三、便于消费者使用的包装结构

包装是直接与消费者接触的，它的造型结构要便于消费者使用，并要特别注意功能上的科学合理和结构上的牢固。

1．携带式包装结构

携带式包装是为了便于消费者携带而考虑的。设计时，包装的长、宽、高度的比例要恰当，如正面稍凸、背面稍凹的小酒瓶的设计，可以放在裤子后袋里。有些体积大的包装可以增加手提的结构，同时要考虑到手提的功能性，要能收能放，便于在运输中装箱时的科学安全性。

2．易开式包装结构

密封结构的包装，不论是纸质、金属、玻璃、塑料的容器，在封口严密的前提下，要求开启方便。易开式包装有易开罐、易拉罐、易开盒等几种，牛奶、饮料等容器基本上都采用这种包装。它包括拉环、拉片、按钮、卷开式、扭断式等。易开式纸盒和易开式塑料盒都在盒的上部设计一个断续的开启口或一条像拉链式的开启口，用手指一按或一撕即可打开盒子，如袋装咖啡盒就是采用了拉链式开启口（见图 3-13）。

图 3-13　易开式包装

3．喷雾式包装结构

液体状的商品一般采用喷雾式包装，如香水、空气清新剂、杀虫剂等。这种包装结构，安全合理，使用方便，具有很大的市场（见图 3-14）。

4．配套包装结构

配套包装的造型结构主要考虑把不同种类但在用途方面有联系的产品组织在一起销售的包装，如五金工具配套，利用产品包装造型的巧妙设计，把这类东西组合在一起，方便顾客一次购买多种规格的商品。

5．礼品包装结构

专门作为送礼用的包装称为礼品包装。礼品包装的设计要求华美名贵，因此造型结构一般追求较强的艺术性，同时具有良好的保护产品的性能。为增加商品的名贵感，可合理运用吊牌、彩带、花结、装饰垫等，以增加新鲜感、庄重感、亲切感（见图 3-15）。

图 3-14　喷雾式包装

图 3-15　礼品包装

6. 软包装结构

所谓软包装，就是在填充或取出内装物后，容器的形状发生了变化或没有变化的包装，以管状居多。由于软包装具有保鲜度高、轻巧、不易受潮、方便销售、运输和使用等特点，因此食品调料、牙膏、化妆品等（见图 3-16）都可以采用这种包装。它所使用的材料很多是具有各种功能的复合材料制成的，如玻璃纸与铝箔复合、铝箔与聚乙烯等。

图 3-16 软包装

7. 方便型小包装结构

方便型小包装也可称为一次性商品使用包装，其特点是体积小、结构简洁、便于打开。宾馆中使用的一次性肥皂、茶叶、包、洗发膏、一次性淋浴帽等（见图 3-17）。

图 3-17 方便型小包装

8. 食品快餐容器结构

食品快餐容器是随着快餐的发展而快速发展起来的包装。它具有清洁、轻便、方便和随时可以直接用餐等许多优点。如汉堡包装盒、冰淇淋等冷链类包装盒、杯；品种造型繁多的泡面碗、杯容器；各种咖啡、饮料的纸杯等（见图 3-18）。

9. 桶装结构

桶是随着人们生活节奏的加速而迅速发展起来的，能盛装一定重量的带有手提结构的容器。它主要用于液体类的产品，如油类等。由于这类包装容器大都采用透明材料（见图 3-19），能直观内盛物，因此它的设计重点要注重于桶的结构的造型，以及手提部位的合理性两个方面。

图 3-18 食品快餐容器

图 3-19 桶装包装

第二节　纸盒包装的基本成型构造

1885 年，英国商人威廉姆·利弗为维护自己商品的信誉，推出了带有商标的纸包装香皂，这就是商品包装进入市场的开端。

用纸类材料制作容器包装商品，尽管只有 100 多年的历史，却彻底改变了包装业的根本结构，并以无可比拟的多方面优势，确立了在包装领域中的首要地位。目前，世界上发达国家的纸质包装制品的产值已占包装总产值的 50% 以上。截至 2023 年底，我国纸包装制品占我国包装工业总产值的 24.77% 左右，而且增长势头迅猛。

现代纸的抄造技术、加工技术、强化技术、复合技术及印刷技术的发展，不仅弥补了纸类材料性能的不足，而且极大地扩展了纸包装的应用范围。特别是绿色包装在全球范围的兴起，使得纸包装更加受到人们的青睐，在许多方面已取代了其他材质的包装。

一、折叠纸盒

1. 折叠纸盒的结构设计

纸盒包装的基本成型构造，是用一张纸将商品正确、合理而有机地包装，它是经切割、压痕（或模切）、折叠、粘合等程序加工成型的。折叠纸盒是应用范围最广、结构变化最多的一种销售包装容器。其定义如下：

（1）用厚度在 0.3 ～ 1.1 mm 的纸板制造；

（2）在装运商品之前可以平板状折叠堆码进行运输和储存。

定义的第一点划分了一个大致的区域，小于 0.3mm 纸板制造的折叠纸盒满足不了包装要求，而大于 1.1mm 纸板在一般折叠纸盒加工设备上难以获得满意的压痕。

有一部分折叠纸盒成型后不易恢复平板状，从严格意义上来说，应为介于折叠纸盒和固定纸盒之间的半固定纸盒。但由于这部分纸盒是在包装内装物时才在现场组装成型，运输和仓储时依然是平板盒坯，所以应属于广义的折叠纸盒。

2. 折叠纸盒的特点

折叠纸盒的优点有以下几个。

（1）成本低，强度较好，具有良好的展示效果，适合大中批量生产。与粘贴盒和塑料盒相比，粘贴盒只有在小批量生产，并选用半自动化设备的情况下才可与之竞争；而塑料盒，只有在大批量生产，将昂贵的模具成本分摊到单个产品上时才可与之匹敌。

（2）与粘贴盒和塑料盒相比，折叠纸盒占用空间小，运输、仓储等流通成本低廉。

（3）在包装机械上的生产效率高，可以实现自动张盒、装填、折盖、封口、集装、堆码等。

（4）结构变化多，能进行盒内间壁、摇盖延伸、曲线压痕、开窗、POP 广告板、展销台等多种新颖处理。

折叠纸盒的缺点有以下几个。

（1）强度较粘贴盒及塑料盒等多种刚性容器低，一般只能包装 1 ～ 2.5 kg 的轻型内装物商品，最大盒型尺寸也只能是 200 ～ 300mm。单瓦楞纸盒和厚度大于 1.1mm 的硬纸板盒装量及盒型尺寸可以增大。

（2）外观质地不够高雅，不宜做贵重礼品的包装。

3. 主体结构和局部结构

主体结构是指构成折叠纸盒盒型主体的结构形式。按成型方法分为管式、盘式、管盘式和非管盘式等几大类。

（1）管式折叠纸盒。管式折叠纸盒的盒盖在整个盒面中面积最小，如牙膏盒、胶卷盒等（见图 3-20）。这里所讨论的管式折叠纸盒，抛弃了这种造型形式上的统一，在其成型特性上加以重新定义，即在纸盒成型过程中，盒盖和盒底都需要摇翼折叠组装（或黏合）固定或封口的纸盒（见图 3-21）。这类纸盒与盘式折叠纸盒、非管非盘式折叠纸盒和管盘式折叠纸盒相比，不仅成型特性不同，制造技术也不同。如图 3-22 所示的纸盒，虽然其盒盖所位于的 LB 面在整个盒面中面积最小，但其盒身黏合通过两个 BH 面来进行，盒底摇翼不需经过组装（或黏合）而固定，同时也不能开启，所以不能将其归入管式折叠纸盒。这样，严格从定义上划分，管式折叠纸盒就不再是造型基本相同的一类纸盒，而是在成型特性与制造技术上具有共性的一类纸盒。

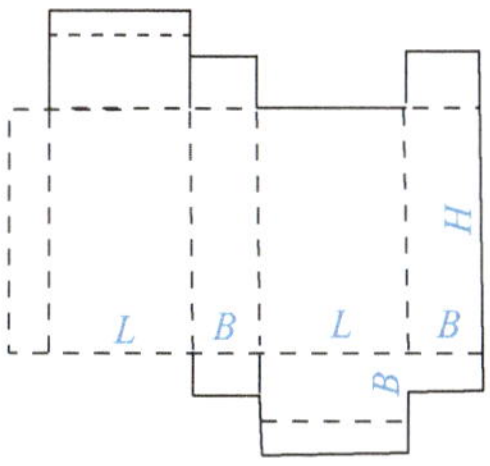

图 3-20　管式折叠纸盒

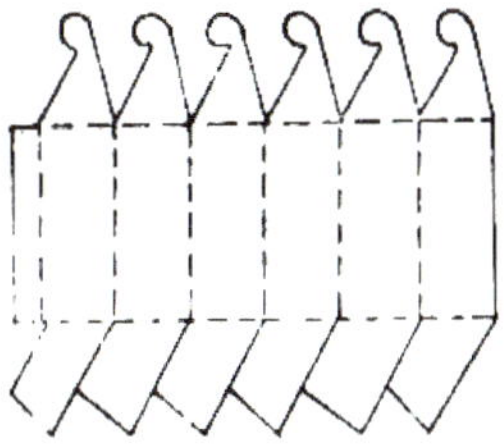
图　3-21 摇翼折叠示意图

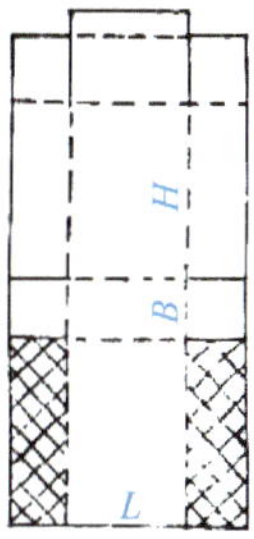

3-22 类管式折叠纸盒

管式折叠纸盒的盒盖结构有以下几种类型：

1）插入式纸盒：它是直线纸盒的代表，由于两端的插入方向不同，而分为直插式和反插式。

直插式：盒的顶盖和底盖的插入结构（舌头），是在盒面一块面上（见图 3-23）。

反插式：盒的顶盖和底盖的插入结构（舌头），是在盒面、盒底的不同面上（见图 3-24）。

2）黏合纸盒：这种纸盒没有插入式纸盒的插入结构，依靠黏合剂把上盖与底部黏合在一起。这种盒子适合盛放粉状和颗粒状的产品，是一种坚固的纸盒。由于它少了插入式结构，它的净面积里几乎没有被 切掉浪费的部分（见图 3-25），因此它是一种最节约材料的纸盒结构。

3）锁底式纸盒：它是在插入式纸盒的基础上发展出来的，是把插入式纸盒的底盖改成锁底式结构。由于它省却了黏合工艺以及能盛放较重的产品，因而在大中型纸盒中广泛采用。如化妆品、酒、药品等立式的产品。与插入式纸盒相比，同样尺寸体积的纸盒，由于锁底式纸盒省去了底盖的插入结构，因此更节约材料（见图 3-26）。

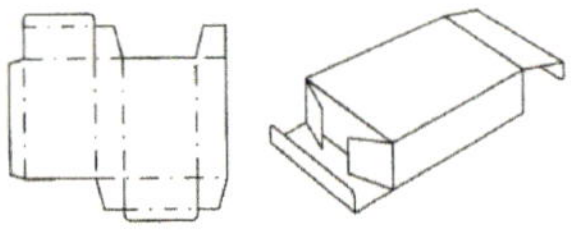

图 3-23　直插式纸盒

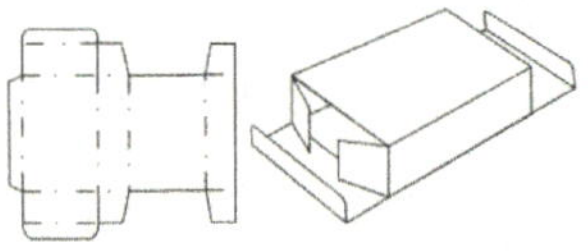

图 3-24　反插式纸盒

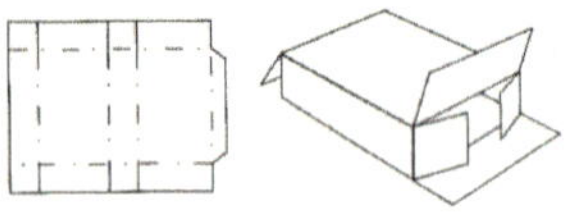

图 3-25　黏合纸盒

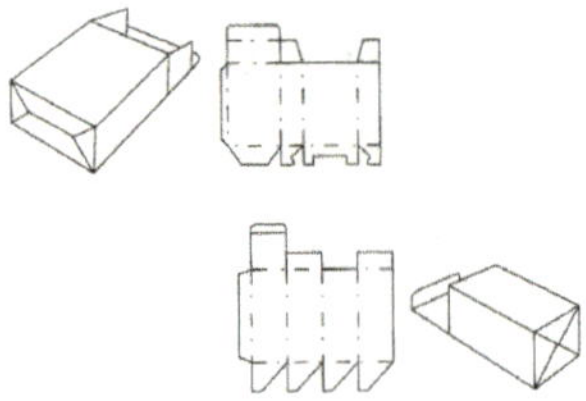

图 3-26　锁底式纸盒

（2）盘式折叠纸盒。从成型特点上看，盘式折叠纸盒是由一张纸板四周以直角或斜角折叠成主要盒型，有时在角隅处进行锁合或黏合；如果需要，这个盒型的一个体板可以延伸组成盒盖。与管式折叠纸盒不同，这种盒型在盒底上几乎无结构变化，主要的结构变化在盒体位置。

旧的盘式盒定义为盒盖位置在最大盒面上的折叠纸盒，如果按此定义，如图 3-27 所示的纸盒不属于盘式盒，这显然是不对的。盘式盒一般高度相对较小，这样，不仅盒底负载面大，而且开启后观察内装物的面积较大，有利于消费者挑选和购买，盘式折叠纸盒适合包装鞋帽、服装、食品和礼品。盘状式纸盒从结构上的区别可分为以下几种形态。

1）双件式纸盒（又称天地盖托盘纸盒），是分别用两张纸做成的两个盒子——盖子和托盘两部分。这种结构适合所有的商品。

2）摇盖式纸盒是一张纸做成的，托盘和盖子连在一起的结构。适合散装饼干、糖果、土特产等的包装。（见图 3-28）。

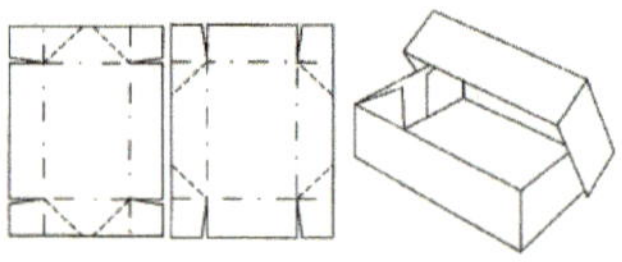

图 3-27　旧盘式折叠纸盒

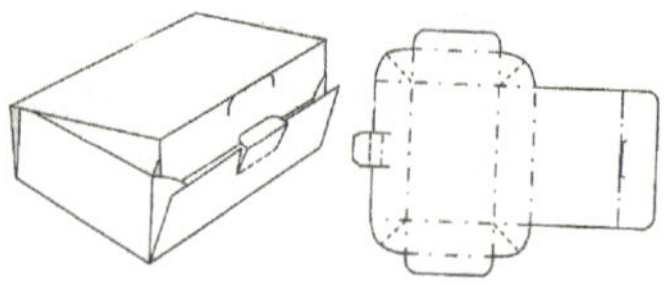

图 3-28　摇盖式纸盒

局部结构是指在折叠纸盒局部，如盒盖、盒底、盒面、盒角等，有锁口、自锁、间壁、开窗、展示板等。

二、固定纸盒

固定纸盒又名粘贴纸盒，一般用黄纸板作内衬，根据需要采用各种纸张作内外裱糊之用，也可采用木材片、金属箔、玻璃、布料作裱糊之用。由于裱糊的盒子使用面不广，靠手工单个制作，且成型后不能再折叠成平板状，而只能按固定盒型运输和仓储，因此价格昂贵，一般用于盛装名贵产品的包装盒，如金银首饰、珠宝、古玩、单件玻璃器皿、陶瓷和名贵药材等产品的包装。

1. 固定纸盒的优点

（1）可以选用众多品种的贴面材料，通过适当的选择来获得最佳视觉效果，与折叠纸盒相比，外观质地设计可选择范围广。

（2）与一般折叠纸盒相比，防戳穿，保护性好。

（3）堆码强度高。

（4）同样小批量，粘贴纸盒与折叠纸盒相比，较为经济，因而更适合小批量订货。

（5）具有展示促销功能。随着盒盖开启而摆放陈列于柜台上，在展示内装物的同时，包装内外质地暗喻产品质量上乘。

2. 固定纸盒的缺点

（1）与折叠纸盒相比，劳动量大，故生产成本高。

（2）不能折叠堆码，占用空间大，所以运输及仓储费用高。

（3）贴面材料一般手工定位，印刷面容易偏移，效果不如折叠纸盒。

（4）生产速度低，储运困难，不能接受大批量订货。

根据盒子的结构形态可以分为嵌入式盒（见图 3-29）、书套盒（见图 3-30）、变形盒（见图 3-31）、抽屉式盒（见图 3-32）。

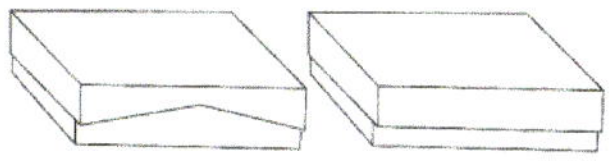

图 3-29 嵌入式盒

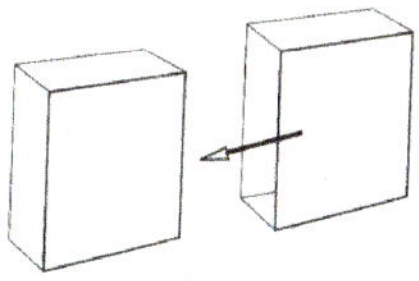

图 3-30 书套盒

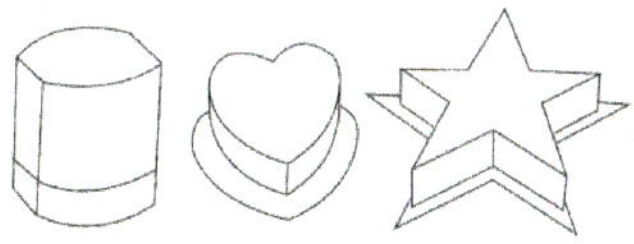

图 3-31 变形盒

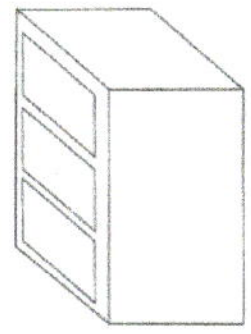

图 3-32 抽屉式盒

三、常用纸盒包装结构

常用纸盒包装结构是为了满足商品包装的特别需要，或是为了宣传商品，为消费者提供方便而设计的纸盒局部结构。

1. 手提纸盒

手提纸盒是方便消费者携带的纸盒，它具有便于携带、简洁、易拿、成本低的特点，提携的把手要能承受得住商品的重量（见图 3-33）。

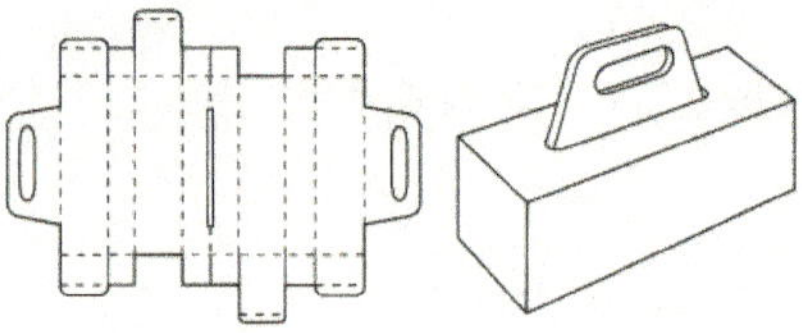

图 3-33　手提纸盒

2. 便利纸盒

由于单手就能操作取出内容物，因此易开式方法的结构已被广泛应用。目前有以下几种形态的便利纸盒。

（1）缝纫机刃式。这是家喻户晓的最简单的开封形式，餐巾纸盒就是采用这种缝纫机刃。可以按照纸盒的用途和目的，以及纸盒本身纸张的厚度选择针孔的间距（见图 3-34）。

（2）拉链式。这种结构的纸盒使用的范围非常广，可以在纸盒的一面或围绕纸盒一周切开（见图 3-35）。

（3）管口式。这是一种最优异的结构，在纸盒的某一部分剥开黏合处，作为倒出口，这种形态多用于液体类的容器包装，如牛奶、饮料类。或在盒体的某一部位打洞，作为倒出口或插入吸管（见图 3-36）。

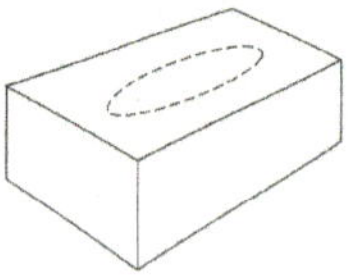

图 3-34　缝纫机刃式纸盒

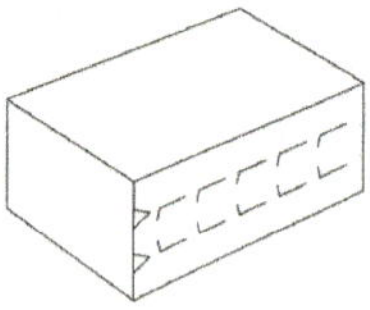

图 3-35　拉链式纸盒

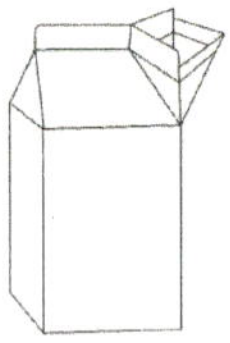

图 3-36　管口式纸盒

3. 立体 POP 展示

延长纸盒的部分壁板，使延长部分既可以打洞悬挂，又可以为产品作广告（见图 3-37）。

4. 隔间式纸盒

以保护体积较小、易碎商品而进行的一种分隔式包装。结构隔间有直接与盒体相连接，也有辅助配件入内，主要功能是固定商品，形成组合整体形象，也被称为附加间隔结构（见图 3-38）。

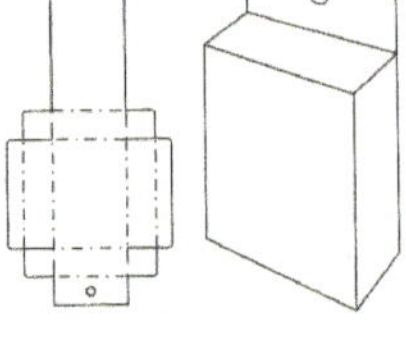

图 3-37　立体 POP 展示

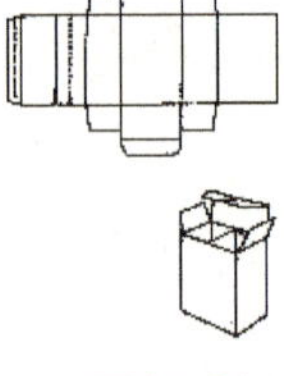

图 3-38　隔间式纸盒

5. 翻盖式纸盒

结构简单，使用较多的一种包装盒。盒身、盒盖、盒底为一板成型，盒盖翻折，盖住盒口，左、右延长部分可内折后交叉锁口，增强封闭性，具有用纸合理、成本低等特点（见图 3-39）。

6. 开窗式纸盒

这种结构的特点是，将内容以最直接的方式展露出来，创造一种真实信息表达。开窗是局部，方式有各种形状，甚至盒盖全开式，但有一点需引起设计师注意，开窗的空间贴合透明材料，一是加强开窗后纸平面的强度，二是避免灰尘对内容物的污损（见图 3-40）。

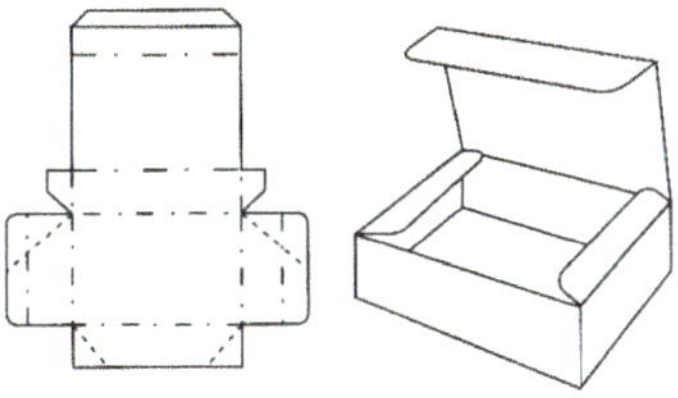
图 3-39　翻盖式纸盒

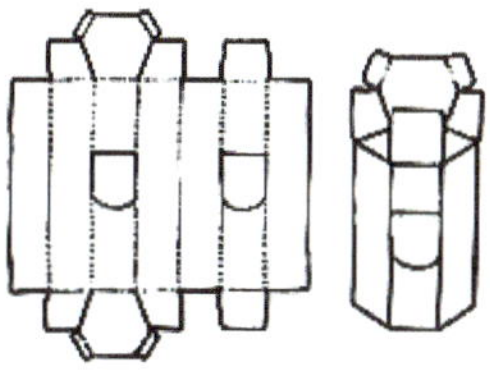
图 3-40　开窗式纸盒

附：包装结构范例

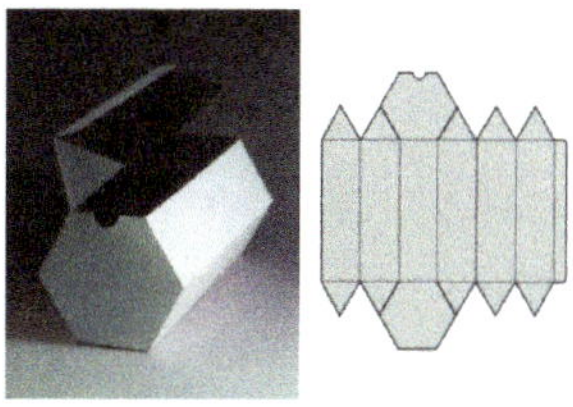
a

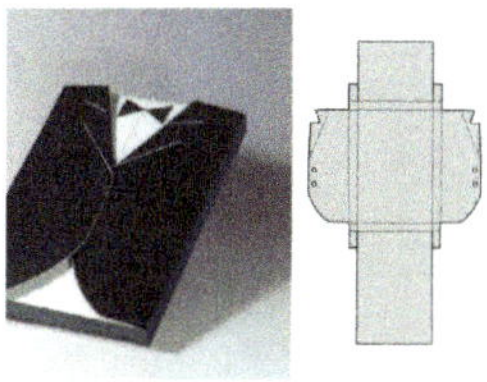
b

c

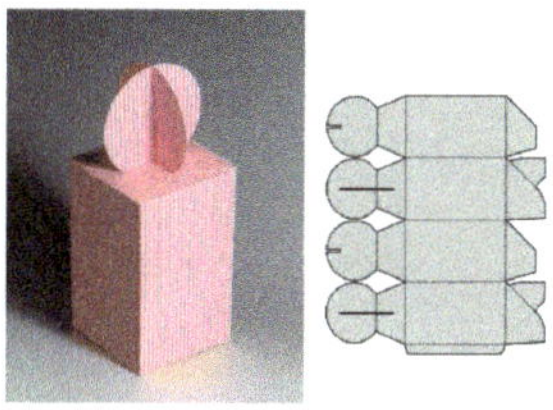
d

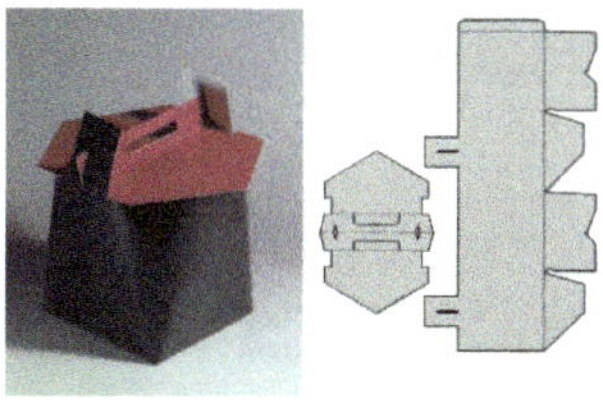
e

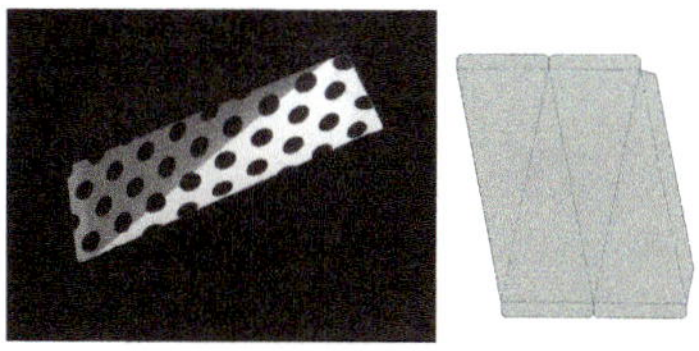
f

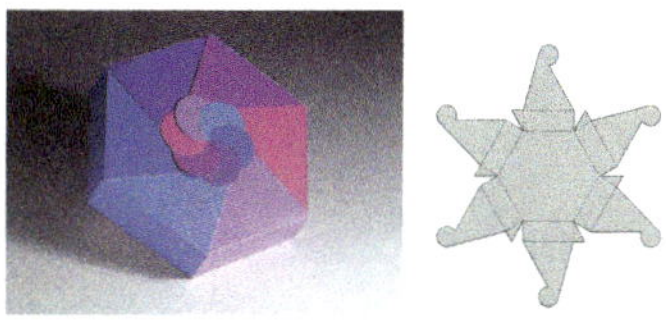
g

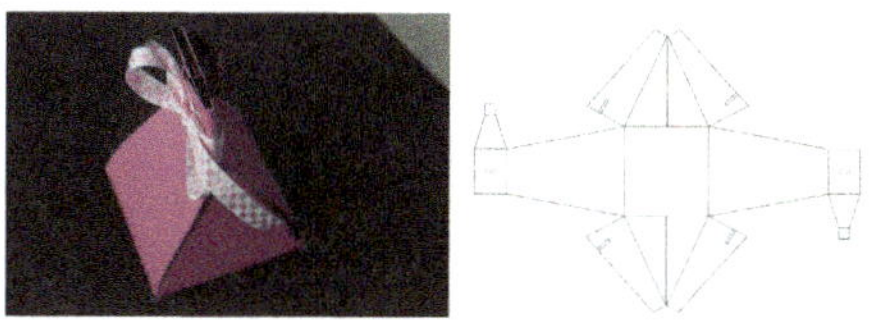
h

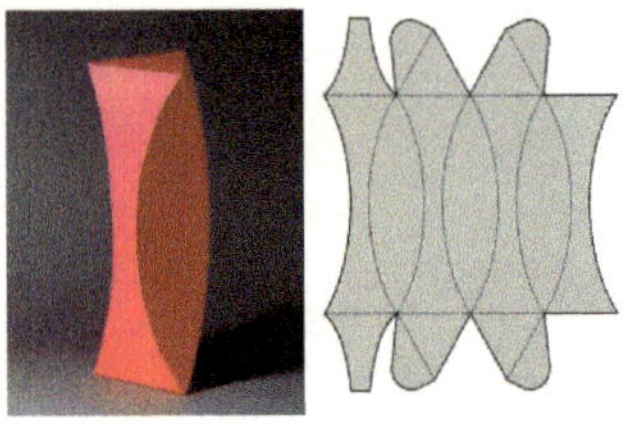

i

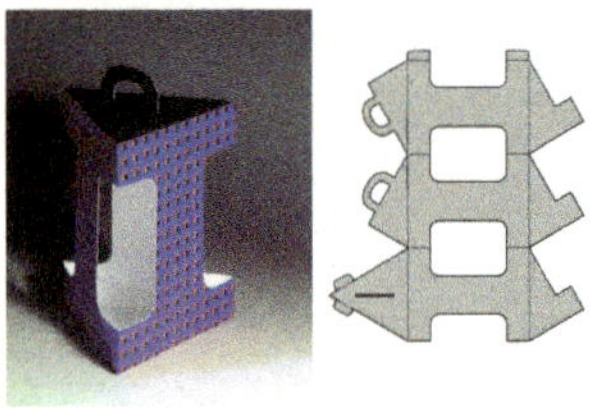

j

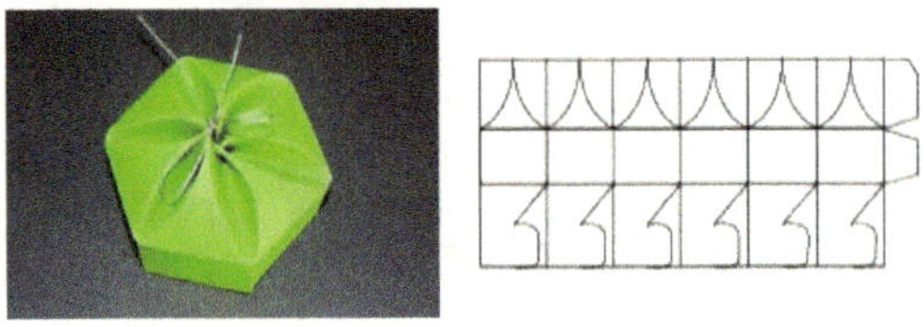

k

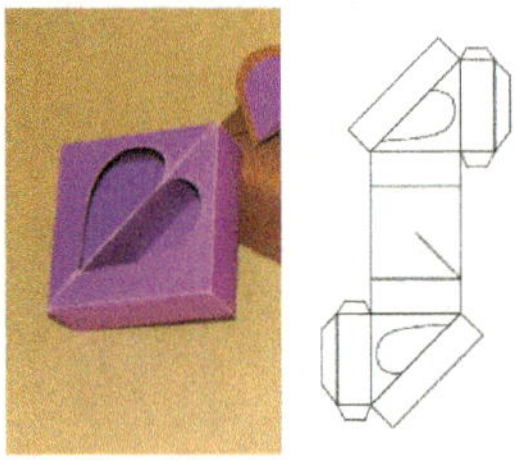

l

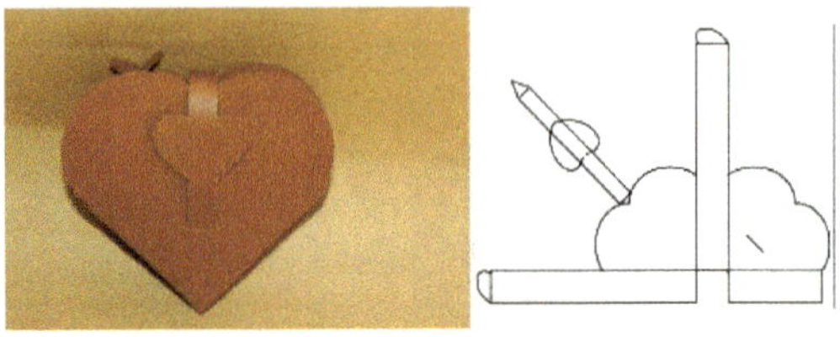

m

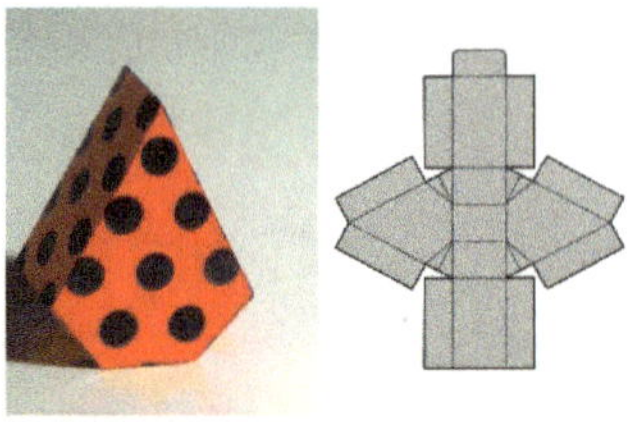

n

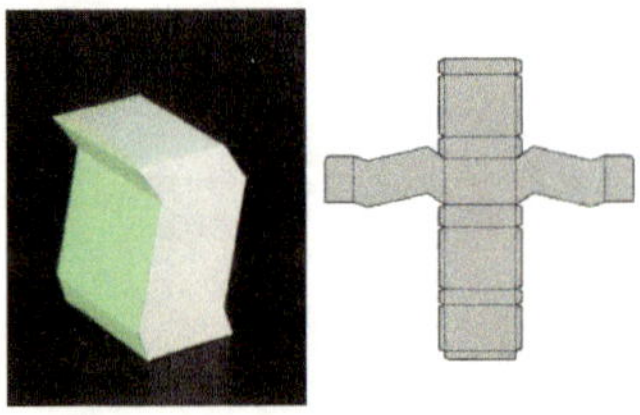

o

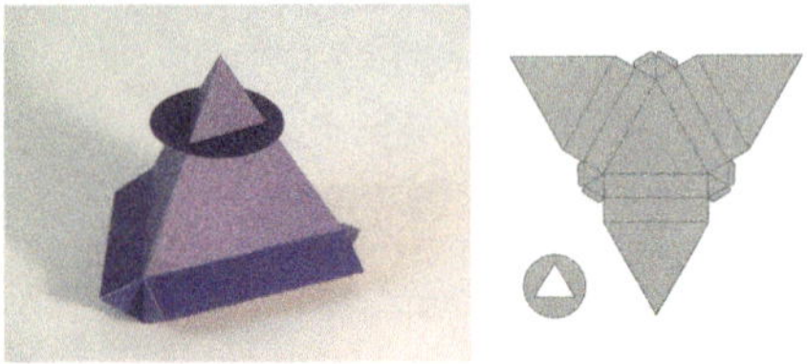

p

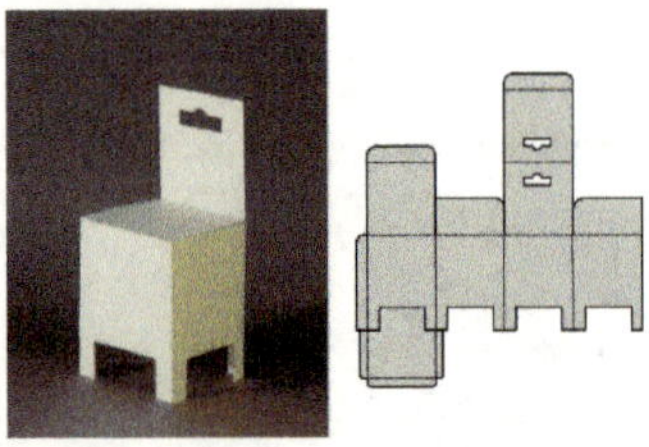

q

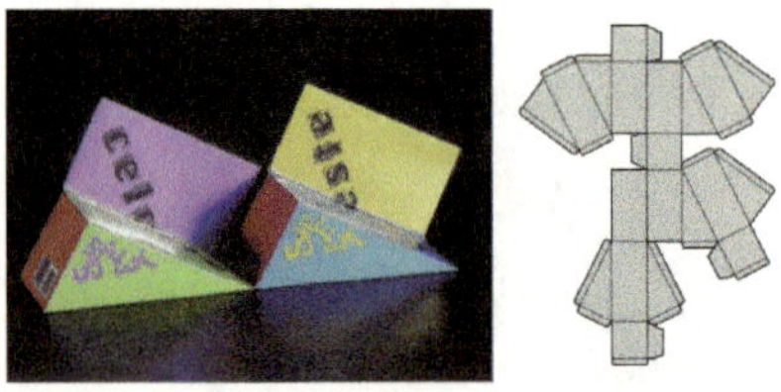

r

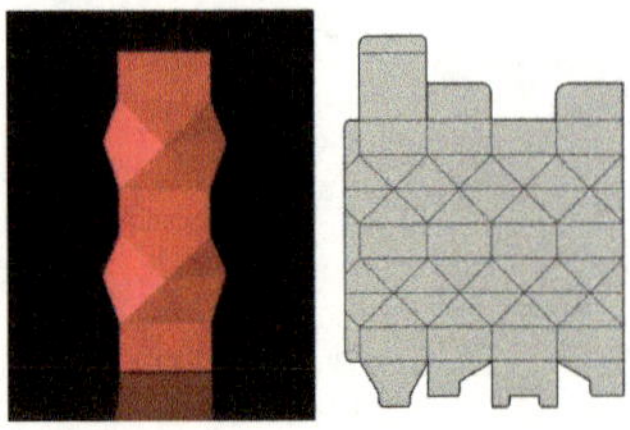

s

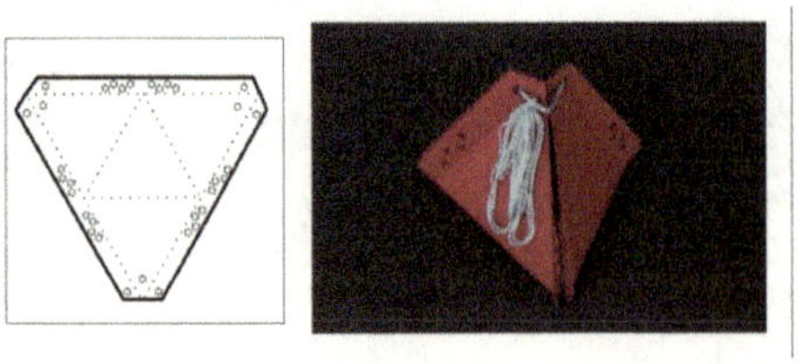

t

u

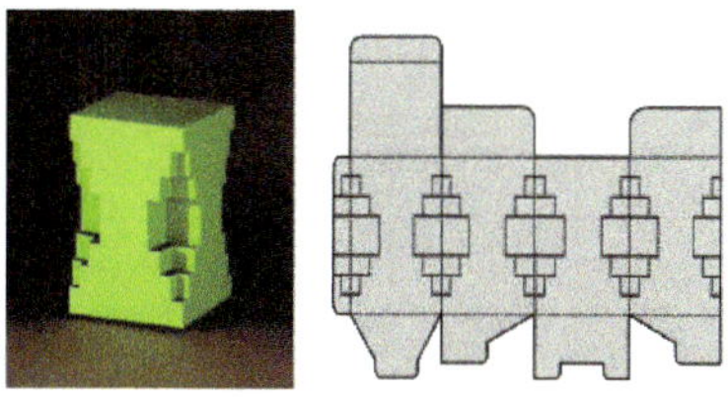

v

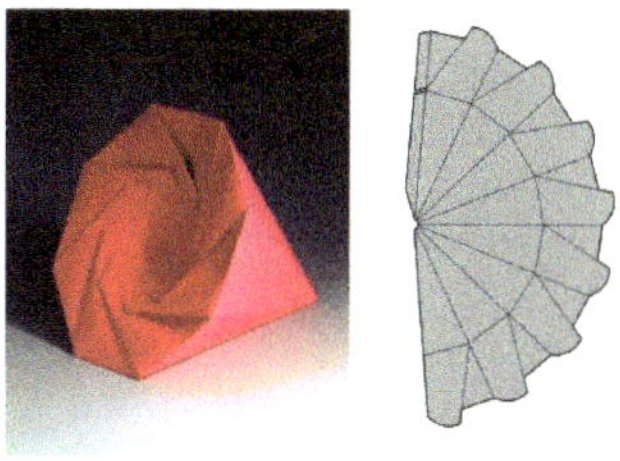

w

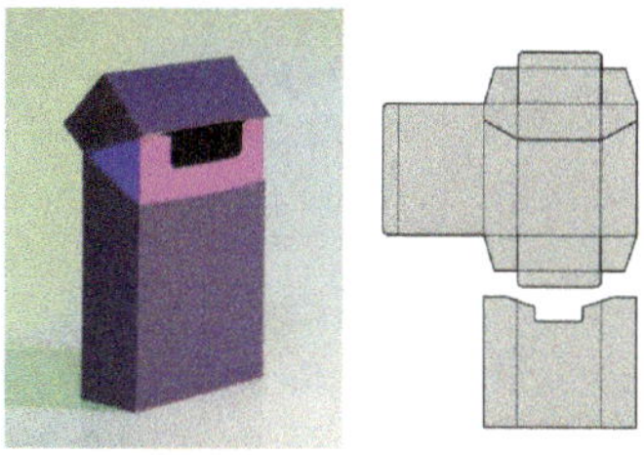

x

第三节　金属包装的基本成型构造

金属包装结构的主要品种有印铁制品（听、盒）、三片密封罐、易拉罐（铝制两片罐、马口铁两片罐、马口铁三片罐）、提桶、方桶、钢桶、铝罐、气雾剂罐、金属罐、金属软管铝箔袋及金属容器配件，包括瓶盖、罐盖、封闭器等，广泛应用于食品、饮料、罐头、油脂、化工原料、药品、化妆品、文化用品的包装。

一、金属罐的分类

金属罐是指使用最大公称厚度为 0.49 mm 的金属材料制成的容量较小的容器。由于分类方法不同，罐的种类各异。

1．按形状分类

（1）按罐的横截面分类，金属罐分为圆罐和异型罐（见图 3-41）。圆罐是应用最多、最适加工的罐型，已成为罐头食品的主流罐型。异型罐是非圆柱体罐的总称，常见的有椭圆形罐、扁圆形罐、方形（或矩形）罐、梯形罐，以及梯形罐的变形——梨形罐等。

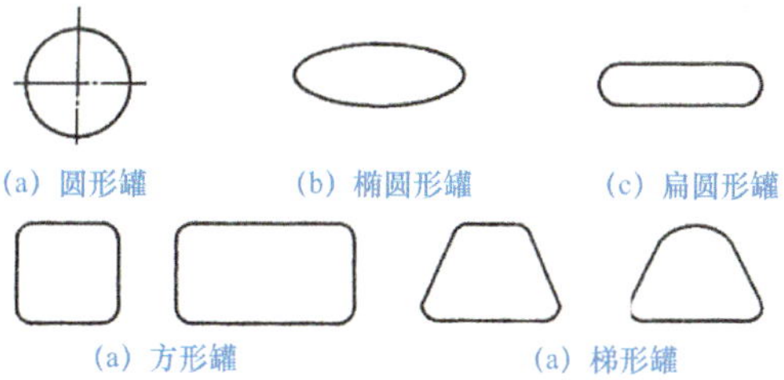

图 3-41　各种不同形状罐的横截面

（2）按罐的纵横面分类，金属罐可分为圆柱罐、圆锥罐、缩颈罐和阶梯罐（见图3-42）。

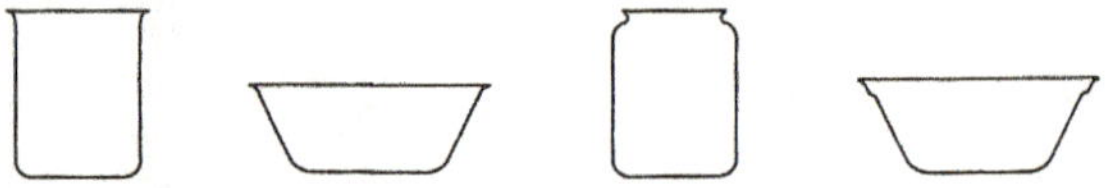

(a) 圆柱罐　(b) 圆锥罐　(c) 缩颈罐　(d) 阶梯罐

图 3-42　各种不同形状罐的纵横面

2. 按开启方法分类

按开启方法分类，有开顶罐、易开罐、杠杆开启罐、卷开罐和罩盖罐等（见图3-43）。

（1）开顶罐。一端全开口，装罐后再封罐的金属罐。

（2）易开罐。带有易开盖的密封罐。

（3）杠杆开启罐。带有杠杆开启盖的镀锡薄板罐。

（4）卷开罐。罐身上部预先刻痕并带有舌状小片，用开罐钥匙卷开的金属罐。

（5）罩盖罐。带有线罩的金属罐。

(a) 开顶罐　(b) 卷开罐　(c) 罩盖罐

图 3-43　不同开启方法的金属罐

二、金属三片罐结构

三片罐又称接缝罐，是最古老的空罐形式。整个罐由罐身、罐底和罐盖三部分组成，使用锡焊法、电阻焊法和黏结法密封，罐盖、罐底和罐身靠二卷边法连接。

三片罐的形状多种多样，但基本上按照罐的横截面形状分为圆形罐和异型罐两大类，常用的形状见图3-44所示。

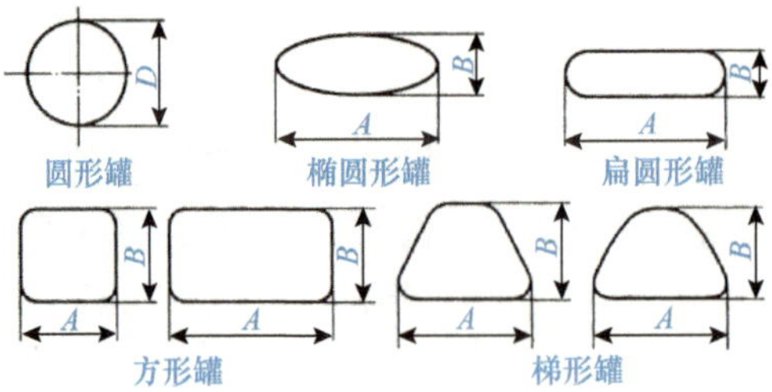

图 3-44　各种常见形状罐

1. 罐身

罐身接缝是罐身成型后罐身板两端的接缝结构。因制造工艺不同，罐身接缝有下述四种。

（1）锁边接缝：罐身板两端互相勾合形成的四层折叠接缝，如图3-45（a）所示。用于锡焊罐，接缝重叠宽度2.4 mm。

（2）搭接接缝：罐身板两端堆叠在一起以钎焊或熔焊封合形成的接缝，见图 3-45（b）所示。用于电阻焊罐，接缝重叠宽度 0.4 ～ 0.6mm。

（a）锁边接缝　　（b）搭接接缝

图 3-45　罐身接缝

（3）对接焊缝：罐身板两端边缘对接在一起，通过焊接形成的焊缝，用于激光焊罐，见图 3-46（c）所示。

（4）黏结接缝：图 3-46（a）、（b）所示为美国用的黏结接缝，图 3-46（d）所示为日本采用的黏结接缝，熔融的尼龙为胶黏剂，以挤出法充填于罐身接缝，同时罐身板被加热以便胶黏剂填满缝隙，然后经冷却固化而成。黏结罐耐内压力高，耐热性差，可包装食品。

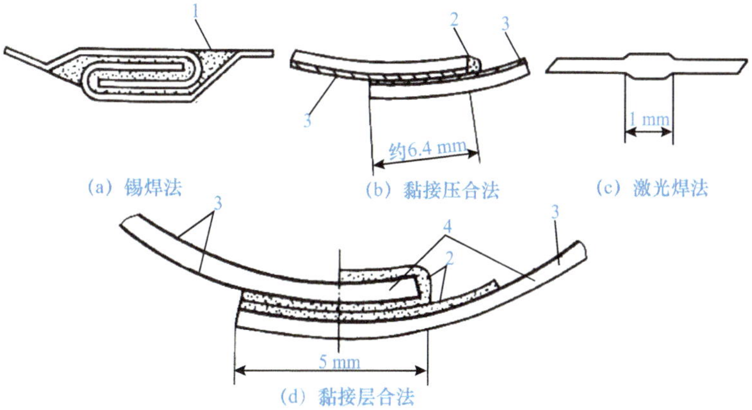

图 3-46　罐体结合部剖面

1—焊锡；2—胶黏剂；3—涂膜；4—TFS

2. 罐盖和罐底

三片罐的横向尺寸有时很大，因此罐盖（底）设有刚性膨胀圈。

（1）膨胀圈。罐盖和罐底的膨胀圈结构如图 3-47 所示，一般由一道或两道外凸筋和若干级 30° 的环状斜坡构成，如一道外凸筋和一级斜坡或二级斜坡，两个外凸筋与三级斜坡，视罐盖直径大小而定。膨胀圈有着如下作用。

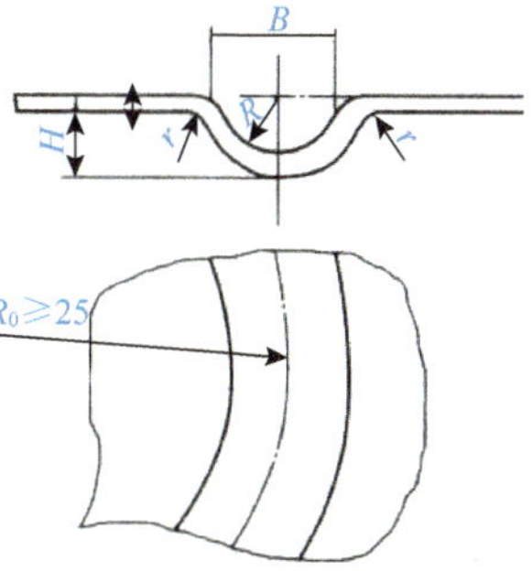

图 3-47　罐盖和罐底的膨胀圈结构

$R \approx 20t$；$H \leqslant 0.25B$；$r \geqslant 2t$；$R0 > 25$ mm

1）增加罐盖（底）的机械强度，起着加强筋的作用。罐头制品在加热冷却过程中，罐身与内装物因热胀冷缩而导致罐身永久变形，设计膨胀圈结构可避免罐身的永久变形，使冷却后罐盖（底）恢复原始状态。

2）保证密封性。凭借膨胀圈的伸缩性，加热时罐内气体膨胀，内压增大，罐盖（底）凸起，冷却时气体收缩，盖（底）面缩回，避免罐卷边结构的破坏，保证该部位密封良好。

3）便于识别变质产品。罐头食品腐败变质时，罐内即使产生少量气体，压力稍有变化，也极易在外形上表现出来，便于剔选。

（2）圆边（预卷边）。圆边是罐盖（底）边缘向内弯曲形成的边钩，以便与罐身的翻边作卷边密封。经冲压膨胀圈和圈边后的罐盖（底）结构如图3-48所示。

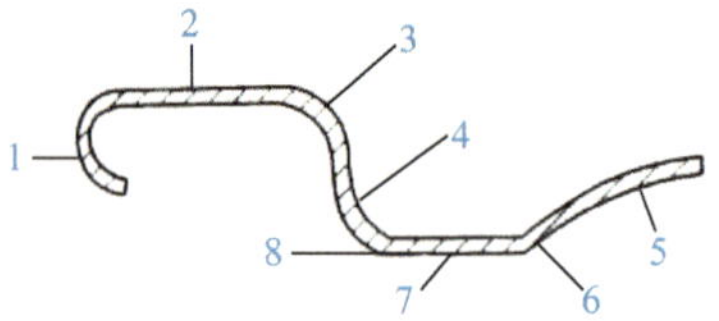

图3-48 圆边结构

1—圆边；2—卷边结合面；3—卷边面倒圆；4—夹壁；5—波纹；6—夹紧面倒圆；7—夹紧面；8—夹壁倒圆

3. 易开结构

（1）固体包装易开盖。图3-49所示的易开盖罐主要包装粒状食品、奶粉、固体饮料等，其盖可整体打开。内装物不需高温灭菌，也不要求较高的强度和密封性。盖内箔片用以防止空气渗入。

如图3-50所示为新型固体包装易开盖罐结构，其盖分内盖与外盖两部分。内盖为易开结构，在50~60μm的铝箔上附加塑料拉环。铝箔外缘黏结镀锡薄钢板圈，该圈与罐身贴紧固定使得内盖与罐身接合。外盖保护内盖，并在内盖开启之后重新封闭罐体。

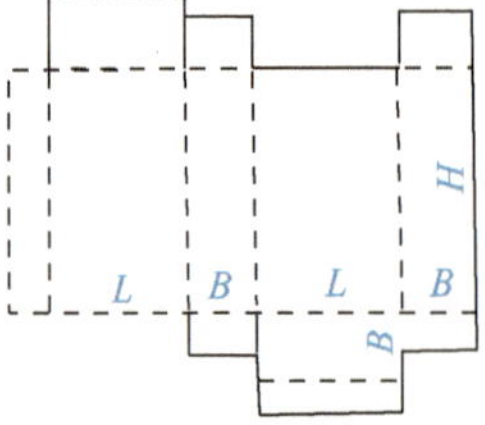

图3-49 固体包装易开盖罐

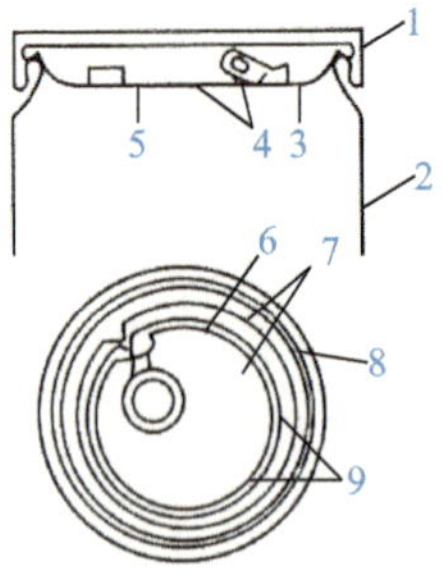

图3-50 新型固体包装易开盖罐

1—外盖；2—罐身；3—镀锡薄钢板圈；4—拉环；5—铝箔；6—拉环；7—铝箔；8—镀锡薄钢板圈；9—连接处

（2）液体包装易开盖。常见液体包装易开盖结构的易开装置主要由刻痕、拉环和铆钉组成。

图 3-51 所示为新型液体包装易开盖罐，其盖又称滑片盖。只要将罐盖上的可滑动舌片向后推动即可开启。开启后易开部件与罐身相连，不会造成对环境的污染。同时制动棘轮可使滑片重新关闭，以保持原有的密封及强度。

图 3-51 新型液体包装易开盖罐

4. 二重卷边（五层卷边）

二重卷边是罐身与罐盖（底）的组合，以五层咬合连接在一起的卷封形式如图 3-52 所示。二重卷边的方法是使用最广泛的一种接缝方法。二重卷边质量对罐的质量影响极大。二重卷边的内部结构如图 3-53 所示。

（1）身钩（B_1）是二重卷边形成时罐身的翻边部分弯曲成钩状的长度，其值为 1.8 ～ 2.2mm。身钩 B_1 的大小对罐的影响较大。一般来说，B_1 值小，容易发生渗漏现象，B_1 值太大则容易产生垂边（舌头）。

（2）盖钩（B_2）是二重卷边形成时把盖钩边弯曲在卷边内部的长度，B_2 的大小与头道辊轮曲线形状有关，其值应与身钩基本一致。

（3）叠接长度（E）是二重卷边形成后，经解剖测得身钩与盖钩互相叠接部分的长度。

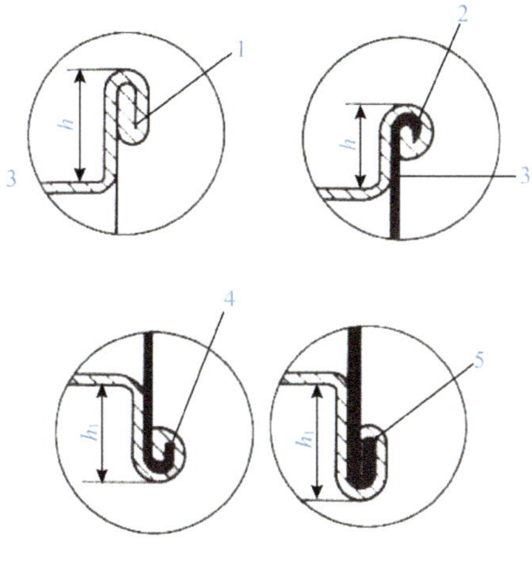

图 3-52 二重卷边

1—密封填料；2—罐盖；3—罐身；4—罐底；5—密封填料；h—罐顶深；h_1—罐底深

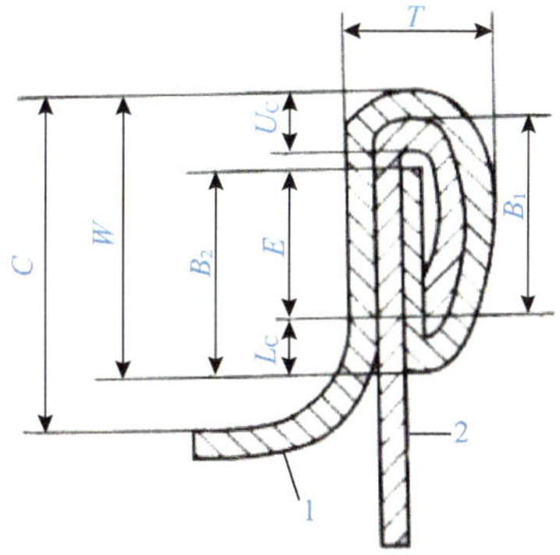

图 3-53 二重卷边的内部结构

1—罐盖（底）；2—罐身

三、金属二片罐结构

二片罐是由罐盖和带底的整体无缝的罐体两部分组成的金属容器。由于这种包装容器属于冲压加工，故又称为冲压罐。

二片罐生产周期短，工艺简单，密封性好，广泛用于啤酒及含气饮料的包装。二片罐有以下优点：罐内壁均匀完整，成型后可涂布一层完整的涂层，避免了内装物与金属污染源接触，大大提高了内装物的卫生质量；罐内壁无接缝并有完整的涂层，彻底消除了渗漏的可能，增加了气密性，确保了内装物的安全；罐身外壁无缝，外侧光滑，便于进行装潢印刷；成型加工工艺简单，机械化、自动化程度高，适于连续生产。二片罐的缺点是生产设备投资较大，对材料要求高，罐形较单一，互换性较差。

1．罐身

罐身的结构有以下几个部分。

（1）罐底及罐身的底部。罐底及罐身的底部主要起支撑整个容器的作用，其外形通常设计成圆拱形。一般啤酒饮料罐的内部压力较大，要求罐底的最小抗弯强度为 586 ～ 620 kPa（见图 3-54）。为满足底部的抗弯强度要求，早期使用厚度为 406 ～ 419 μm 的板材，底部设计成图 3-55 中 a 的外形；现行的啤酒罐普遍采用阿尔考 B-53V 形罐底，见图 3-55 中 b 的外形，板材厚度减为 330 μm；最新设计的阿尔考 B-80 型罐底，见图 3-55 中 c 的外形，板材厚度可降到 320 μm。

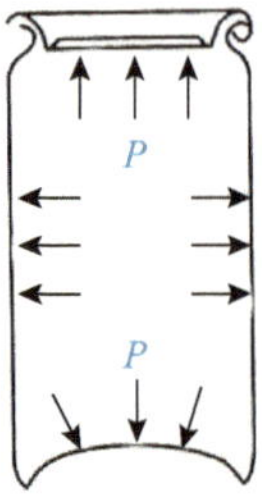

图 3-54　二片罐受力示意图

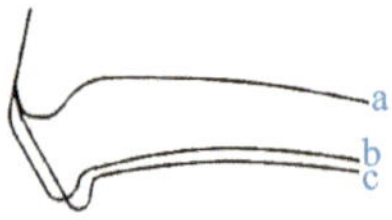

图 3-55　二片罐底部外形

a—最早的罐底外形；b—阿尔考 B-53V 形罐底；c—阿尔考 B-80 型罐底

（2）罐身下缘。罐身下缘部分即侧壁与罐底的连接部。该部分的外形要合理，常配合罐底一起设计，既要保证二片罐具有足够的结构强度，又要使其造型美观。

（3）罐身侧壁。该部分是二片罐的主体，表面光洁平整，进行涂装修饰。侧壁的结构设计，须保证其纵向抗压强度（即竖桶强度）值不低于 1330N。

（4）罐身上缘。上缘部分是侧壁与罐盖的封合部位。为了节约原材料，二片罐的罐盖直径都较小，因此罐体上缘部分必须采取缩颈结构。早期的二片罐上缘采用简单的缩颈式，随着罐盖直径的进一步缩小，从 20 世纪 80 年代开始，出现了双缩颈、三缩颈等罐型。英国 Metal Box 公司发明的旋压缩颈罐，其结构有很大的优势，近年来越来越多的二片罐都采用旋压缩颈结构。

2．罐盖

罐盖的结构可根据需要进行设计。啤酒等饮料罐一般都采用统一规格的易开盖。

四、金属软管结构

金属软管结构及各部分名称如图 3-56 所示，包括管颈、管壁、管盖、封折、管肩。

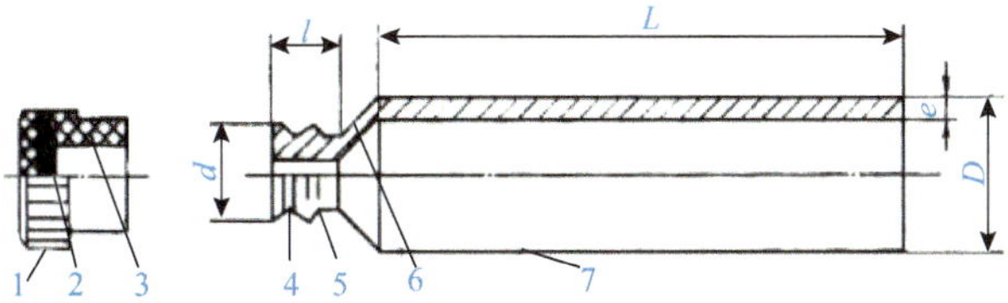

图 3-56 金属软管结构

1—旋钮；2—密封件；3—管盖内螺纹；4—管颈；5—管颈外螺纹；
6—管肩；7—管身；*d*—管嘴外径；*Z*—管颈长度；
L—管身长度；*e*—管身厚度；*D*—管身外径

1. 管颈

管颈又称管嘴，为内装物的输出位置，用于控制内装物的输出量，同时可以与管盖配合，给内装物以可靠的密封。其常用类型如图 3-57 所示。

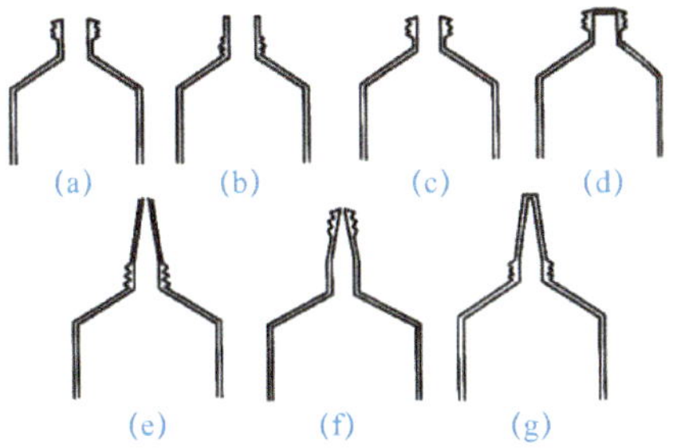

图 3-57 管颈类型

（1）普通管嘴。如图 3-57 中（a）（b）（c）（d）所示，管嘴内径为标准孔，管嘴只负责控制内装物的输出量，主要用于牙膏及膏状化妆品的包装。

（2）凸形管嘴。如图 3-57 中（e）（f）（g）所示，管嘴螺纹前部延长一细长管，用于控制内装物的准确输出位置，常用于眼药膏、鼻药膏等医药制品。

普通管嘴和凸形管嘴都有开式见图 3-57 中（a）(b)(c)(e)(f) 和闭式见图 3-57 中（d）（g）两种。另外还有以下几种特殊型：

（1）鱼雷管嘴。管嘴无螺纹，使用前必须刺穿管嘴，内装物主要是胶黏剂。

（2）塑料管嘴。这类管嘴主要用于医药膏或兽药膏的包装软管上。附着于金属管肩上的塑料，既可以防止内装物带有金属管嘴与管盖摩擦产生的黑色条纹，也可以防止金属管嘴伸达输出内装物部位时可能对该部位造成的伤害，如眼药膏，现在已经普遍使用塑料管嘴。

（3）无颈管嘴。这类管嘴为一次性使用，既无管颈也无管盖，使用时打开管前端即可挤出内装物。

2. 管壁

管壁根据用途不同而有所差异，应根据具体产品的管壁尺寸和形状进行定制化设计，确保包装能够紧密贴合产品，提供足够的保护。

3. 管盖

管盖按材料分有铝质管盖和塑料管盖两种。按形状分主要有短盖、长盖、全直径盖。按结构特点分有普通管盖、顶盖和塞盖。顶盖内有用于刺穿管口密封的刺穿工具，塞盖内有锥体，该锥体与管盖一体成型，用来封闭管口。

4. 封折

管底封折是软管强度最薄弱的部分，一般采用多重封折结构，如图 3-58 所示，包括平式单封折、平式双封折、平式鞍形折、平式反向双封折、波纹单封折。

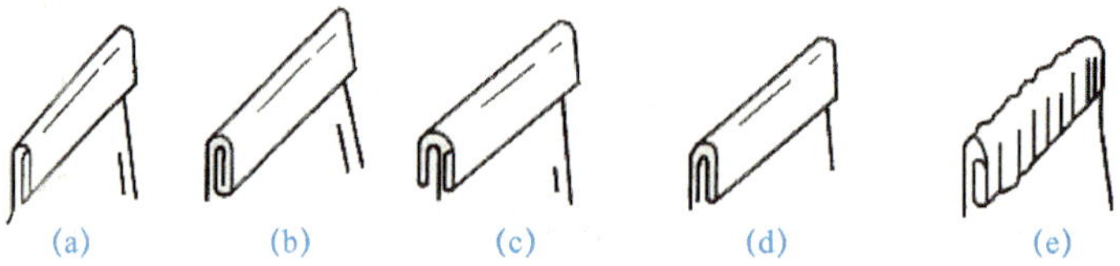

图 3-58 金属软管管底封折结构

（a）平式单封折；（b）平式双封折；（c）平式鞍形折；（d）平式反向双封折；（e）波纹单封折

5. 管肩

管肩为管身与管嘴之间的过渡部分，一般为锥形。

第四节 包装的材料

包装材料是指制作各种包装容器和满足产品包装要求所使用的材料，在产品包装设计过程中，使用什么材料进行包装和制作包装容器，要根据产品自身的特点而决定。如果选材不当，便会造成包装破碎，损坏内装物品，给企业带来不应有的损失。因此，研究包装材料的结构和性能，合理选择包装材料，是进行包装设计的重要条件之一。

包装材料依靠科学技术的发展而日新月异地变化，同时也促进着包装形态的千变万化。铝罐技术的发展使易拉罐得以诞生；复合材料的出现使软包装饮料受到青睐。熟悉各种包装材料的特性，在包装设计中合理科学地加以运用，从而设计出优美独特的形态结构，是包装设计人员必备的专业素养。

包装发展到今天，所使用的材料十分广泛，从自然素材到人造包装材料，从单一材料到合成材料，几乎都能用来包装。在包装设计中对材料的选择，则通常是以科学性、经济性、实用性为基本原则。目前，最常用的包装材料有纸材、塑料、金属、陶瓷、玻璃、木材与复合材料等。

一、纸包装材料

纸包装材料是包装行业中应用最为广泛的一种材料，其加工方便，成本经济，适合大批量机械化生产，而且成型性和折叠性好，材料本身也适于精美印刷。用于制作包装的纸材，应有一定的强度、韧性、透湿、透气及含水量的要求，食品包装用纸还应防油性强和符合卫生标准等要求。

1. 纸包装材料的种类

纸包装材料基本上可分为纸、纸板、瓦楞纸板三大类。纸与纸板没有明显的界限。

一般厚度在 0.3 mm 以内，质量小于 100 g 的叫作纸；厚度大于 0.3 mm，质量等于或大于 100 g 的叫作纸板。包装用纸要求强度高，透气性小，含水率低，对包装产品没有腐蚀作用。

纸的种类主要有牛皮纸、漂白纸、玻璃纸等。了解纸张的性能，合理利用不同纸质的特点，对包装设计最终的视觉效果会产生很大的作用。

（1）铜版纸。铜版纸又称印刷涂布纸。它在原纸上涂布一层白色浆料，以填充纸坯表面凹凸不平的纤维间隙，经压光而成。除特制的玻璃卡纸外，这种纸的表面白度、光洁度、平滑度最高，对油墨的吸收性与接收状态十分良好，是印刷高档画册、画报、挂历、彩色封面插页、各种图片、高档商标贴签以及产品样本、企业宣传册等的理想用纸（见图 3-59）。

铜版纸的规格型号有特号、1 号、2 号三个等级。分为单面涂料和双面涂料两类。单面有 70 克、80 克、100 克、120 克、180 克等，大都用于贴签、招贴画、裱糊封面等的单面彩色印刷；双面主要有 80 克、90 克、100 克、120 克、150 克、180 克、200 克、210 克、240 克、250 克等，大都用于画册的双面彩色印刷。

另外一些进口铜版纸的定量单位还有 95 克、105 克、128 克、157 克、186 克、190 克、210 克、256 克等。

（2）白卡纸。白卡纸是双面涂料并经过亚光处理的多层双面厚白纸。除扑克牌专用卡纸外，可用于高档样本、唱片、磁带封套、小商品包装盒、吊牌、贺年卡、心意卡等高档品的印刷（见图 3-60）。

图 3-59　铜版纸

图 3-60　白卡纸

国内除生产专用扑克牌卡纸外，大都从国外进口。定量单位有 250 克、260 克、300 克等。

另外，还有经特制加工的单面、双面玻璃卡纸、金版卡、银版卡及镭射卡、五彩卡、钢精卡纸以及各种特殊肌理效果的有色卡纸。

（3）白板纸。白板纸是一种后硬性的单面纸，以前主要用于凸版印刷制成包装盒和装潢衬纸。纸张正面表面光滑、纸质强韧、耐折性好、成型挺括、封口粘贴方便并具有一定的缓冲防护性能。因为白板纸质量的提高和进口白板纸的增加，所以直接用于平版胶印的盒包装印刷（见图 3-61）。

白板纸含水量高，特别是国产纸，伸缩性大，选用时要注意质量和考虑到印刷时的套印准确性。

白板纸目前有粉面白板和普通白板两类，前一类反面为粉白色，后一类反面为灰色，通常国产纸灰的发黄，进口纸灰的发蓝。定量有 220 克、240 克、250 克、280 克、

300 克、350 克、400 克、430 克、530 克等。

（4）书写纸。书写纸表面平滑，白度好，具有较好的抗水性和耐折性。主要用于簿本、表册和信笺等书写品的印刷（见图 3-62）。

规格有特号、1 号、2 号、3 号、4 号五个等级。定量有 45 克、50 克、60 克、70 克、80 克等。另外，还有拷贝纸：17 克；邮封纸：17 克；白打字纸：28 克、30 克、32 克、35 克、40 克；红、黄、蓝、绿色有光纸：28 克、30 克、32 克等。

图 3-61　白板纸

图 3-62　书写纸

2. 纸张的性能要求

纸张能否高质量地用于印刷，取决于纸张的印刷适性。印刷对纸张的要求有以下几点。

（1）纸张的色调。纸张的色调要尽可能地达到同一质地的色泽纯度，纸张的尘埃度不得超过允许的范围，具有最小的透光率，并要保证正常印刷时的机械强度，纸张的厚度、紧度、结构特性等要在统一印刷批量中保持相同，纸边应为直角且斜度误差不能超过 ±3mm（见图 3-63）。

（2）纸张的平滑度。纸张的平滑度直接决定着印刷品的印刷品质。平滑度高的纸张在压印时，能较好地与版面进行接触，使印版上的油墨层能够均匀地转移到纸面上。平滑度低的纸张，会因为印刷时表面的不平整，造成压印时版面与纸张的表面接触不均匀，使油墨层转移到纸面上时呈现不均匀的现象，所以如碰上平滑度较低的纸张，可以在印刷时加大印刷时的压力，适当弥补因其表面不平而出现的印迹发虚现象（见图 3-64）。

图 3-63　纸张的色调

图 3-64　纸张的平滑度

（3）纸张的吸墨性。纸张对油墨的吸收，主要取决于纸张纤维间的紧密程度（空隙的大小）。当纸张纤维间的空隙小时，纤维毛细管的作用受到影响，造成纸张对油墨的吸收性降低；如果纸张纤维间的空隙过大，会因吸收连接料过多而造成油墨颜料一并被吸收，使印刷品出现透印的现象（见图 3-65）。

（4）纸张的弹性和塑性。纸张在囤放、印刷等各种过程中，会因为周边环境的不同而发生各种变化。如在外力的作用下，会瞬间改变自己的形状和尺寸；而当外力消失时，纸张又会恢复原来的形状和尺寸，这种变形过程称为敏弹性变形。当纸张受到外力时在一定时间内改变了自己的形状和尺寸，外力停止作用时则慢慢地恢复到原来的形状和尺寸，这种变形的过程称为滞弹性变形。当外力取消之后，纸张还是保持在受外力作用时造成的形状和尺寸变形的状态时，称为塑性变形。敏弹性变形、滞弹性变形是一种可逆性的变形，而塑性变形是不可逆的变形（见图 3-66）。

图 3-65　纸张的吸墨性

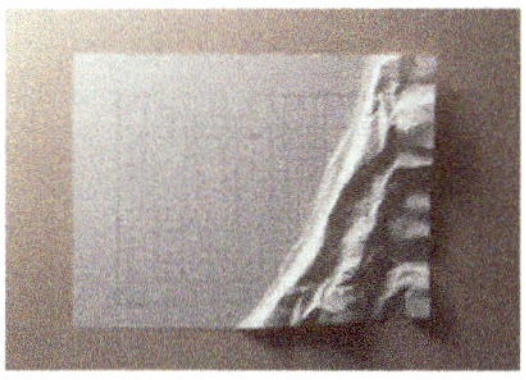

图 3-66　纸张的弹性和塑性

（5）纸张的表面强度。纸张的表面强度对纸张在印刷时其表面的耐磨性、抗掉粉、抗起毛等有决定性的影响。印刷时为了得到较为清晰的网点，会采用一些黏度较高的油墨，如果纸张的表面强度不够，就会容易出现掉粉、掉毛现象，并黏附在印版的表面。如果使用较低黏度的油墨，在平板印刷中，会因油墨与润版液乳化，造成印版空白的地方污脏（见图 3-67）。

图 3-67　纸张的表面强度

（6）纸张的含水量。纸张的含水量，直接影响着印刷品的质量。含水量过多，纸张的强度会降低，在外力的作用下，纸张纤维会被拉出，塑性变形增强，使印迹的干燥速度受到影响。如含水量过少，纸张会发脆容易造成破损，产生静电等。由于纸张的含水量与周围的环境有很大的相关性，所以对于印刷机房的湿度要进行恰当的安排，以保持纸张含水量的平衡。

二、塑料薄膜包装材料

塑料薄膜是厚度在 0.25 mm 以下的塑料制品。具有质轻、透明、防潮、抗氧、耐酸、耐碱、气密性好等优点，作为承印材料，可印刷精美的图文。

塑料薄膜的品种繁多，由于原料成分和加工工艺的不同，其性能、用途及印刷适性各不相同：有的硬、有的软；有的透明、有的半透明或不透明；有的透气不透水、有的透气又透水，还有的不透气又不透水；有的耐高温不耐低温，有的耐高温也耐低温，有的只耐低温不耐高温；有的对化学品，甚至对有机溶剂有一定耐受力，有的则会起化学反应；有的容易撕裂，有的则韧性难破；有的印刷适性良好，有的难以印刷，还有的经处理后才适合印刷。

如此截然不同的特性，既给设计带来丰富选择的余地，又给设计人员提出来慎重选择的要求。

1. 聚乙烯（PE）

PE 薄膜是目前世界上产量最多、使用最普遍的塑料薄膜。

PE 薄膜特别适用于冷冻产品的包装盒和一般化学品的包装。

PE 分子结构惰性强，能耐大多数酸、碱的腐蚀，在常温下不溶于已知溶剂，这就使薄膜表面对印刷油墨、涂料、胶黏剂等的黏合能力很差。另外，PE 薄膜生产中常加进抗氧剂、稳定剂等助剂，更促使薄膜表面不易与其他物质黏合。因此 PE 薄膜在印刷前必须进行处理，以提高印刷适性。

处理过的 PE 薄膜虽然能够适应印刷，但油墨黏着牢度差，色彩不够鲜艳，一般不如聚丙烯薄膜。

2. 聚丙烯

聚丙烯薄膜是使用最广泛、用量最多的塑料薄膜之一。

聚丙烯薄膜多适用于食品、纺织品、纸品、药品和一般化工产品等。但聚丙烯薄膜容易自然老化，不宜做户外长期使用的承印物。

聚丙烯薄膜印刷适性较好，比聚乙烯薄膜印刷的色彩鲜艳、精细、黏着牢度较好。特别适用于凸版印刷，处理后作凹版印刷也能达到较好的印刷效果。

3. 聚氯乙烯（PVC）

聚氯乙烯薄膜价格低廉，应用广泛。根据制模时添加的增塑剂含量多少可分硬膜和软膜。

软膜适用于纺织品、新鲜肉类、副食品等包装（见图 3-68）。硬膜适用于服装一般化工品及饮料等包装和包装的开窗封口。

图 3-68　软膜包装

聚氯乙烯具有较好的印刷适性，特别适合丝网印刷，色牢度好，鲜艳精美。

4. 聚苯乙烯（PS）

聚苯乙烯薄膜透明度高，并具有很高的透气性、透湿性。特别适用于蔬菜、新鲜水果等需要“呼吸”的产品包装。

聚苯乙烯薄膜的印刷适性较好，既能适应凸版印刷，也能适应凹版印刷。

5. 玻璃纸（PT）

玻璃纸透明度高，抗张强度高，因其不收缩、热封性能好、机械操作适应性均很好，过去一直是食品和药品包装用材的主要选择对象，由于价格高，近年来使用逐渐减少。

6. 聚酯薄膜（PET）

聚酯薄膜是一种较高级的包装用塑料薄膜。

适用于冷冻、干制、烧烤、烘焙等食品、副食品，以及纺织品、金属产品等的包装和纸盒开窗封口等，凸版、凹版印刷适性均佳。

7. 离子型聚合薄膜

离子型聚合薄膜的耐低温性、耐油性、气密性都很好，并且无毒。这种聚合物的熔融强度大，所制成的薄膜耐扎性好，因而比较结实，适用于包装带棱角的物体或采用贴体工艺包装的较重物品，并广泛用于食品的包装。

8. 尼龙薄膜（PA）

这是一种较贵的塑料薄膜。

其优点是：无色、无毒、透明；耐高温（190℃），耐低温（-60℃），并具有显著的耐碱、有机溶剂、油的性能；特别是韧性强、耐折强度大，不易刺穿，加热后容易拉伸成型这些特性，是其他薄膜难以比拟的。

其缺点是：透湿性很大，吸潮后易起皱、变形，平时气密性高，但温度增高时，气密性急剧减弱等。

由于以上特性，尼龙薄膜很适于五金、家电、化工产品，以及冷冻、蒸煮、真空油炸食品等的包装。尼龙薄膜不产生静电，凹、凸版印刷性能很好（见图 3-69）。

图 3-69　尼龙薄膜包装

9. 聚偏二氯乙烯（PVDC）

聚偏二氯乙烯薄膜价格较贵，但在食品包装上有其独到之处，它能有效防止含水食品由于水分蒸发而引起的腐烂变质和减重，又不会使干燥食品吸潮，还能防止鱼、肉等含蛋白质和油脂的食品发生氧化和高温灭菌食品的包装。此薄膜印刷适性良好。

10. 聚乙烯醇（PVA）

聚乙烯醇薄膜亦称维尼纶薄膜，比重较高，价格较贵。适宜食品包装和制作塑料袋。由于不带静电，具有较好的印刷适性。

除以上介绍的印刷常用塑料薄膜外，在聚酯、聚丙烯、聚乙烯、聚碳酸酯、聚苯乙烯、尼龙、维尼纶、玻璃纸等薄膜上进行真空铝蒸镀的镀铝表面已被广泛采用。而乙烯、醋酸乙烯共聚物（EVA）、离子型共聚物、丙烯腈类聚合物（PAN）、乙醇烯共聚体（EVAL）等聚合薄膜，由于价格较贵，进口困难，已限制了其印刷上的应用。

另外，为了解决塑料薄膜的印刷适性、耐着性、气密性等问题，现在涌现了一批不同性质的塑料与铝箔、纸等材料复合构成的特殊承印材料。这些复合薄膜一般印刷适性都很好，可根据其特性选择使用。

三、金属包装材料

1. 镀锡薄钢板

镀锡薄钢板（Tinplate）简称镀锡板，俗称马口铁，是一种双面镀有纯锡的低碳薄钢板，厚度 0.1 ～ 0.40 mm。根据镀锡工艺不同分为热浸镀锡（SPTH）和电镀锡板（SPTE），电镀锡板又分为等厚镀锡板（SPTE）和差厚镀锡板（SPTE-D）。目前世界上有 30 多个国家生产镀锡板，总产量约为 1500 万吨，90% 用于包装工业。我国有些厂家能生产部分品种和规格，但产量、品种和质量不能满足国内市场需求，部分依赖国际市场供应。

（1）分类与代号。我国镀锡板分类与代号（见图 3-70）。

（2）结构。镀锡板由五层构成（见图 3-71）。由内向外依次为钢基板、锡铁合金层、锡层、氧化膜、油膜。

分类方法	类别	符号
按镀锡量	等厚镀锡 E1，E2，E3，E4 差厚镀锡 D1，D2，D3，D4，D5，D6，D7	
按硬度等级	T50，T52，T57，T61，T65，T70	
按表面状况	光面 石纹面 麻面	G S M
按钝化方式	低铬钝化 化学钝化 阳极电化学钝化	L H Y
按涂油量	轻涂油 重涂油	Q Z
按表面质量	一组 二组	Ⅰ Ⅱ

图 3-70　分类与代号

图 3-71　结构

2. 镀铬薄钢板

镀铬薄钢板（Tin-free steel，即 TFS）也称无锡薄钢板或镀铬板，是一种双面镀有铬和铬系氧化物的低碳薄钢板。作为镀锡板的代用材料，其耐蚀性和焊接性等均比镀锡板差，但其价格低，故大量用于腐蚀性较小的啤酒罐、饮料罐以及食品罐的底盖等。目前，美国产量最大，其次是日、英、德、法等国。

镀铬薄钢板（见图 3-72）由钢基板、铬层、氧化铬层和油膜构成。镀铬工艺与镀锡工艺完全相同。

图 3-72　镀铬薄钢板

3. 镀锌薄钢板

镀锌薄钢板又称白铁皮，是在低碳薄钢板上镀一层 0.02 mm 以上厚度的锌保护层而构成。致密的锌层使钢基板的防腐能力大大提高。根据镀锌工艺的不同，镀锌板分为热镀锌板和电镀锌板两种。热镀锌板常用于制造各种容量的桶和特殊用途的容器。因其耐湿性和密封性能良好，可用于包装粉状、浆状和液状商品，是应用较多的一种金属包装材料。电镀锌板其可焊性和成型性较好，单独使用其耐蚀性能不佳，一般在镀锌后要经涂塑处理或进行磷酸处理。

4. 低碳薄钢板

低碳薄钢板是指含碳量小于 0.25% 的薄钢板，厚度一般为 0.25 ～ 4 mm。这种钢板经过剪裁、成型和链接，可直接制成金属容器。其优点是货源充足、成本低、加工性好、制成的容器有足够的刚度和强度。

国外已开始采用低碳薄钢板经表面涂层处理后用于食品和饮料罐。一次或二次冷轧低碳薄钢板经酸洗做表面钝化或不做钝化处理，管内壁涂特殊的有机涂料，罐外表面涂印色彩涂料，涂料种类、涂层厚度和涂印工艺视包装容器的特定用途而定，可降低包装成本。

5. 铝合金薄板

铝合金薄板系铝镁、铝锰等合金经铸造、热轧、退火、冷轧、热处理和矫平等工序制成薄板。其特点为轻便、美观、耐腐蚀；对人体无毒、卫生、安全；导热率高，对光反射率大，不透光，有利于内装物的保存；加工性能良好，相对密度为铁的 1/3，可减少容器重量和节约运输能源；印刷效果好，废旧罐易回收。缺点是对酸和盐的耐蚀性较差，所以须经涂上涂料后使用。涂涂料前，铝合金薄板需经钝化处理，如用重铬酸盐或硫酸处理。

铝合金薄板的金属压延性能好，容易成型，易于形成薄壁，适于制造扁平冲拉罐和深拉冲拔罐，特别是制成易拉罐，开罐性能十分优异。铝合金薄板的使用特性随着容器制造方法、容器形状及用途不同而异。选材时，要根据与使用特性相适应的强度、加工性、耐腐蚀性以及材料的成本等条件来选用适合的铝合金薄板。

（1）铝合金板的种类和用途。包装用铝材大多以合金形式应用，其中所含的合金元素主要有锰、镁、铜、锌、铁、硅、铬等，但主要合金元素仅为锰和镁，其含量范围分别为 0.2% ～ 1.5%，0.8% ～ 5%。这些铝合金板材均属防锈铝合金，锰和镁主要起提高材料强度、改善加工性能等作用。铜可提高合金强度，但同时也会降低耐腐蚀性能和加工性能；加入锌，特别是在与铜、镁同时加入时，其热处理效果较好，但耐腐蚀性和加工性会下降；硅的加入主要是降低铝的熔点，提高强度和熔融流动性，降低热膨胀系数。

易拉罐用铝合金板材通常有两种，罐体用 3004 型，罐盖和拉环用 5182。最近美国 Golden Aluminium 公司推出了两种新型易拉罐铝合金用材 5017 和 5349，其特点是不论是罐体、罐盖或拉环，只用一种型号即可，而且可大量利用回收废铝罐生产，符合包装业的资源环境，保护发展趋势（见图 3-73）。

图 3-73　易拉罐

我国铝产量虽然较大，但由于冶炼加工技术，适合易拉罐生产的铝合金量很少，产品质量还有待进一步提高，远不能满足我国制管行业的需要。罐盖材料（即 5182 合金）尚未形成商品大批量投入市场。易拉罐用铝合金板之所以难以生产，是因为制罐过程中高速变薄拉伸的复杂工艺所决定的，高速变薄拉伸工艺要求板材精度、各项力学性能和成型性能都特别高。

（2）铝质包装材料的包装特性。与其他金属材料相比，铝质包装材料的主要优点如下。

1）表面性能优异。铝材料表面光泽效果好，光亮度好，不易生锈，具有良好的装潢效果及较高的热辐射反射能力，这是其他金属材料无法比拟的。

2）热导率高。铝的热导率仅次于金、锡、铜，适用于热加工食品包装和冷冻食品包装。

3）质轻。铝的相对密度仅为马口铁的 1/3，运输和储存的费用降低。

4）成型加工性好。铝具有很好的延展性，非常适用于各种冷、热加工，冲拔压延成薄壁容器或薄片，并且具有二次加工性能和易开口性能。

5）阻隔性好。铝对气体、水蒸气、气味物质、光线等具有优异的阻隔性能，能很好地延长食物的保质期。

6）再循环性能好。铝的包装废弃物可以有效地回收再循环，再加工能耗低，仅为原来的 5%，并且可以同级使用（如易拉罐）。

（3）铝质包装材料也存在许多不足，有以下几点：

1）耐腐蚀性差。铝的正常耐酸碱范围为 pH 4.8 ～ 8.5，酸性食品如水果类食品会与铝发生化学反应放出氢而导致罐膨胀，对铝罐内壁进行涂料处理或复合处理可以改善其耐腐蚀性。

2）焊接性差。容器成型时，很难用焊接方式进行加工，因此，加工局限性增大。

3）强度较低。铝的强度不如马口铁和 TFS，表面易刮伤，铝的薄壁容器更易变形。

4）非磁性金属。制罐过程中不能有效地使用磁力进行高速、高精度的机械传送。

6. 铝箔及真空镀铝软包装材料

铝箔及其特性。铝箔（A1 foil）是一种由工业纯铝板经多次压延而制成的可绕性金属箔材。包装用铝箔的厚度均为0.2mm以下，根据压延后热处理程度的不同，铝箔可分为软质和硬质两种。

铝箔的特点是表面华丽、质轻、阻气、阻水、阻光、防虫害、耐气候变化，机械适应性好，无毒卫生，而且能进行印刷、复合等二次加工，加工成型性好，同时由于其厚度的减薄，相对可降低包装成本。因此，它被广泛应用于食品、医药等包装领域（见图3-74）。

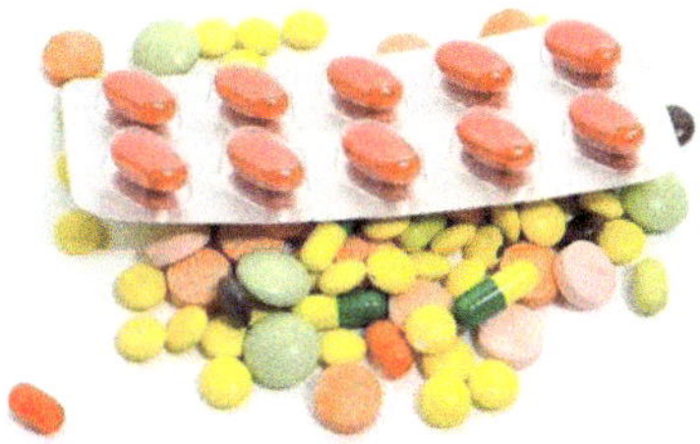

图3-74 铝箔

铝箔作为一种阻挠包装材料，具有许多优异的性能，用于食品包装，其阻湿、阻气、阻光成为三个重要的特性。铝箔的包装性能主要表现在以下几个方面。

（1）优异的光学性能。主要表现在对光的反射率高达85%～90%，其表现自然氧化膜呈银白色，具有外观华丽的金属光泽，且通过表面印刷装饰使其更具良好的展示效果，是一种高档的包装材料。

（2）高阻隔性。铝箔对水、水蒸气、各种气体（包括芳香物质）和光线具有高阻隔性，且其阻隔性能不受环境温、湿度的影响，因此可用于气密性保香包装、防潮包装等要求高阻隔性的包装，特别适用于食品高温蒸煮杀菌包装。在挠性包装材料中，铝箔的保香、防霉、防菌、防虫害等功能要比纸、玻璃纸、PE等塑料薄膜优越。

（3）力学性能。铝箔的力学性能主要表现为抗拉强度、伸长率、抗破裂强度的大小。由于包装用箔的化学成分都属于工业纯铝，各种合金牌号的力学性能差异不大，因此，铝箔的力学性能主要与厚度相关。

从总体上看，铝箔是一种柔性材料，具有一定的抗拉强度，且硬度高于软质，因而具有良好的加工适应性和高速自动化操作适应性。但由于冷轧加工硬化和退火后的“干燥”状态，使得铝箔耐折性差，易褶皱，而且抗破裂强度较低。因此，单独使用存在一定问题，但当与塑料薄膜等材料复合使用时，这些缺点就会得到极好的改善和补偿。

（4）耐腐蚀性。铝箔的化学性能主要是指对包装内容物的耐腐蚀性能力。铝箔表面自然形成的氧化膜可以抑制氧化的进一步进行，也具有耐气候、耐持久的特性。但当铝箔用于一般接触性包装时，特别是用于包装较高酸性和碱性内容物，往往在其接触表面涂以保护涂料或涂布PE等以提高其耐腐蚀性，同时也提供其热封合性能。

（5）耐热、耐低温性。铝箔可以耐高温蒸煮和其他热加工，具有良好的导热性，其热导率可达 55%。除此以外，铝箔还适用于冷冻包装，具有很好的耐低温性能。

四、陶瓷、玻璃、木材包装材料

1. 陶瓷材料

陶瓷是以硅酸盐矿物质或某些氧化物为主要材料，经过一定的加工工艺，按用途予以造型，表面再涂以各种广润釉加以装饰，在适当的温度和不同的气体（氧化、碳化、氯化等）下烧结而成。

陶瓷与人类的文化史、工艺史和美术史有着极其密切的关系。它标志着人类文明和社会的进步，为人类的生产和生活作出了重大贡献。但这种贡献形式，大多是以容器形态出现的，随着包装材料的不断发展，因为陶瓷作为容器易于破碎的质量问题，近年来我国已逐渐减少它在包装上的用量。但因其具有独特的优点，故在我国食品、药材和化工等行业仍大量采用（见图 3-75）。

图 3-75　陶瓷包装

2. 玻璃材料

玻璃的基本原料是石英砂、烧碱和石灰石。这些材料在高温下熔融后，经冷却后即形成透明体，被称为玻璃。玻璃的稳定性强，能抵抗气体、水、酸液、碱液和其他溶剂的侵蚀。玻璃具有一定的抗压强度，透明度好，但易受紫外线照射而影响包装物的性能。因此，要在制造时加入特定的颜色以防紫外线的透入。玻璃的抗冲击力差，不宜用于易碎、易跌落的场合。流通过程中还要求有防震、防压、防撞等措施。玻璃在包装材料中占有相当重要的位置，这是因为它具有耐风化、不变形、造型别致、色彩多样、耐热、耐酸、耐磨等优点，因此适用于包装任何液体产品；它还具有便于洗刷、消毒、灭菌，能保持良好的卫生状态，可回收成本等其他材料所不具备的优点（见图 3-76）。

图 3-76　玻璃包装

玻璃按照成分可分为钠玻璃、铅玻璃和硼矽玻璃三种。

玻璃包装容器的成型按照制作方法可以分为人工吹制、机械吹制和挤压成型等三种。

3. 木质材料

木材也常被用作包装材料，特别是在土特产品的包装中被经常采用。包装中还经常会使用各种各样的辅助材料，以起到固定和增强保护性的作用。

木材具有很多优点，如材质轻、强度和韧性好、纹理美观、易于加工修饰等。但也有一定的缺点，如组织构造不均匀，容易腐朽变形，因环境和温度的变化又会出现收缩、膨胀、开裂、燃烧等。但是，由于不同类型的人造板相继出现，上述的一些缺点已在不同程度上有所弥补（见图 3-77）。

图 3-77　木质包装

（1）树木的种类与包装常用材。树木的种类很多。按树叶形状不同，主要分为两大类：针叶材和阔叶材。针叶材大多分为常绿树，树干一般长直高大，没有明显的孔隙构造，纹理平淡，材质较软，加工性能好，如红松、白松、落叶松、黄花松、马尾松、沙松、云杉、柏树及一些进口的洋松等。阔叶材一般为落叶树，没有针叶树直，加工后纹理美观，质硬耐磨，故又称硬杂木，如水曲柳、榆树、柞树、桦树、色树、椴树、杨树等。

包装用材最好是红松，但因近些年来红松的储存量日趋减少，国家已把它列入珍贵树种，供应量十分有限。目前国内包装用材以沙松、马尾松、进口洋松及一些硬杂木为主。为了确保包装容器的质量，使其能起到保护产品的作用，要求包装用材不腐朽、无斜纹裂缝、节疤少、含水率小于 20% 等。

通常讲的木材质量或比重是就自然干材质量而言。自然干材的三种不同密度的主要树木如下：①榆树、柞树等为最重材；②色树、落叶松、桦树等为重材；③核桃木、油松木为较重材。木材重者，其强度大、变形大、握钉力亦大，但着钉后易裂开；木材轻者，其强度小、变形小、握钉力较小，但着钉后不易开裂。

（2）木材含水率的测定与计算。木材的内部组织由管状细胞组成，每个细胞壁又由许多纤维组成。细胞壁间的空隙含有水分，木材中所含水分的重量与全干木材重量的百分比称作含水率。实践证明，木材的含水率高，强度就会下降；相反，木材含水率低（不能太低，否则要翘曲）强度就会增加。所以，木材在使用前一定要进行干燥处理。

（3）材积及成材规格。在加工和使用木材时经常要提到木材的需要量，这样就必须计算出木材的体积，通常称为材积（以 m 为计量单位）。加工后的锯材，因其形状比较规整，容易计算材积（长 × 宽 × 厚），对于未加工的原木要以梢头直径（即小头直径）为准来计算体积。

五、复合材料在包装上的应用

复合材料是把几种不同的材料，通过特殊的加工工艺，把具有不同特性的材料的优点结合在一起，成为一种完美的包装材料。它具有最好的保护功能，又有良好的印刷与封闭性能。复合材料的种类很多，如玻璃与塑料复合，塑料与塑料复合，铝箔与塑料复合，铝箔、塑料与玻璃纸复合，不同纸张与塑料复合等。

六、自然材料在包装上的应用

各种贝壳、竹、木、柳、草编织品和麻织品等自然材料，被用于土特产品和礼品包装，赋予产品亲切感、温馨感（见图 3-78）。

图 3-78　自然材料包装

七、环保材料在包装上的应用

环保材料是为缓解白色污染而研制的最新材料，也是今后包装材料的主要发展方向。

1. 秸秆容器

秸秆容器是利用废弃农作物秸秆等天然植物纤维，添加符合食品包装材料卫生标准的安全无毒成型剂，经独特工艺和成型方法制造的可完全降解的绿色环保产品。该产品耐油、耐热、耐酸碱、耐冷冻，价格低于纸制品，不仅杜绝了白色污染，也为秸秆的综合利用提供了一条有效途径。

2. 侦菌薄膜

在普通食品包装薄膜表面涂覆一层特殊涂层，使其具有鉴别食物是否新鲜、有害细菌含量是否超出食品卫生标准的功能。

3. 玉米塑料

美国科研人员研制出的一种易于分解的玉米塑料包装材料，是玉米粉掺入聚乙烯后制成的，它能在水中迅速溶解，可避免污染源和病毒的接触侵袭。

4. 油菜塑料

最近英国成功地从制作生物聚合物的细菌中，提取了三种能产生塑料的基因，转移到油菜的植株中，经过一段时间产生一种塑料性聚合物液，再经提炼加工而成油菜塑料。该塑料弃后能自行分解，没有污染残留物。

5. 小麦塑料

小麦塑料是小麦粉面添加甘油、甘醇、聚硅油等混合而成的，是一种半透明的热可塑性塑料薄膜，能由微生物加以分解。

6. 木粉塑料

木粉塑料是从松木的粉中制取多元醇，与异氰酸酯发生反应后生成聚氨酯。这种木粉塑料包装材料抗热能力较强，并可被生物分解。

本章小结

本章对包装的结构设计及包装的材料选择做了详细的分析和论述；设计造型时，要结构牢固，保证商品的安全运输。在包装材料选择过程中，要根据产品自身的特点而决定。如果选材不当，便会造成包装破碎，损坏内装物品，给企业带来不应有的损失。因此，研究包装材料的结构和性能，合理地选择包装材料，是进行包装设计的重要条件之一。

本章习题

1. 设计制作 6 种不同的包装结构盒型。
2. 谈谈你对金属包装设计的认识。

第四章

ITEM 4

包装容器造型设计

本章导读

本章详细介绍包装容器设计的原则、要素、程序和质量，以及不同材质包装容器的造型特点。

本章重点

○了解包装容器产生的意义

○了解包装容器设计的原则、要素、程序和质量

○了解不同材质的包装容器造型特点

包装容器，是为储存、运输或销售而使用的盛装产品器具的总称，是用一定材料制成的，具有一定形状、一定大小、一定容积，用来盛装产品的器具。包装容器与其他盛装物品的容器不同，是所卖商品的一部分，要与内装物一起作为商品卖出去，实现自己价值的转换。精美的包装，一流的产品，可形成较高的价格，且精美的包装容器在内装物使用完后，还可作为工艺品或日用品留存。

包装容器种类繁多，按所用材质区分，有金属包装容器、玻璃包装容器、陶瓷包装容器、木包装容器、塑料包装容器、纸包装容器及各种复合材料包装容器。除木包装容器因加工、材料资源等原因，多用于运输包装外，其他各种材质的包装容器，在销售包装上都有较为广泛的、不同形式的应用。

玻璃、陶瓷、塑料制作的容器大多用于酒、饮料、化妆品的包装（见图 4-1、图 4-2）。现代的包装容器是社会生活中的一个不可忽视的美的组成部分。一件好的包装容器能引起人们心情的愉悦和美的联想，而且能点缀人们的生活，影响人们的观念，促进社会的进步。

图 4-1　酒包装

图 4-2　化妆品包装

第一节 包装容器产生的意义和空间

一、包装容器产生的意义

容器的产生，是由于人们在日常生活中大量使用和交换物品，而这些物品又具有固体、液体、半固半液体等各种不同形式的状态。为了便于盛容这些物体，需要具有一个完整空间的物体来完成这一功能，这便诞生了容器。这种器物由于受到所盛物体的限制，必须采用各种不同材质来制造，并具有可储存、安全、便捷、可计量等特点。其价值充分体现在不管何种形态的物体，都可以有效地聚合并实现交换与销售，这便是容器是人类在长期劳动实践中为了生存，将劳动所获的物体移动至异地并储存，适时使用时所采用的一种方式，也是其价值所在。

二、容器与空间

包装容器的空间由四个空间概念构成。内空间是容器所盛物的容量空间。外空间是指容器外部造型的形态。组合空间是容器与容器相互间在排列组合时对外部形态之间所构成的虚空间。在容器造型设计过程中，设计师需要系统地思考容器外形的相互关联性，合理设计会带来空间的有效利用和成本的降低。环境空间是容器独立地置于自然空间中与环境构成的空间，这也是当今设计中很受关注的一点，它使得人造容器与自然空间之间产生和谐统一。综上所述，容器空间大小是由所容物的体积、容量、运输方式、运输距离等因素决定的（见图 4-3）。

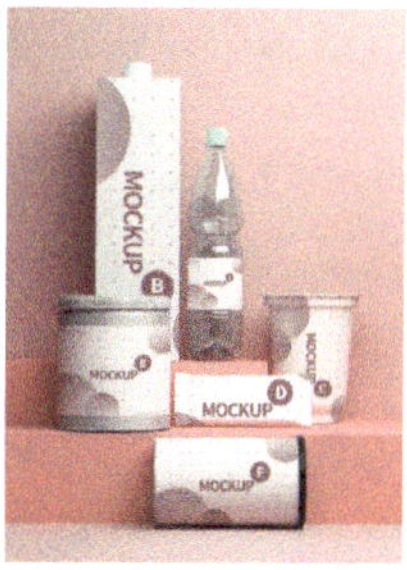

图 4-3 包装容器

第二节 包装容器设计原则及设计要素

一、包装容器设计原则

1. 科学性原则

包装容器设计涉及物理学、化学、生物学、材料学、机械学、人体工程学、心理学、美学及社会学等多学科的理论知识，需要运用相关的理论知识解决容器设计中的各种实际问题。采用新材料、新技术、新工艺和新的形式，提高包装质量，增强商品的市场竞争能力。

2. 可靠性原则

包装容器在整个流通、消费过程中具有安全性、可靠性及稳定性，具有足够的强度和刚度，不能泄漏和渗漏，不能与内装物相互作用，在保质期内防护功能不能失效，更不可对身体构成危害。

3. 创新性原则

任何一种成功的新型包装容器，创新性是必不可少的特征。新颖、独特、实用的包装容器可引起消费者的兴趣，能提高商品的竞争力（见图 4-4）。

4. 宜人原则

包装容器是为商品设计的，更是为人设计的。设计应考虑容器的大小、轻重及方便，结构的设置要适于人的操作、充填、搬运、提带、挑选、开启使用或食用等行为活动。

5. 经济性原则

包装容器的结构应合理，选择合适的工艺加工技术和原、辅料，避免设计过度包装和超大包装，提高标准化、系列化程度，实施适应成本和可控成本设计。

6. 绿色原则

包装容器设计要尽量选用绿色材料，实施可回收重复使用、回收再生利用或轻量化的设计，力求实现包装产品生产加工的低消耗、低排放的生产过程，不给生态环境造成污染（见图 4-5）。

图 4-4　新型包装

图 4-5　可回收包装

二、包装容器设计要素

包装容器设计是一个较为复杂的过程，要受内装物、包装材料、工艺条件、市场状况、环境条件和消费对象等多种因素的制约，这些制约因素也是设计所要处理的具体问题。

1. 内装物

内装物是所设计包装容器的服务对象，设计者应全面了解内装物的产品类别、物态、相对密度、容量、物理化学性质、形状尺寸及其相容范围、禁忌要求等。针对不同内装物选定合适的材料、设计结构，形成所需功能。

2. 包装材料

包装材料及其性能是包装容器强度、刚度、防渗透和某些特殊功能的基础。包装设计人员不仅要熟悉纸、塑料、金属、玻璃、陶瓷、木材等常用材料的性质和功能，还要掌握一些新型的特殊功能材料，关注新材料的开发生产，以适应某些特殊产品的包装需要，或满足改进包装、节省原材料、提高生产率及降低成本的要求。

3. 生产工艺条件

包装容器的结构及材料，总是适用于一定的加工成型方法，符合相应的工艺特点。工艺装备、工艺技术是包装容器成型质量的根本保障。

4. 环境条件

环境条件是指从产品完成包装到消费者购买使用（食用），其间所处的一切外部存在的客观因素，包括地理、气候条件，运输、仓储条件，展示、销售条件等。由环境条件形成的，或可能形成的震动、冲击、跌落、堆压、温度、湿度、水浸、辐射、光电和有害气体问题，以及微生物、虫鼠害和人为的野蛮装卸、非法盗用问题，都是包装容器结构设计的环境条件。针对比较突出的环境问题，设计时应有相应的防范措施和解决问题的方法。

5. 市场条件

对于包装设计而言，市场因素主要有如下几个方面：产品的销售方向是内销还是出口；出口产品应明确进口国对包装的要求，风俗习惯及人们的爱好等情况；内销产品要考虑地域、场所是大型商场、超市专供，还是广销普通产品；市场的覆盖率有多大；同类产品的性能、价格及包装情况、消费群体等；市场总的消费趋势、消费特点及社会流行风格。

6. 消费对象

主要消费对象的民族、年龄、性别、职业、文化等方面的区别，以及在消费需求和消费水平上的区别；产品以及包装应具有时代性消费特色，能满足消费者的物质需求与购物而产生的精神需求。

第三节　包装容器设计程序和质量

一、包装容器设计程序

作为销售包装，其设计的一般程序有以下几个方面。

1. 设计条件分析

设计条件分析包括产品条件、环境条件、市场条件、生产工艺条件、消费对象的分析论证及经济分析等。

2. 设计定位

设计定位是将设计条件及相关因素具体化，形成确定的目标、标准、范围和要求等，包括企业形象、产品、消费者、市场等方面的定位。

3. 确定实际方案

确定包装类型和实际参数，构思容器造型、结构及装潢设计方案，并进行形体、结构及装潢图案的具体设计、绘制立体效果图、结构展开图、零附件图、装潢的平面设计图（见图 4-6）。

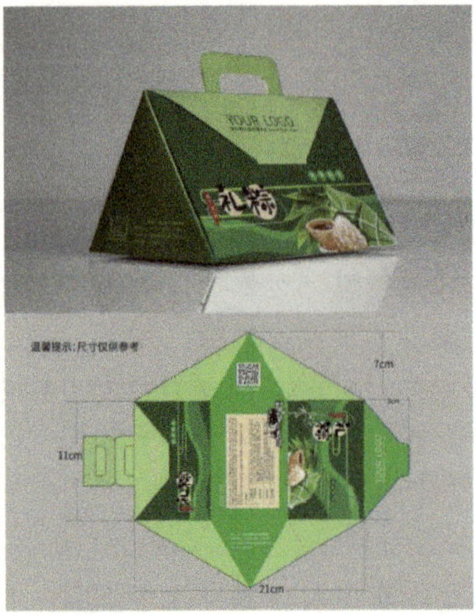

图 4-6　效果图

4. 选定包装材料、辅助物料

应优选标准材料、绿色材料，要求货源充足、成本适宜，能满足产品的防护要求，具有良好的印刷性能。

5. 确定技术要求

包装容器结构设计的技术要求，一般包括：

（1）材料性能和质量方面的要求。选用标准规定的材料应注明标准牌号，非标准牌号应提出性能、质量指标，如透气率、透湿率、表面粗糙度等。

（2）辅助的品种、性能、质量要求。如胶黏剂、涂料等。

（3）容器应达到的性能指标和主要技术参数。

（4）装潢用料及印刷质量方面的要求。

（5）标准化的包装容器应符合标准规定的技术要求。

6. 包装容器结构强度分析与计算

按材料性能、客户要求，根据设计者的经验进行分析计算。

7. 制作包装容器的模型或试样

当代模型设计多数用计算机模拟的方法进行选样。

8. 容器实验

按国家标准或设计要求，对容器试样进行试验。包括密封、耐压、耐渗漏、耐冲击、耐热震等方面的测试内容。

9. 设计方案鉴定

对包装容器设计方案及试样试验进行鉴定，鉴定后经修改定型。也可先试销一段时间，然后再经鉴定，使设计定型。

二、包装容器设计质量

包装容器设计的质量，应遵循以下原则：

（1）应符合有关标准的规定，对内装物的保护作用和应具有的功能要满足标准或设计要求，可靠、安全、稳定。

（2）包装件的体积、质量及其结构，便于操作、装卸、提带和使用。

（3）标志、图案、牌号及有关说明、介绍等，要识读方便，符合有关法规、标准的规定。

（4）用于食品、药品的包装容器和材料，应符合有关卫生标准的规定；儿童用品的包装和不适于儿童接触商品的包装，要确保儿童安全。

（5）包装容器及其材料，不与内装物发生任何物理和化学作用，不损伤内装物。

（6）危险品包装要确保运输、装卸、安全，防止污染环境。

（7）销售包装容器规格尺寸应力求与包装容器内部尺寸相适合，以求得运输包装容积的充分利用。

（8）包装容器设计适合工业化生产，易于实现自动化。

（9）包装容器的造型、装潢设计要有艺术性，有较高的审美价值。

（10）能合理利用、处理包装废弃物。

第四节　容器造型特点

一、金属包装容器设计

金属包装容器的主要品种有印刷制品（听、盒）、三片密封罐、易拉罐（铝制两片罐、马口铁两片罐、马口铁三片罐）、提桶、方桶、钢桶、铝罐、气雾剂罐、金属箱、金属软管铝箔袋及金属容器配件，包括瓶盖、罐盖、封闭器等，广泛应用于食品、饮料、罐头、油脂、化工原料、药品、化妆品、文化用品的包装。

1．按容器材质分类

（1）钢质容器。铁皮罐（盒）、钢提桶、钢桶、方桶、不锈钢罐等。

（2）铝质容器。铝皮罐（盒）(见图 4-7)、铝皮软管、铝箔袋（见图 4-8）。

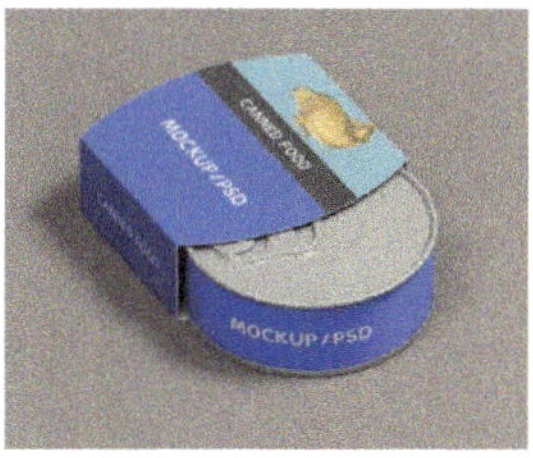

图 4-7　铝皮罐

图 4-8　铝箔袋

2．按容器的容积、形状分类

（1）金属箱。容积量较大的箱形金属容器一般为长方体。常带扣盖、铰链盖。主要应用于军用品包装和一些特殊商品的运输包装。

（2）金属桶。容量较大的金属容器。截面多为圆柱形，也有方形、椭圆形的。主要应用于油脂、燃油、电石、防冻液、油漆等商品的包装（见图 4-9）。

（3）金属罐。容量一般小于或等于 16L 的金属容器。截面有多种形状，如圆形、椭圆形、扁圆形、方形等。在结构上有密封和不密封两种。主要用于食品、饮料、茶叶、化妆品、文化用品及药品的包装（见图 4-10）。

（4）金属盒。容量较小、高度相对较低的金属容器。截面有方形、圆形、椭圆形、心形等多种，一般有盒盖。多用于儿童食品、文化用品、化妆品的包装。

（5）金属软管。用挠性金属材料制成的圆柱形金属容器。软管一端折合压封或焊封，另一端形成管肩和管嘴，可挤出内装物，外表面印刷装潢。主要用于牙膏、色料、药品等膏状商品的包装（见图 4-11）。

（6）铝箔袋。用铝箔制成的袋形容器。可作包装内衬，也可单独包装用品，如用于茶叶包装，可起防潮、防霉、保鲜、保味的作用（见图 4-12）。

（7）金属喷雾罐。用于盛装喷雾产品的一次性使用的金属容器。喷雾产品在内部预压力的作用下，通过阀门按所控制的形态喷射出来。

图 4-9　金属桶

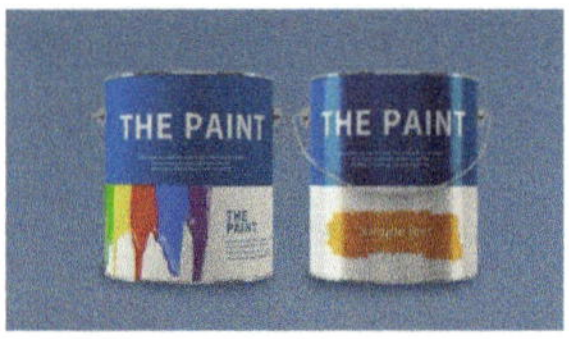

图 4-10　金属罐

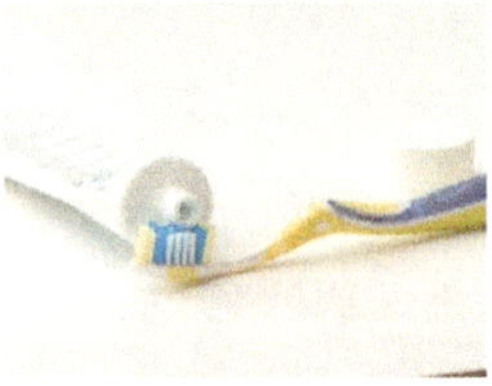

图 4-11　金属软管

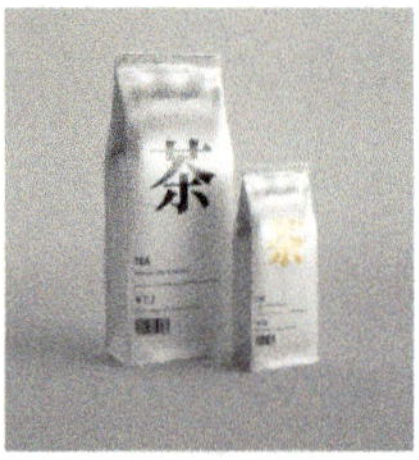

图 4-12　铝箔袋

二、玻璃包装容器设计

玻璃包装容器应用历史悠久。由于玻璃的生产原料充足，价格便宜，生产工艺比较简单，再加上玻璃包装的独特材质，使玻璃包装容器在食品、饮料、药品、化工及文化用品等方面得到很广泛的应用。

1. 玻璃包装容器的特点

玻璃作为包装容器的材料，因其微观结构的近程有序性和远程无序性，在性质上与其他固态物质相比，具有很多独有的特点。

（1）质地坚硬，不易变形，气密性好，阻隔性强，便于消毒。

（2）无毒、无味、耐热、耐磨，化学稳定性好。

（3）质地晶莹，无色透明，造型、色彩变化多，美观漂亮，利于商品的宣传与推销。

（4）原料充足，价格低廉，易于回收复用和再生利用，可节约大量能源，降低成本。

（5）玻璃容器性脆、体重，不便于携带。

2. 玻璃包装容器的类型

玻璃包装容器种类较多，分类方法也有所不同。

（1）按所盛装的内装物分，有罐头瓶、酒瓶、调料瓶、饮料瓶、输液瓶、化妆品瓶、广告色瓶等（见图 4-13、图 4-14）。

（2）按瓶口瓶盖形式分，有普通塞瓶、冠盖瓶、螺纹盖瓶、滚压盖瓶、防盗盖瓶、凸耳盖瓶及喷洒瓶等。

（3）按瓶口尺寸大小分，有大口瓶、小口瓶、玻璃杯瓶。一般瓶口内径小于 30mm 的为小口瓶，瓶口内径大于 30mm 的为大口瓶，而对于瓶颈与瓶身直径相差不大的大口瓶，有时也称玻璃罐。

（4）按玻璃容器的颜色分，有透明的白玻璃瓶、绿色瓶、茶色瓶、蓝色瓶、黑色瓶等，还有不透明的乳浊色瓶。

（5）按容器的制造方法分，有模制瓶和管制瓶。模制瓶是用模具成型的瓶罐，包括压制和吹制两类；管制瓶的坯料是拉制成型的玻璃管，经过二次加工成型的瓶类。

（6）按瓶罐的结构特征分，有普通瓶、长颈瓶、短颈瓶、凸劲瓶、溜肩瓶、端肩瓶及异型瓶等。

图 4-13 调料瓶

图 4-14 广告色瓶

3. 玻璃包装容器的一般构成

（1）玻璃瓶结构。绝大多数玻璃瓶罐类的整体结构可分为六个重要结构部分（见图 4-15）。

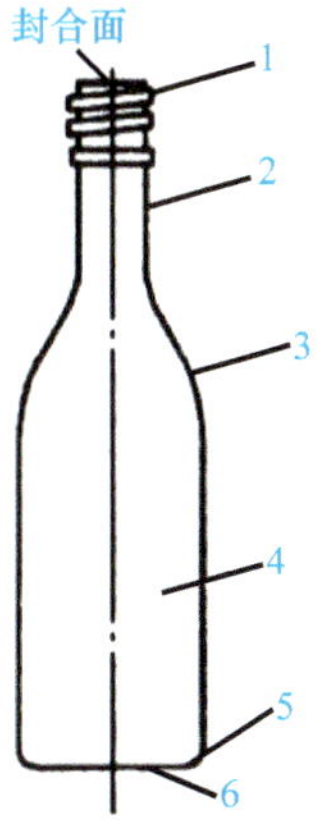

图 4-15 玻璃瓶结构

1—瓶口；2—瓶颈，3—瓶肩，4—瓶身，5—瓶根，6—瓶底

1）瓶口。瓶口是瓶颈顶端用来承接瓶盖、实现容器密封的部分。瓶口与瓶盖密封衬垫相接触的部位，称为缝合面，瓶口下部与瓶颈相连的部位称为连接颈。因瓶口封盖方式不同，瓶口形状、结构各异。

2）瓶颈。瓶颈介于瓶口与瓶间的部位。由瓶口底部向下，多以内凹渐阔的形式平肩过渡。

3）瓶肩。瓶肩是瓶颈与瓶身之间的特殊部位。多以外凸渐阔形式与瓶身连接。

4）瓶身。瓶身是瓶肩与瓶根之间的部位。瓶身是瓶罐的主体（腹部）部位，纵向、横向的截面形状多样。在瓶身部位设计的凹槽，供贴商标用的称为商标槽。

5）瓶根。瓶根是瓶身下部向内收拢与瓶底相连的部位。

6）瓶底。瓶底就是瓶体的底部，较厚，起支撑作用。不同形状、不同尺寸的玻璃包装瓶罐，可以认为是瓶口、瓶颈、瓶肩、瓶身、瓶根和瓶底六部分，通过纵向、横向尺寸及其相对比例的变化而形成。

罐头瓶，是缩小瓶颈、瓶肩、瓶身的高度尺寸，加大了瓶口、瓶颈的径向尺寸，使瓶肩迅速向瓶身过渡的设计变化，如图 4-16（a）所示。一些长颈瓶，如白兰地酒瓶，加大了瓶颈、瓶肩的高度尺寸和比例，减缓瓶肩向瓶身的过渡的角度，因而瓶子显得修长、轻盈，如图 4-16（b）所示。如图 4-16（d）所示的端肩瓶，瓶肩几乎没有高度，以圆弧向瓶颈、瓶身过渡。而有些瓶罐又几乎没有瓶颈部位，由瓶肩直接向瓶口过渡，如图 4-16（e）所示。

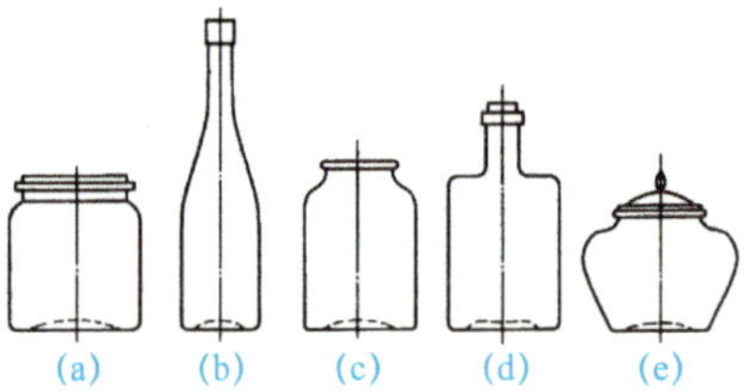

图 4-16　瓶型不同部位尺寸形状变化

（2）玻璃瓶的合缝线。合缝线不是瓶体的组成部分，而是每个模制瓶罐所必有的缺陷。它是由模具两部分的分型面接合缝处产生的成型痕迹（见图 4-17），模具使用时间越长，接缝处磨损越严重，瓶体上的合缝线越明显。在瓶口顶部平面和口沿侧旁的合缝线是由口模产生的，称为口模合缝线；而在瓶的底部由模底和成型模接合缝形成的瓶底和瓶身交界处的一条圆线称为模底合缝线。玻璃瓶、罐口模合缝线会给容器瓶口的密封，或是螺纹瓶口旋盖带来影响。

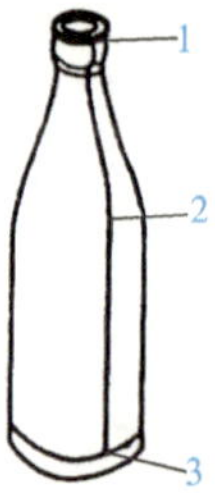

图 4-17　玻璃瓶的合缝线

1—口模合缝线；2—成型模合缝线；3—模底合缝线

4. 异型瓶与工艺瓶

所谓异型瓶，是指截面为非圆形的玻璃瓶罐，如三方瓶、四方瓶、八方瓶、椭圆瓶等（见图 4-18 ）。工艺瓶是指通过独特的瓶体造型设计与色彩设计，使玻璃包装容器不仅满足产品包装的要求，还使容器具有一定的艺术价值、装饰与陈列价值，满足消费者的精神需求、心理需求（见图 4-19 ）。由于广泛应用的圆形截面啤酒瓶、白酒瓶、罐头瓶及输液瓶等一些食品、医药用瓶都已实现标准化生产，因此玻璃瓶罐的包装设计，就更多地体现在异型瓶及工艺瓶的造型、结构及色彩设计上。

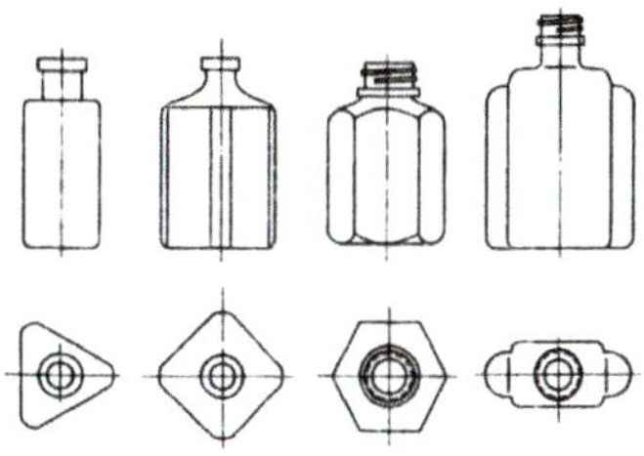

图 4-18 异型瓶示例图

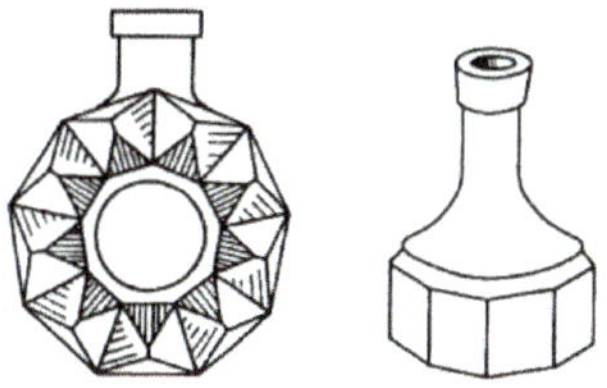

图 4-19 工艺型玻璃酒瓶

5. 内装物对瓶形结构的要求

玻璃包装容器的内装物有片状、颗粒状、粉末状、膏状、黏稠液体和一般液体等多种形态，不同形态对玻璃包装容器形体、结构和设计要求是不同的。块状、片状内装物，如医药制片和糖块等，因其形状有棱角，在自动线上填装时常出现互相挤卡的不畅现象，容器设计宜采用短颈和口颈相对较大的结构，瓶体截面形状以圆形、椭圆形为宜，瓶身高度也不宜过高。颗粒状内装物，如固体饮料、乳精、巧克力豆、糖豆等，其所用玻璃容器宜设计成口大、短颈，瓶身截面适用各种形状，但瓶身高度不宜太高，要考虑匙取的方便。膏状内装物属于非固体非液物态，如花生酱、果酱、豆瓣酱等酱类食品，霜类化妆品，膏类及乳膏类其他产品，盛装这类产品的玻璃包装容器宜口大、短颈，瓶身取短粗结构，方便工具取用。像蜂蜜类黏稠液体产品，为了方便倾倒食用，宜设计成较大口颈，颈部适当缩短，有一定长度，用过渡性结构比较合适。一般液体内状物流动性强，宜采用小口、长颈、颈肩过渡缓慢的结构，这样便于控制流量，延缓流速，避免外溢和喷洒。有避光要求的内置物可选择有色玻璃，如绿色、茶色、乳浊色等，但要注意对内装产品本色的影响。

6. 玻璃包装容器形成方法

玻璃包装容器的生产过程：配、混料—熔制—供料—成型—退火—后处理或冷加工—检验—成品。

玻璃包装容器的成型，是指将熔融的玻璃料液或加热软化的玻璃板材，转变成具有一定形状和尺寸的玻璃容器的工艺过程。玻璃容器或制品的成型，分人工成型和机械成型两种方法。人工成型通过手工操作，主要依靠人的技术和经验使玻璃容器或纸品成型，适用于制造高级玻璃器皿、艺术玻璃品及形状特殊的玻璃制品。机械成型是依靠机械和模具，通过人工或自动控制使玻璃制品成型，属于现代化大规模生产方式。机械成型玻璃包装容器的方法有压制成型、压—吹成型、吹—吹成型和拉制成型四种。

（1）压制成型。如图 4-20 所示，首先由滴料供料机将一定量的玻璃料滴置于模具的凹模 4 中，然后通过冲头（凸模）施加机械压力，自动压制成型。压制成型方法简单，制品形状精确，适用于玻璃杯、玻璃缸、玻璃盒等敞口玻璃包装容器的加工成型。

（2）压—吹成型。如图 4-21 所示，滴料供料机通过受料漏斗 1 将一定量的玻璃料滴置于初型模，受料漏斗 1 移开，闷头 5 扣下封闭型腔，继而冲头 3 上升并挤压料滴，使料滴充满型腔，形成容器的雏形；同时玻璃料被挤入口模 4，使瓶口成型。然后 4、3 下移回位，移去闷头 5，打开初型模 2，使容器雏形进入下一道工序，成型模吹制成型。成型模的成型参阅吹—吹成型的最后正吹工序。

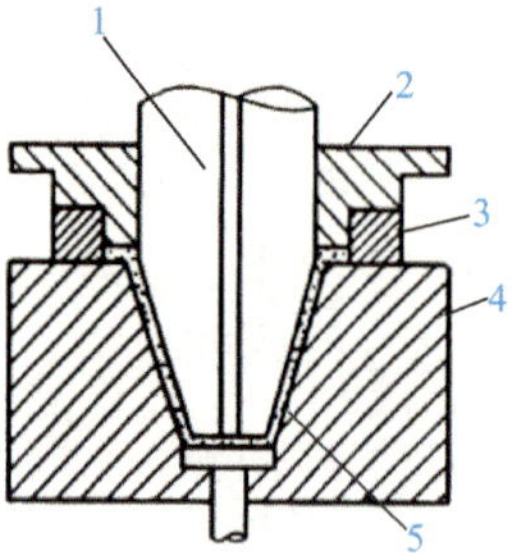

图 4-20　压制成型

1—冲头（阳模）；2—模环；3—口模；4—凹模；5—制件

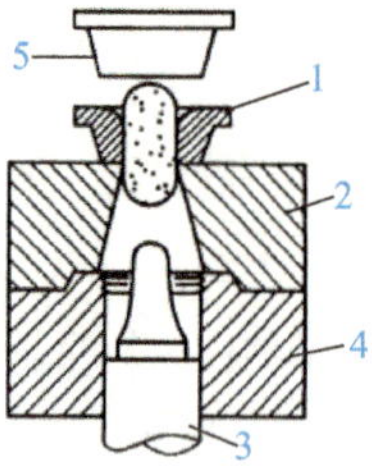

图 4-21　压—吹成型

1—受料漏斗；2—初型模；3—冲头 4—口模；5—闷头

（3）吹—吹成型。如图 4-22 所示，吹—吹成型是在初型模和成型模中两次吹制成型的方法。其工艺过程如下：

1）滴料供料机将一定量的玻璃料滴经受料漏斗 1 置入初型模 2 中，然后迅速将扑气头 3 移到受料漏斗 1 上，向初型模 2 内吹压缩空气，料滴在压缩空气推压下进入口模 4，并充分镶嵌，形成瓶口，顶芯 5 使瓶口形成气窝。

2）移去受料漏斗 1，使扑气头 3 作为瓶底模板直接压在初型模上，然后移去顶芯 5，在底部用扑气头 6 向初型模内吹压缩空气（倒吹气），将玻璃吹制成容器雏形。

3）翻转机械 7 将容器雏形连带口模翻转送到成型模 8 中，合模后将扑气头 9 压到口模上，向成型膜内吹压缩空气（正吹气），使容器最终成型。

在初型模内第一次吹制前，为使熔融玻璃料滴充分镶嵌口模，有的在模下方采取真空吸入的工艺，也有的在采用扑气法的同时，模下方再施以真空吸入工艺，目的都是为了保证瓶口达到设计所要求的质量。

吹—吹法成型适用于口径相对较小的玻璃瓶容器。

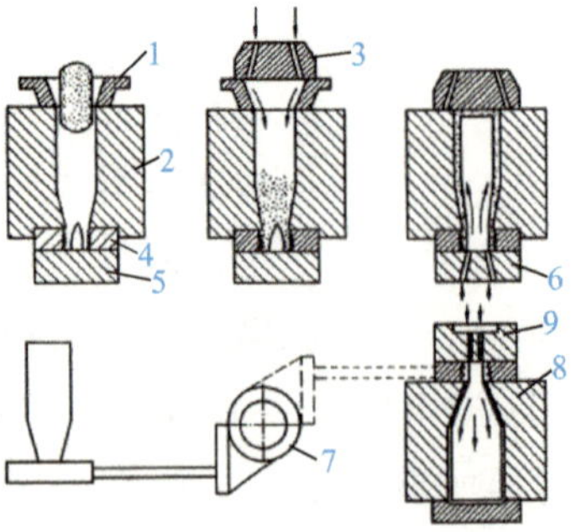

图 4-22　吹—吹成型

1—受料漏斗；2—初型模；3，6，9—扑气头；4—口模；5—顶芯；7—翻转机械；8—成型模；10—制品雏形

（4）拉制成型。有些小型玻璃容器，如药用管制抗生素瓶、管制口服液瓶和安瓿等，都是以玻璃为原材料加工制成的。管制玻璃容器加工成型的一般过程是：选管—清洗—预烧—拉伸或瓶口、颈肩部成型—切断—底部成型—退火—检验—包装入库。

7. 玻璃包装容器的廓形设计

玻璃包装容器的廓形设计分横截面廓形、纵截面廓形、颈肩过渡和瓶根过渡等设计内容。

（1）横截面廓形。玻璃包装容器的横截面廓形，可设计为圆形、椭圆形、三面形、四面形、六面形、扁圆形、菱形和其他各种形状。横截面的廓形应力求对称，包括按一轴对称或按互垂的两轴对称，这样可以改善瓶体结构的力学性能，也方便成型模具分型面的选择，简化模具结构（见图 4-23）。

（2）纵截面廓形。纵截面廓形要结合横截面廓形的特点，选择变化、组合形式。如圆形横截面，纵向采用垂直线廓形，就是直圆柱瓶形；纵向采用曲线与曲线、直线与曲线、直线与直线组合的廓形，就会构成各种造型美观、结构各异的回转体瓶形（见图 4-24）。

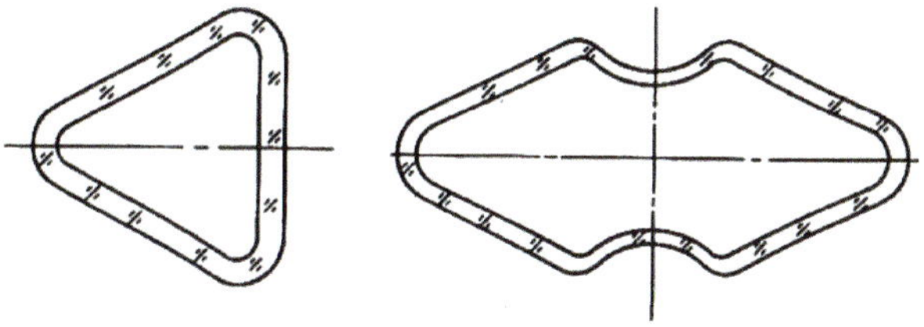

(a) 单轴对称　　(b) 互垂双轴对称

图 4-23　玻璃容器对称横截面廓形

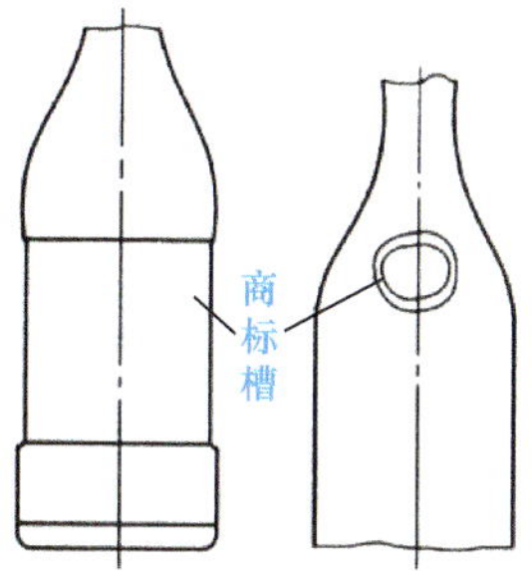

图 4-24　圆形横截面瓶的纵向廓形变化

横截面为非圆形的玻璃容器，特别是横截面形状较为复杂的，纵向廓形采用较为复杂的曲线组合，与非圆形横截面形成交贯结构，这样会给模具设计与制造带来困难，以少采用或不采用为宜。

（3）容器的重心。玻璃包装容器，特别是瓶罐类，其重心力求处在较低的位置上。重心较高的瓶体造型，其重心位于瓶体中轴线上的稳定性好。

（4）瓶颈、瓶肩设计。瓶颈、瓶肩是瓶口与瓶身的连接过渡部位，应根据内装物的形态、性质，结合瓶身形状、结构尺寸及强度要求进行设计。对于要求回收重复使用的瓶罐，应以提高容器各项强度指标为原则，选用、设计瓶颈、瓶肩的结构形式；而对于非回收重复使用的，或是回收再生利用的，应注重造型美感，强调满足消费者精神需求的玻璃瓶罐，瓶颈、瓶肩设计服从瓶罐整体造型的要求，瓶体强度按一般要求即可。

瓶颈、瓶肩的常见结构形式如图 4-25 所示，有长颈、短颈、溜肩、端肩、斜肩、圆肩、阶梯肩及无肩等多种形式，设计时还可在常见结构形式的基础上，结合整体造型的需要，进行组合、变异设计。

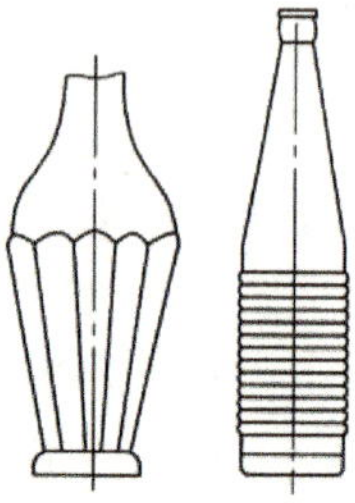

图 4-25　瓶颈、瓶肩常见结构形式

（5）瓶根设计。瓶根作为瓶身与瓶底的连接过渡部分，其形状一般要服从整体造型的需要。但瓶根形状对瓶的强度指标有很大的影响，如图 4-26 所示。图 4-26（a）所示为直壁瓶身，采用小圆弧过渡与瓶底连接的结构形式，结构垂直载荷强度高，机械冲击、热震强度相对较差，常因瓶根、瓶底的厚薄不同而产生内应力，当受到机械冲击或热震时，此处极易破裂。图 4-26（b）所示的瓶根用较大圆弧过渡，下部以内收的形式和瓶底相连接，结构内应力小，机械冲击、热震和水冲击强度高，垂直载荷强度也较高。图 4-26（c）所示的瓶身、瓶底为球形过渡连接结构，其机械冲击、热震强度好，但垂直载荷强度、水冲击强度差。因此，如果不是造型的需要，从结构上尽量不采用图 4-26（c）所示的瓶根结构。

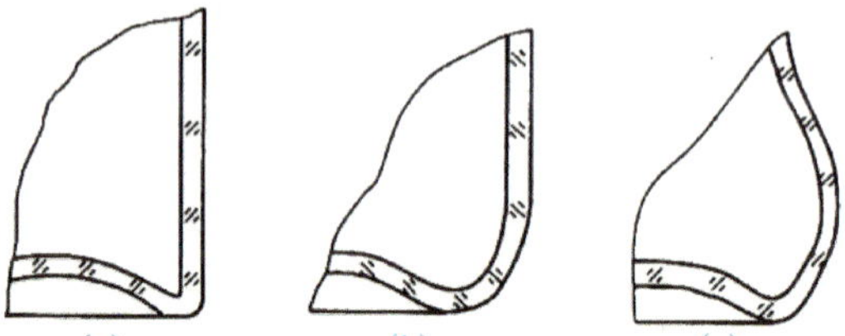

(a)　　(b)　　(c)

图 4-26　瓶根设计结构形式

8. 玻璃包装容器的表面设计

（1）商标槽。商标槽是瓶身上粘贴商标（标签）的凹槽，对贴在其内的商标（标签）起保护作用，使其免受摩擦损害。商标槽有两种形式：一种是贴标面低于瓶表面；另一种是在瓶外表面上由凸棱围成的凹槽（见图 4-27）。

（2）凸棱。在瓶身表面设计凸棱，可防止玻璃容器成型翘曲，增加瓶体强度，并起装饰作用（见图 4-28）。

（3）酸蚀毛面。用氢氟酸或其盐类，使玻璃容器形成无光泽的毛面。因光线难以直射其中，毛面有防止内装物因光线照射而导致腐败的作用；利用光面、毛面的组合构成图案，还可对瓶罐起到装饰作用（见图 4-29）。

用喷砂方法也可以形成毛面，并起到同样的作用。

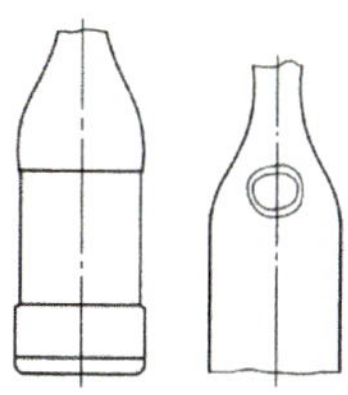

图 4-27 商标槽

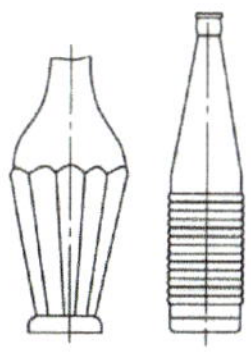

图 4-28 瓶体表面凸棱

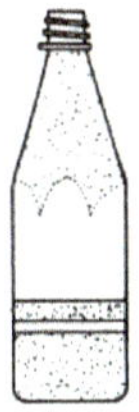

图 4-29 毛面装饰

（4）标线。标线是玻璃瓶罐表面按规定灌装的刻度线，或是供消费者定量使用（食用）内装物的刻度线。刻度线为凸线，要求刻度精确在规定的范围内。

（5）边圆角。玻璃包装容器不同表面相交的棱线、凹线应采用圆角过渡，避免成型应力集中。

9. 瓶底设计

瓶罐的底部起支撑作用，承受瓶体及内装物的全部质量，因此要求瓶底摆放平稳可靠，有相对较高的强度。

瓶底一般都设计成内凹形，这样可减少接触平面内的接触点，增加稳定性。瓶底与瓶根采用圆弧过渡，过度圆弧较大有利于提高瓶罐的强度指标，但过渡圆弧过大则缩减支撑面积，从而削弱瓶罐的稳定性。

管制瓶的瓶底厚度，因切割、烧口、封底等原因，一般都要薄于瓶身厚度。而用压—吹法、吹—吹法等方法成型的瓶罐，其瓶底要比瓶身相对厚一些。瓶颈越大，瓶底相对越厚，瓶底与瓶身厚薄差值越大，成型应力也就越大，设计时应予考虑。

在瓶罐质量一定的条件下，瓶底厚度以瓶底最小厚度作为设计要求，规定瓶底厚薄比，力求瓶底有较小的厚薄差值，减少内应力。

瓶底决定于成型模与底模的结合方式和底模的形状，如图 4-30 所示为常见玻璃瓶罐底部的结构形式。图 4-31 是内凹球形瓶底的尺寸示图，内凹底径 D，要保证一定的底座宽度 C 值，C 值一般取 1 ～ 6 mm。底座尺寸 C 较宽的，可在其平面上设计径向凸棱，增加稳定性。在内凹面上可设计标记、数字和字母，由底模同时成型出来。

底角结构可设计成 $h_1 < r$、$h_1 = r$ 和双底角弧等形式（见图 4-32），双底角弧适合瓶径较大的瓶型，能更好地承受内应力。

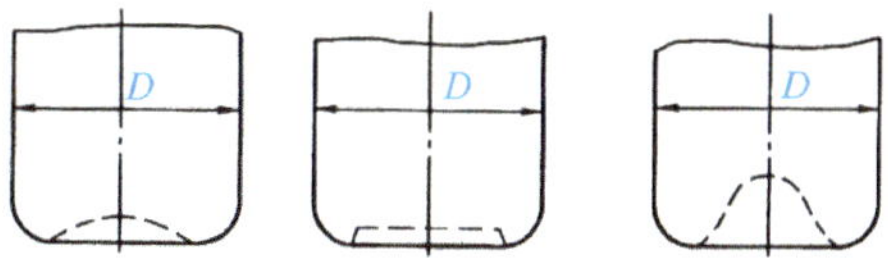

图 4-30 常见玻璃瓶罐底部结构形式

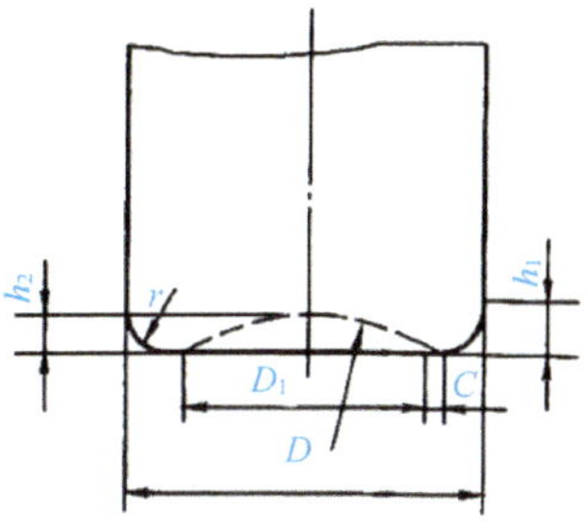

图 4-31 内凹球形瓶底尺寸

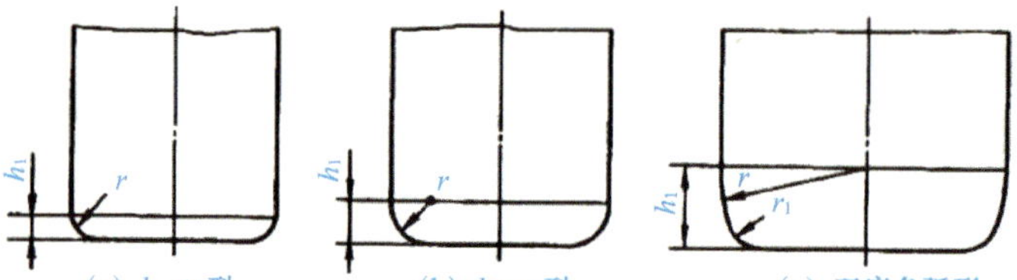

(a) $h_1<r$型　(b) $h_1=r$型　(c) 双底角弧形

图 4-32　底角弧常见结构

三、陶瓷包装容器设计

陶瓷容器的使用已有几千年的历史，随着科学技术的提高和文化艺术的发展，现今的陶瓷制品已不是单纯的传统生活用具范畴，陶瓷既可以制成精美的工艺品和独具一格的商品包装容器，也可以制成建筑、卫生器材和工业陶瓷品。陶瓷包装容器由于在造型、色彩及质地上的独特格调，使其作为商品包装应用，古朴典雅，风格独特，是一种不可缺少的包装类型。

1. 陶瓷器的类型

陶瓷器是以铝硅酸盐矿物和某些氧化物为主要原料，按一定的配料比例，通过特定的成型、烧制工艺制作的硬质制品。陶瓷大概划分为陶器和瓷类两大类，陶器又分为粗陶器和精陶器，介于陶器和瓷器之间的称之为炻。

（1）粗陶器。粗陶器是普通陶器，表面粗糙，胎体带色，多孔，不透明，吸水率及渗透性大，主要有盆、罐、缸瓮等（见图 4-33）。

（2）精陶器。精陶器一般为白色，不透明，胎体仍有 4% ～ 12% 的吸水率，对坯料的要求不高。烧成温度较低，主要有坛、罐、瓶及卫生陶器等（见图 4-34）。

（3）炻器。炻器胎体致密，不透明，略带颜色，也有白色的，吸水率较低，约在 2% 以下。但高于瓷器，具有较高的强度，主要有缸、坛等（见图 4-35）。

（4）瓷器。瓷器胎体致密，完全玻璃化，表面光滑，呈白色，薄壁处呈半透明，吸水率很低，无渗透，主要有高级日用器皿、瓷瓶、瓷罐工艺瓷制品等（见图 4-35）。

图 4-33　粗陶器

图 4-34　精陶器

图 4-35　炻器

图 4-36　瓷器

2. 陶瓷包装器的特征

陶瓷包装器具有以下特征。

（1）具有良好的耐热性、隔热性，耐酸，耐碱，化学稳定性好，不与内装物发生化学作用，对环境条件适应性强。

（2）质地坚硬，不变形，对内装物有很好的保护作用。

（3）抗压性强度高，拉伸强度相对较低，抗机械冲击强度差。

（4）陶瓷吸水率低，陶瓷容器几乎不吸水，无渗透，清洁卫生，很适宜食品、化妆品的包装。

（5）原料丰富，成型方便，但生产周期较长，生产率低，一般不能回收复用，成本较高。

（6）造型变化多，色彩古朴典雅，装饰风格独特，适宜高档、名贵的商品及礼品的包装。

（7）不透明，看不见内装物，不便于消费者挑选，运输也不方便。

3. 陶瓷包装容器的种类

陶瓷包装容器有缸、坛、罐、瓶等形式（见图 4-36）。

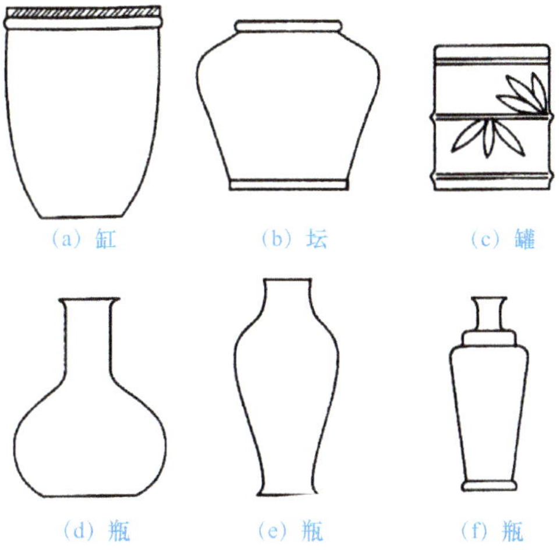

图 4-37　陶瓷的包装容器

（1）缸类为炻类质包装容器，形体上大下小，敞口，器壁较厚，口缘加厚强化，内外施釉，容量较大，口部多采用木盖包封，多用于酱、咸菜、皮蛋的包装。

（2）坛、罐类也多属于炻质包装容器。坛器腹部较大，口部较小，内外施釉，有时颈部两侧带环，方便搬用，而罐器较平，容量较小，口、腹部径向尺寸相近。坛、罐类常采用陶盖包封，多用于酒、腐乳、酱、咸菜及化学品的包装。

（3）瓶类是既有陶质也有瓷质的包装容器，造型变化多，小口径，图案、釉色美观，可不透明或半透明，多用于高档名酒的包装。

4. 陶瓷包装容器制作工艺

作为陶瓷包装容器的陶瓷制品，因形状、大小、结构和对质量的要求不同，其成型加工方法也有所不同。应根据容器的具体情况选择适宜的成型加工方法，或做工艺上的必要调整。

坯件的成型方法主要有以下两种：

（1）可塑法成型。可塑法成型是利用可塑坯料的可塑性，将其塑造成具有一定形状、一定尺寸的陶瓷容器坯件。可分为手工成型和机械成型两类。手工成型包括拉坯、模印、雕塑、镶钻等方法，通过人的手工塑造形成坯件，或是完成局部加工。机械成型是通过机械的作用，由模具形成陶瓷容器坯件的方法，分旋压成型、滚压成型。

①旋压成型又称样板刀成型（见图 4-38）。成型时，石膏模固定在旋坯机上，使石膏模旋转，然后利用样板刀将泥料刮在模具上，形成陶瓷容器的坯件，坯件的内外表面由模具的工作表面、样板刀形成，模具工作表面与样板刀之间的距离就是坯件的壁厚。坯件的成型质量决定于坯料的质量、旋转速度、样板刀的压力、石膏模含水量及操作术因素。旋压成型法适用于盘类及陶缸、陶罐的生产。

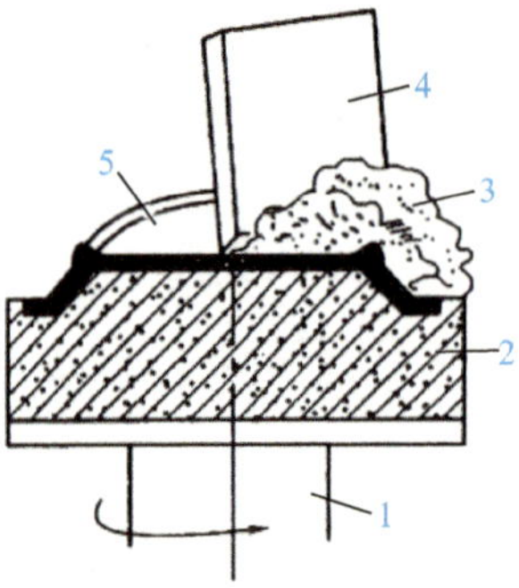

图 4-38　旋压成型

1—旋坯机；2—石膏模；3—泥料；4—样板刀；5—容器配件

②滚压成型是利用滚压头与模具主轴的旋转，将模具上（或其中）的泥料滚压成陶瓷容器坯件的方法。成型时，滚压头转速较低，主轴转速较高，一般在 300 ～ 800 r/min，两者转速比（见图 4-39）的阳模滚压约为 1 ：（0.6 ～ 0.8），如图 4-40 所示的阴模滚压约为 1 ：（0.3 ～ 0.7）。

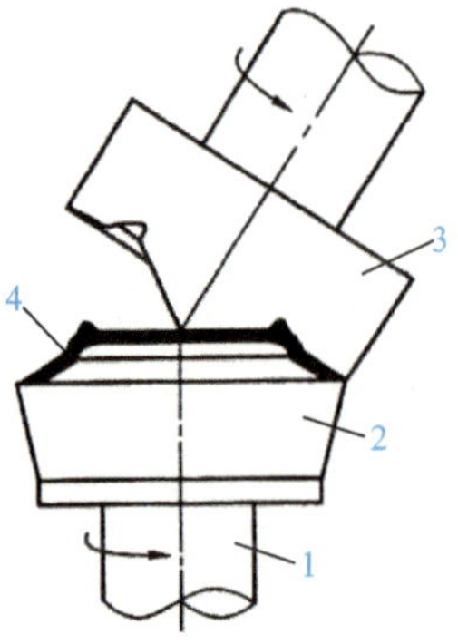

图 4-39　阳模滚压成型

1—主轴；2—石膏模

3—滚压头；4—坯件

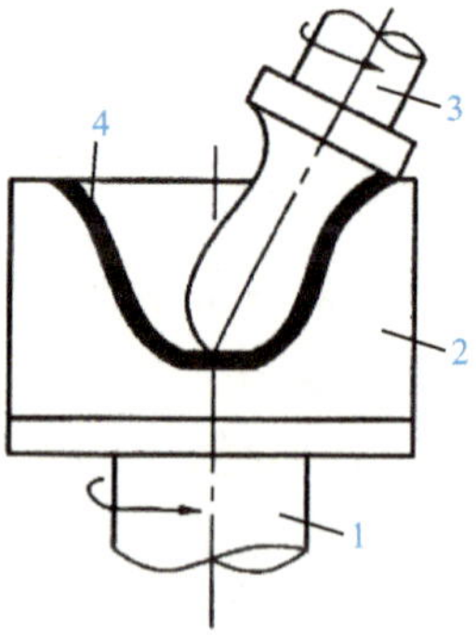

图 4-40　阴模滚压成型

1—主轴；2—石膏模

3—滚压头；4—坯件

滚压成型的坯件结构致密，力学强度高，变形小，生产率高，已得到了广泛的应用。滚压成型适用于扁平形的盘类或碗类、杯类等较深的陶瓷容器的生产。

（2）注浆法成型。注浆法成型使用注浆坯料，分空心注浆和实心注浆两种成型方式。

1）空心注浆。成型时，将注浆坯料（泥浆）注入石膏模内，利用石膏模型面吸收水分的原理，紧贴模具型面的泥浆会逐渐在型面上变稠、沉积，形成与模具型腔形状相同的泥层，并随着时间的推移，泥层逐渐增厚，当达到所要求的壁厚时，将型腔中没有变稠、沉积的多余泥浆倒出。随后，使模具中的泥层继续干燥收缩，当与模具型面脱离时，即可分开模具，取出成型的陶瓷容器坯件（见图 4-41）。

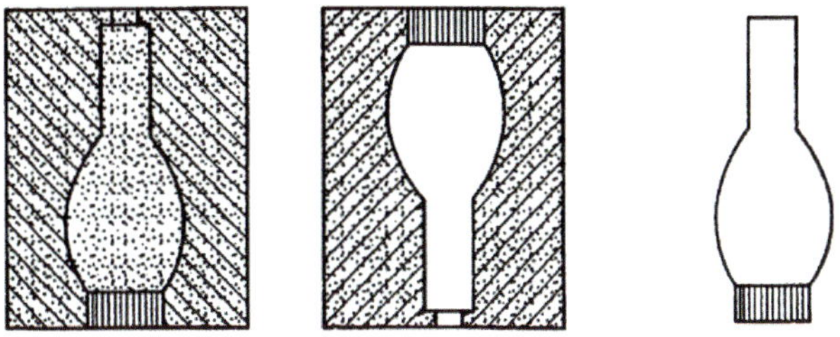

（a）注浆成型　（b）倒出余浆　（c）坯件

图 4-41　空心注浆成型

显然，空心注浆是利用石膏模具的型面单面吸浆而成型。坯件的厚度取决于泥浆在模具中停留的时间，时间越长，壁厚越厚。对于需要特别加厚的容器底部，还可采用两次先后注浆的方法，即第一次对底部注浆（稍干），再对整个型腔实施第二次注浆，这样获得的是底部加厚的陶瓷容器坯件。空心注浆更适于小口径的瓶壶类及形状复杂的陶瓷容器坯件的成型。

2）实心注浆。实心注浆的石膏模具上下模合模的封闭型模腔（见图 4-42）。成型时，将泥浆注入封闭的型腔中，由于石膏模具不断吸收泥浆中的水分，泥浆会不断变稠、沉积和减少，再继续补充注浆，直到形成均实坯件，无法继续补充注入泥浆为止。

3）注浆辅助措施。为了强化注浆过程，缩短注浆时间，提高生产率和坯件质量，可采用压力注浆、真空注浆或离心注浆的方法，通过增大注浆压力，或减少型腔内空气阻力，获得结构致密的坯件。

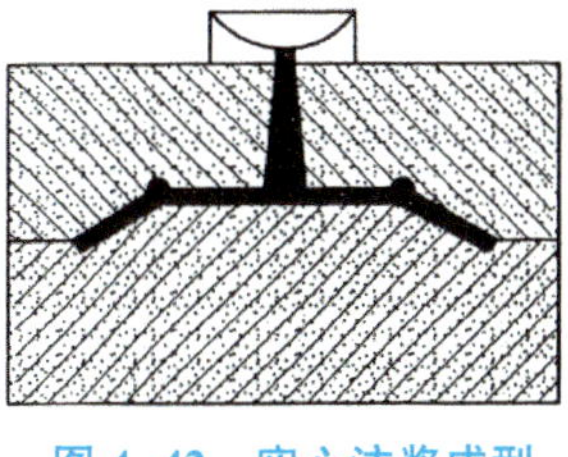

图 4-42　实心注浆成型

5. 陶瓷包装容器加工工艺过程

陶瓷包装容器作为陶瓷制品的重要类型，其加工工艺过程与其他陶瓷制品是一致的，一般为坯料制备—成型—干燥—黏结修坯—施釉—干燥—烧成—彩饰—烧烤—检验。

对于素烧坯，是在修坯后烧成，然后在素烧坯上施釉、釉烧，并形成陶瓷成品。

（1）坯料制备。按一定的组料配方和工艺要求，将陶瓷原料制成适应一定成型方法的坯料，即可塑坯料或注浆坯料。

（2）成型。如前所述，按坯料的不同形式，以相应的成型方法，将坯料成型为坯件。

（3）干燥。经过成型的陶瓷坯件仍然含有大量水分，需经过干燥的环境排除坯件体内的水分，使其失去塑性并形成一定的强度，这样便于搬运、操作和以后各加工工序的进行。一般来讲，搬运、修坯时坯件的水分应在 16% ～ 18% 以下，施釉时应在 2% ～ 4%，烧成时入窑的水分在 2% ～ 3%。干燥可在 50℃～ 70℃的热烘干室进行，也可通过链式热干燥设备实现。

（4）黏结、修坯。黏结，是针对那些不能一体成型的陶瓷容器。先把坯件主体和部件（如容器颈部挂环、握柄）分别成型，然后用泥浆将部件黏结在主体坯件上，使之形成符合设计要求的整体坯件。黏结分湿接和干接两种操作条件。湿接要求部件的含水量为 15% ～ 19%，主体坯件含水量为 14% ～ 17%，两者含水量不能相差太大。修坯，是对坯件进行打磨、刮边、割口、扎眼及挖底等加工，提高表面光洁度，去除毛刺、浮土，完成坯件的局部加工。

（5）施釉。施釉是以一定的工艺方法使釉浆均匀地黏附在坯件的表面。根据对制品的要求不同，可以在未经过烧成的生坯上施釉，然后一次烧成；也可以在烧成的素坯上施釉，进行釉烧。施釉的方法有以下几种：

1）喷釉。是利用喷釉器或喷枪，通过压缩空气把釉浆喷成雾状，并均匀地黏附在坯件表面。喷釉釉层相对较薄，适用于大型、易碎薄胎、釉下彩绘等坯件。

2）浸釉。是将坯件浸入釉浆中，然后提出。釉层的厚度取决于浸釉的时间、坯件的吸水率及釉浆的浓度。浸釉适于素烧坯件、厚胎坯件。

3）浇釉。是将釉浆浇淋在坯件的表面，适用于无法浸釉的大型坯件。

4）刷釉。亦称涂釉，是用毛刷、毛笔蘸取釉浆刷涂在坯件上，适用于有特殊要求的制品坯件，如在同一坯件上涂几种不同颜色的釉浆，刷釉法最为方便。

（6）烧成。坯件经高温煅烧成为陶瓷制品的工艺过程称为烧成，它是陶瓷制造工艺过程中最重要的工序之一。在烧成过程中会出现一系列的物理、化学变化，使坯件的料粒互相黏结，晶粒胀大，结构致密度增强。

（7）烤烧。烤烧亦称烤花，是对釉上装饰的陶瓷制品进行烤烧，使釉面上的色料熔融并与釉面结合，保持耐久性。隔焰烤烧温度为 750℃～ 850℃，烤烧后的色料光亮、鲜艳、平滑（见图 4-43、图 4-44）。

图 4-43　烧花陶瓷工艺品

图 4-44　烤花瓷瓶

6. 陶瓷包装容器装饰

陶瓷包装容器，特别是用于销售包装的陶瓷瓶、罐类，除注重其造型的艺术效果外，还应采取必要的工艺手段予以装饰，包括色彩、图案、表面质地形式上的处理。通过装饰，使陶瓷包装容器更具艺术感染力。

（1）色釉。普通原釉是本色釉，烧成呈白色，洁白光亮又卫生，本身也具有一定的装饰性。而色釉是在原釉中加入含有着色金属的物质，烧成后使釉呈现预期的颜色，从而提高陶瓷制品的装饰效果。例如，加入 Fe_2O_3 经还原焰烧成青色；加入 CoO 烧成蓝色；加入 CuO 或 Cr_2O_3 烧成绿色；以铜为着色剂经还原焰烧成可形成的红色。色釉涉及着色剂、配色及烧成温度等多种因素。

（2）透明釉和乳浊釉。绝大部分釉都是具有玻璃光泽的透明釉，有时为了特殊装饰的需要，或者是为了遮盖不够洁白的坯体，采用乳浊釉。乳浊釉是在釉中添加了 TiO_2、SnO_2、CaF_2、NaF 等乳浊剂，使釉中产生大量微细结晶核，形成混浊乳白的釉饰效果。

（3）特殊釉。

1）裂纹釉。釉面形成网状裂纹，把裂纹作为装饰。当使用膨胀系数大于坯体膨胀系数的釉时，在烧釉迅速冷却的条件下，因釉与坯体收缩不同步，釉收缩较快，表面会形成裂纹。裂纹形态各异，裂纹处呈底色，也可通过工艺技法使纹路呈现不同于釉面的颜色，网纹更加漂亮（见图 4-45）。

调整釉料配比，或实施不同的工艺技法，可生成不同的网纹，如鱼子纹、冰裂纹、牛毛纹、鳝鱼纹及百圾碎等。

2）结晶釉。结晶釉可以是白釉，也可以是色釉，表面呈晶花。结晶釉的形成，是通过一种或几种过量的、结晶能力强的成分，使釉料在高温下呈现饱和状态，并在冷却过程中析晶，进而形成各种形状的晶花，如雪花形、荷叶形、松针形等，有的单独存在，有的则连成一片。

3）流动釉。流动釉采用低熔点釉料。在烧成过程中，釉料因熔点低而产生流动，顺着坯件斜面下流，形成流痕自然交融的艺术效果（见图 4-46）。

4）颗粒釉。颗粒釉亦称疙瘩釉。表面分布着颗粒状的釉包，有的像冰花雪粒。施釉时，先施的底釉含有高熔点颗粒，后施的面层为易熔釉，烧成时难熔的颗粒被易熔釉包裹，形成独特的颗粒釉。

图 4-45　裂纹釉陶瓷瓶

图 4-46　流动釉装饰瓶

5）无光釉。无光釉对光的反射能力弱，在制品平滑表面上显示出绒状发暗的光泽，具有古色古香的艺术效果。无光釉可通过降低釉烧温度，使制品表面玻璃化程度降低；或者在釉烧后通过控制冷却速度，使透明釉析出微晶形成；还可以利用稀氢氟酸溶液酸蚀釉面，形成的毛面可减弱光反射能力。

6）光彩釉。光彩釉在光照射时釉面能映出各种颜色，如同彩虹一样。这种彩虹是由于入射光与釉表面反射光发生干涉而产生的。实现的方法，可在釉料中加入大量着色氧化物，按一定的工艺条件烧成；也可以在釉面上涂抹含有多种金属元素及其氧化物的“电光水”，经 600℃～ 750℃烤烧而成。

（4）彩绘。彩绘分釉上、釉下和釉中彩绘三种（见图 4-47）。

1）釉上彩绘。釉上彩绘，是在已烧成的瓷器釉面上，用釉上彩料绘制装饰图案，再经 600℃～ 850℃的低温烤烧而成。由于彩料绘于釉面上，烤烧温度较低，彩料与釉面结合不牢，易受磨损。

2）釉下彩绘。釉下彩绘，是在生坯或素烧坯上，用釉下彩料绘制装饰图案，然后施透明釉覆盖，再与坯体一起以高温烧成。釉下彩料要求耐高温，故色彩品种较少。高温烧成的色料可充分渗透于坯釉中，形成平滑的表面、优雅的色彩。

3）釉中彩绘。由于釉上彩有铅、镉毒性物质的存在，因此采用不含铅或少含铅的高温材料。当彩料绘制于制品表面以后，经高温（1100℃～ 1260℃）快速烧成，彩料渗透到釉层内部，形成一体的装饰效果。

（5）贴花、印花、喷花。彩绘依靠手工操作，对绘制人员要求高。贴花、印花、喷花操作技术简便，易于掌握，生产率高，适于大规模生产（见图 4-48）。

1）贴花。贴花，是将印有花纹图案的薄膜花纸，利用胶黏剂酒精稀溶液转贴到瓷坯上，然后入窑烤烧而成。薄膜花纸所用的薄膜，是以聚乙烯醇缩丁醛为主剂，外加增塑剂、溶剂制成胶液，再经涂布、干燥而成。

贴花可分釉上贴花和釉下贴花两种装饰方式。

2）印花。印花，是利用刻有花纹图案的橡皮印戳，将印戳均布彩料，即可把花纹图案印到坯件上。同样，印花也分釉上印花和釉下印花。印花效率更高，但只适用于单色。

3）喷花。喷花，如同日常喷字技法一样，是利用镂空的模板，用压缩空气喷枪将彩料喷到模板上，在制品上形成花纹图案。

（6）雕塑。雕塑，是以雕、塑、刻的方法在陶瓷坯件上获得花纹图案的装饰方法。堆雕是用浓厚的泥浆在坯面上或已施釉的釉面上画出花纹图案，然后上一层薄薄的透明釉，经烧形成有立体感的花纹图案。而浮雕则是把模印的浮雕泥片粘贴在坯面上，再经施釉烧成。暗雕与堆雕、浮雕不同之处是暗雕在生坯或素烧坯上用力刻出花纹图案，再施釉烧成。因花纹图案凹进坯件表面，故也称镂雕（见图 4-49）。

图 4-47　彩绘

图 4-48　印花

图 4-49　雕塑

7. 陶瓷包装容器形体

陶瓷包装容器，无论是瓶、罐、坛，其基本结构都是由口部、颈部、肩部、腹部、根部和底构成。另外，根据容器的不同类型、造型要求及功能要求等，还有盖、瓶耳、挂环、端手或握柄等结构和配件。各部分不同的结构形式及整体造型，体现了不同的功能和艺术价值。

（1）陶瓷包装容器的整体造型，不仅要体现应有的艺术美，使预期的包装功能得以实现，还要适于一定的成型方法，保证成型质量。

（2）造型设计方案要与内装物的档次、价值相适应，对于较低档的日常食品所用陶瓷包装容器，则不需为了过分追求造型美而使成本提高；对于高档的名酒、礼品酒等陶瓷包装瓶，则应力求提高造型的艺术效果，力求艺术造型和功能结构的完美统一，充分发挥造型艺术价值在市场竞争中的特殊作用。

（3）陶瓷包装容器的造型，还应注意以下几个设计实践问题。

1）造型不失稳定性。形体的稳定性是由重心位置、结构的对称与均衡、足底大小等因素决定的。形体重心低，重心位于形体中轴线上，稳定性强；坯体结构按中轴线对称、均衡，水平轮廓按中心点对称、均衡，或按水平互垂轴线对称、均衡，造型稳定性强；足底面积越大，底面越平整，稳定性越强。如图 4-50 所示，造型的稳定性可通过对角线交点距底面的尺寸 A 判定。作肩部水平线，再由底部廓点作腹部外切线，与肩部水平线构成梯形，梯形对角点即为尺寸 A 的测量点。若 A 小于肩部水平线到底部的 1/3，则有不稳定感，大于 1/3 则有相对稳定感。

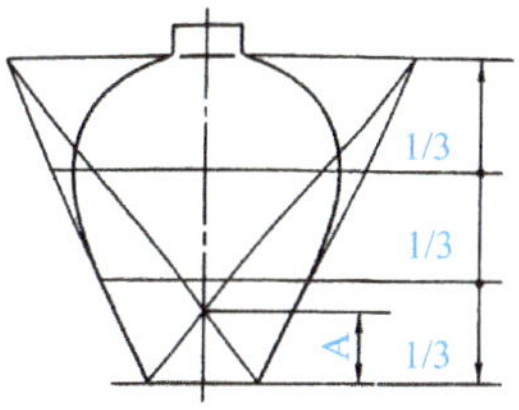

图 4-50　造型的稳定性

2）力求不产生变形性缺陷。容器的形体结构不合理，会形成结构性应力，在干燥烧成时产生变形。而有的则是由于自身重力的作用产生变形。

3）造型力求轻便、灵巧。造型在满足容量、功能要求的同时，在形体变化上应有灵巧、轻便之感。正确处理线型对比、体量对比、空间对比和质地对比的关系，使造型更具有宜人性、时代性。

4）造型要充分考虑坯料条件。应充分考虑坯料成分及其可塑性，并在此基础上考虑造型变化的可能性。坯料可塑性强，造型变化可多一些，相对复杂一些；坯料可塑性差，则造型变化应少一些。

8. 喷花陶瓷包装容器的强度

陶瓷包装容器，其结构力学性质的好坏，不仅是容器本身的强度问题，也影响容器的成型性能和烧成质量。结构不合理，力学性质不好，会造成塌坯、成型困难，干燥或烧成时会产生变形、开裂等质量问题，容器本身的强度也明显下降。

陶瓷包装容器的强度指标，主要有垂直载荷强度、耐内压强度、机械冲击强度等，其形体结构对各项强度指标的影响。

9. 陶瓷包装容器的结构

陶瓷包装容器的结构，应根据内装物的性质、形态、数量，以及对容器的方便、宜人、展示等功能的要求，在造型设计的基础上确定各部的结构形式与相应的尺寸，然后再进行瓶盖及密封结构设计，并在外观上与器体形成统一的艺术效果。

（1）口部结构。口部是内装物装填、倾倒的通道，与瓶盖形成密封结构。由于陶瓷制品在烧成过程中收缩变形较大，且没有模约束，形状、尺寸控制的难度较大，故较少采用精度相对较高的螺纹瓶口。螺纹瓶口须采用大螺距、扣数少、螺纹配合间隙大的结构形式，且须口模成型，工艺复杂。

图 4-51 为陶瓷包装容器的一般瓶口结构。其中图 4-51（a）到图 4-51（f）为简单瓶口，图 4-51（g）到图 4-51（j）为装饰型瓶口，这些瓶口比较适合内装物为液体的小口陶瓷包装容器。如图 4-52 所示是几种中、大开口陶瓷瓶罐的口部结构，口部、肩部接近，颈部较短，适合块状、颗粒状或粉状内装物，可直接倾倒，也可用工具伸入容器内取用。

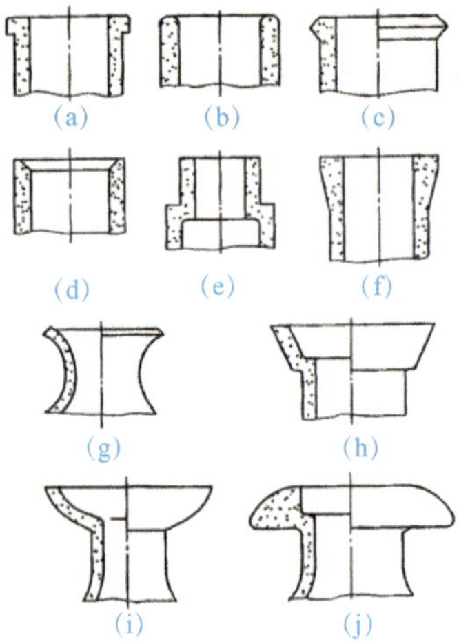

图 4-51　一般瓶口结构

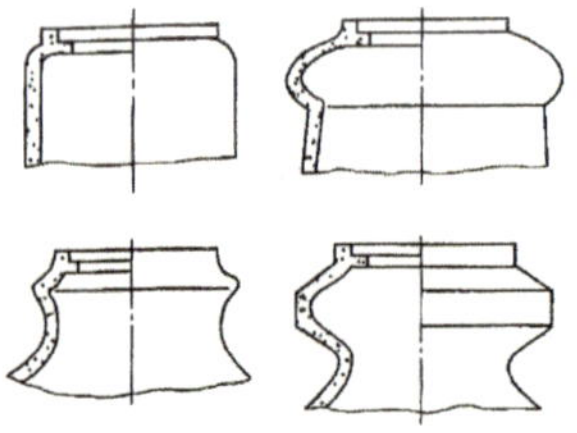

图 4-52　中、大开口陶瓷瓶罐口结构

口部结构是陶瓷包装容器引人注目的部位，设计时既要有造型的艺术性，也要注意密封瓶口的方法。口部的密封，按口径大小和结构形式，可采用塞封、塞封加外部包覆、扣盖加包封等形式；螺纹瓶口可采用陶瓷或塑料盖，并配以密封衬垫或内塞。

如图 4-53 所示是一种新型高档名酒陶瓷包装瓶的瓶口封盖结构。瓶盖 1 与瓶口 3 对扣并通过胶黏剂 4 黏合固定，瓶口内由弹性塑料内塞 2（或软木）塞封。瓶盖 1 上加工有易开槽 5 及连接桥 6，当需打开瓶盖时，只要用薄片工具撬易开槽 5，因应力作用，瓶盖就会沿连接桥 6 断开。此种封盖结构具有防非法盗用功能。

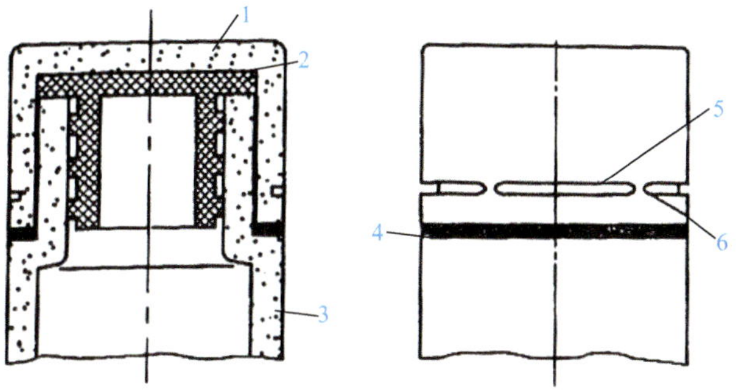

图 4-53 陶瓷防盗瓶盖

1—瓶盖；2—内塞；3—瓶口；4—胶黏剂；5—易开槽；6—连接桥

（2）肩部结构。肩部结构是容器颈部与腹部的过渡部位，与腹部共同构成容器的主体，其形式变化颇为丰富。从提高容器强度的角度来说，肩部宜窄肩和较大斜角过渡，这样也可起到防塌作用。但多数包装高档产品的陶瓷瓶罐，追求造型的艺术效果是设计人员重点考虑的问题。

（3）腹部结构。腹部是陶瓷容器形体的重要部分，腹部的形状是肩、颈、足、底形式的基础，其设计应考虑容量、稳定性、成型工艺等多方面的要求，线型不宜太软，不宜有幅度太大的连续变化，以避免陶瓷坯体下塌和严重变形。

（4）足部、底部结构。足部、底部是不可分割的。足部是陶瓷容器整体造型的一个部分，是瓶体腹部向底部过渡的形式；底部在正常摆放时视线虽不能触及，但它起着支撑容器的作用，要求摆放平稳。陶瓷包装容器常见的足部、底部结构如图 4-54 所示，其中图 4-54（a）为平底结构，图 4-54（b）为球凹底结构，图 4-54（c）为平凹底结构，图 4-54（d）为双足底结构。球凹底、平凹底结构简单，摆放平稳，强度相对较好，应用最为常见。

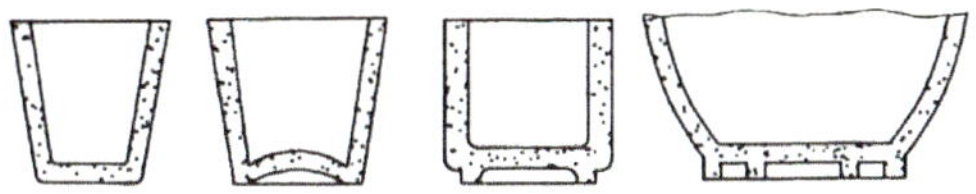

图 4-54 陶瓷容器足部、底部结构

（a）平底；（b）球凹底；（c）平凹底；（d）双足底

（5）陶瓷罐盖。常见陶瓷罐的罐盖结构如图 4-55 所示。

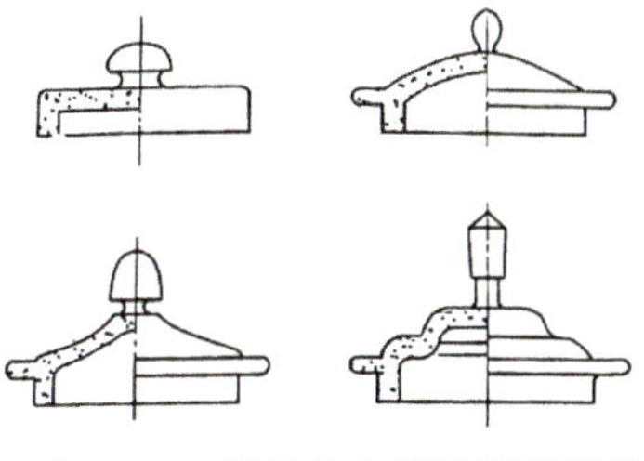

图 4-55 常见陶瓷罐的罐盖结构

10. 陶瓷包装容器的技术要求

陶瓷包装容器不允许渗漏，另外还有吸水率、有害元素溶出量及底部平整度、外观质量等方面的要求。

（1）吸水率。由于材料和表面质地的原因，陶瓷容器都有一定的吸收水分的能力，这种吸水性会使内装物的水分含量降低，有时甚至影响内装物的质量和风味。所以，应对陶瓷包装容器的吸水率加以限制。例如，标准食用青瓷包装容器的吸水率不超过1.0%，普通包装坛（陶器）的吸水率不超过10%。

（2）有害元素的溶出量。为了保证消费者的身体健康，应对陶瓷包装容器有害元素铅、镉的溶出量加以限制。一般要求，容器与食物接触面的有害元素铅、镉的溶出量：瓷类包装容器的铅溶出量不大于3.0mg/L，镉溶出量不大于0.2mg/L；精陶类包装容器的铅溶出量不大于5mg/L，镉溶出量不大于0.5mg/L。

（3）底部平整度。陶瓷容器在平面上放置时，底部必须保证平整稳定。

（4）外观质量。陶瓷产品的外观缺陷类型较多，如斑点、熔洞、釉泡、裂纹、疙瘩（泥渣）、厚釉（薄釉）、缺釉、缺泥、黏渣、烟熏、阴黄、过火等，可根据陶瓷容器的种类、规格大小及成品等级提出限制性要求。例如，一级小型盛装食物的青瓷包装容器，其外观质量的基本要求如下。

底足变形：高度≤2.0 mm。

斑点：直径≤2.5 mm，限4个。

熔洞：直径≤2.0 mm，限2个。

泥渣：直径≤3.0 mm，限3个。

釉泡：直径≤2.0 mm，限3个。

裂纹：长度，阴裂不超过5 mm。

厚（薄）釉：面积>$6mm^2$，明显不许可。

缺釉：面积<$12mm^2$，限2处。

11. 陶瓷包装容器设计步骤

（1）根据内装物的形态、性质、公称容量，进行容器的形体设计，在多个方案中选优，并计算确定陶瓷包装容器所需容积量。

（2）按照形体设计方案，以一定比例（最好是1∶1）绘制图纸，初步给出尺寸，设计外观图案，绘制立体效果图。

（3）按图纸尺寸计算容器的容积量，验证是否满足预定的容量要求。

（4）制作立体石膏模型，从量感、形体感、质感及光影效果等多方面考察陶瓷容器模型件，查找不足，并适当修改。

（5）进行整体审核、评议。

（6）定案后，测绘出实际尺寸数据，绘制正式设计图纸，标出尺寸，送交生产厂制作。

四、塑料包装容器设计

1. 塑料包装容器的类型

塑料包装容器按其结构和形体特征，可分为箱、桶、瓶、罐、盒、软管、袋和发泡制品等类型。

（1）箱类。箱类塑料包装容器，多为正方形、长方形或六方形截面（见图4-56）。

由于容量相对较大，四面箱壁一般都设计有加强筋，箱壁面积过大的还设计开窗，避免加工成型时产生翘曲。口缘也加宽加厚，提高强度。用于酒瓶、饮料瓶周转的塑料箱，箱体较高，箱底底部设计有间隔板，以防止瓶体互相碰撞而破碎。用于食品的周转箱，箱体高度一般较低，也无须设计隔板。箱类塑料包装容器可用于农产品、工业品或工厂半成品的盛装和周转，还可作为展销用容器。

箱类塑料包装容器，主要采用聚丙烯、高密度聚乙烯、ABS 及尼龙等热塑性材料，用注塑或模压加工而成，具有较高的强度、刚度和耐冲击性能。

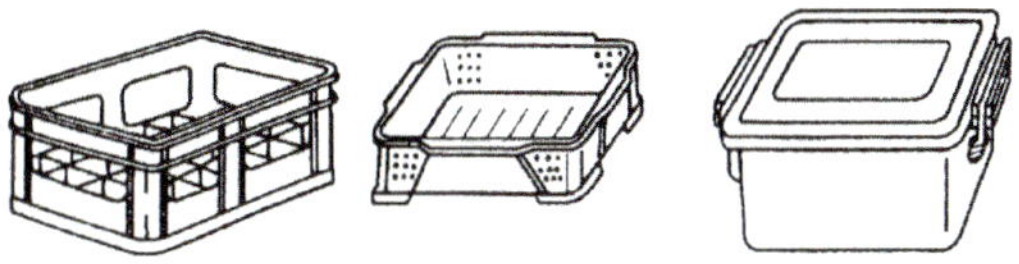

图 4-56　塑料包装箱

（2）桶类。塑料包装桶有圆桶、方桶、扁方桶及提桶等类型（见图 4-57），容器从 1 L ~ 250 L 多种规格，有整体式、安装式和端手式等不同结构形式的提手。塑料桶要根据内装物的物态、性质和容量大小决定倾倒口口径的大小。盛装食品、医药的多采用较大口径的桶口；而盛装液体危险品的塑料桶，则应采用较小口径的桶口。各类塑料桶一般都采用螺纹塑料盖进行封盖。

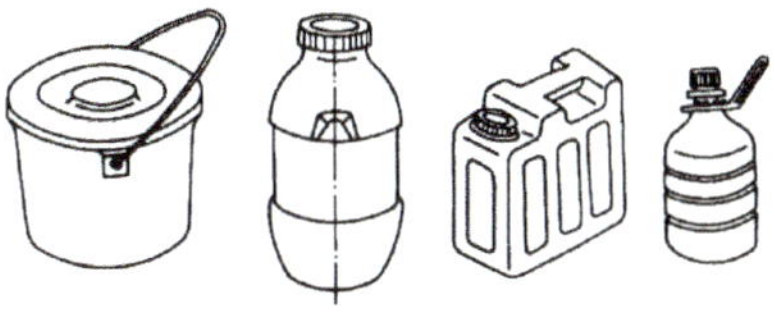

图 4-57　塑料包装桶

桶类塑料包装容器主要用于食品、医药、油脂、化工产品、工业原料及其他有特殊要求的产品包装。采用高密度聚乙烯、乙烯醋酸共聚物、PET 等塑料材料通过挤出吹塑、注塑吹塑、旋转模塑等加工方法制造成型。

（3）瓶、罐类。塑料瓶、罐类容器广泛应用于饮料、化妆品、洗洁用品、文化用品、医药用品和其他液体、膏状产品的包装。塑料瓶、罐的形式多样（见图 4-58）。用于包装高档产品的塑料瓶，如化妆品瓶，比较注重瓶的外观和色彩的选用，追求商品的时代性和新颖性，以提高产品的竞争力。

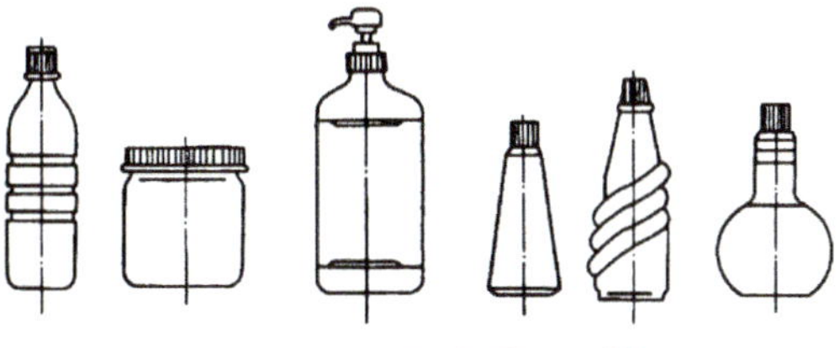

图 4-58　塑料包装瓶、罐

瓶、罐类塑料容器，主要采用聚乙烯、聚丙烯、聚氯乙烯、PET、聚苯乙烯和聚酯等塑料材料，用中空吹塑或注射成型。

（4）杯、碗、盘、罩类。此类塑料容器（见图 4-59），主要用于快餐食品、冰淇淋、调味品、日用品和药品等的一次性包装，多以热塑料片材经热成型加工而成，口部采用塑料扣盖或粘贴复合材料进行封盖。此类包装产品价格低廉，多数有卫生标准要求。

图 4-59　塑料包装杯、碗、盘、罩

（5）盒类。塑料包装盒在儿童小食品、糖果、文化用品、装饰品及礼品等产品包装上应用较多（见图 4-60）。采用聚乙烯、聚苯乙烯、ABS 和脲醛塑料等材料，通过压制、注塑的方法成型。

图 4-60　塑料包装盒

（6）软管。塑料软管用于各种膏状、乳剂产品的包装，如牙膏、药膏、化妆品、广告颜料、油墨等，采用低密度聚乙烯、聚氯乙烯、聚丙烯或复合材料制成，管身挤出成型，管颈、管肩注射成型，然后把两部分熔接在一起形成软管。

（7）发泡制品。发泡制品用于运输包装内衬。其结构形式根据所衬产品的形状、尺寸决定，外形尺寸根据运输包装（箱、盒）的内尺寸确定。

（8）塑料袋。指由塑料薄膜及其复合材料制成的袋形容器，如塑料血袋、塑料自封袋、塑料铝箔复合袋及塑料薄膜复合袋等（见图 4-61）。

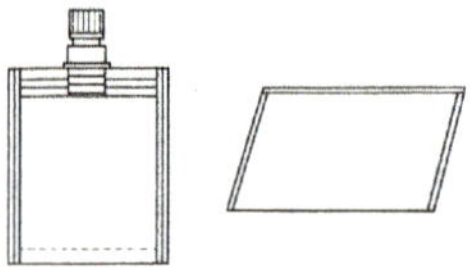

图 4-61　塑料袋

2. 塑料包装容器的加工成型方法

（1）注射成型。注射成型简称注塑，是在塑料注射机（注塑机）上，粉状或颗粒状塑料从料斗进入料筒并被加热熔化，熔融塑化的塑料经螺杆或柱塞的推挤压注进入模具型腔内，并在磨具内冷却成型的加工方法（见图 4-62）。

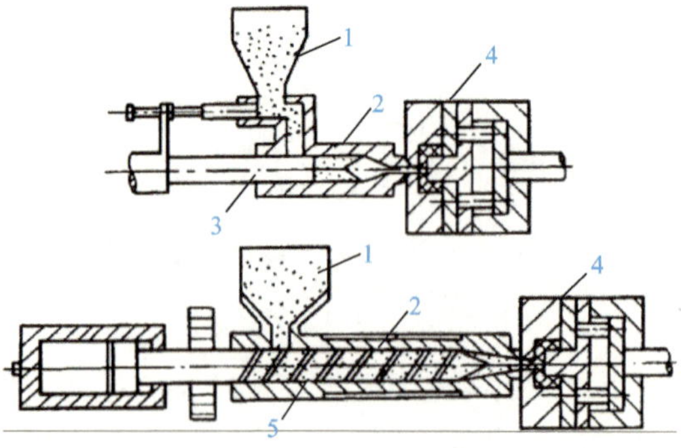

图 4-62　注射成型示意图

1—料斗；2—料筒；3—柱塞；4—模具；5—螺杆

注射成型周期短，效率高，可以实现多功能、全自动生产。适于热塑性和热固性塑料，能成型结构、形状较为复杂的、尺寸精度要求较高并带有嵌件的塑料制件和容器。例如，各类塑料周转箱、提桶、箱、罐、盒、碗、杯、盖、罩及壳类塑料容器或附件。

（2）吹塑成型。吹塑成型简称吹塑，是利用气体的压力，将闭合在模具中的半熔融状态的管状型坯，吹胀成为中空塑料制品的成型方法。吹塑成型适于不同口径、不同容量的瓶、罐类塑料中空容器的成型，是生产率高、质量易于控制的成型方法。

吹塑成型按其型坯制作方法的不同，可分为挤出吹塑、注射吹塑、拉伸吹塑（挤拉吹和注拉吹）和多层吹塑四种类型。

1）挤出吹塑。挤出吹塑是把挤出机挤出的型坯置入成型模具中，并立即向闭合模具吹入压缩空气，使型坯按模具型腔吹胀成中空塑料容器的成型方法（见图 4-63）。

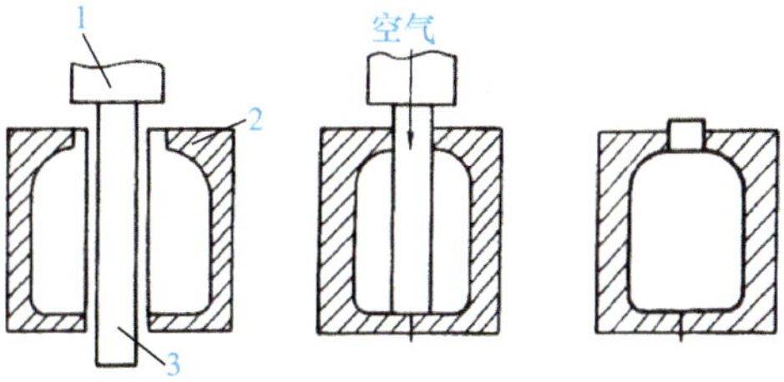

图 4-63　挤出吹塑

1—模具；2—机头；3—型坯

挤出吹塑可以连续挤坯成型，生产效率高，可制作各种形状和尺寸的容器，尤其适合带肩、偏口和容量较大的塑料瓶。

2）注射吹塑。注射吹塑是二步成型方法。首先利用注塑方法制成型坯，然后把注塑的型坯压置入吹塑模具中吹胀成型（见图 4-64）。

注射吹塑可以连续进行，也可以分步进行。制品壁厚均匀，废料较少，适于加工容量小、要求较高的塑料容器。

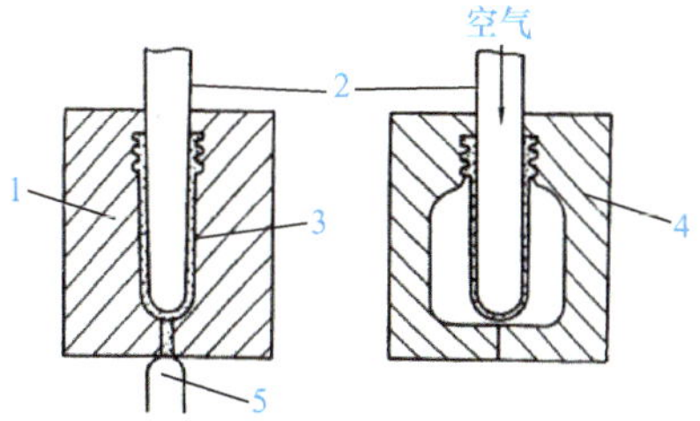

图 4-64　注射吹塑

1—注塑模；2—芯杆；3—型坯；4—吹塑模；5—注射机喷嘴

3）拉伸吹塑。其型坯采用挤出或注射方法制备，然后在特定温度范围内，对型坯实施纵向机械拉伸和横向气胀拉伸，并最终成型。拉伸吹塑可按连续的一步法成型，也可以按分阶段的两步法成型。一步法成型，是在挤出机或注塑机上将型坯一次性完成塑化、成坯、拉伸、吹塑、冷却成型，在挤出机上完成的称挤拉吹，在注塑机上完成的称注拉吹。这种成型方法比较高效，是现代企业广为采用的方法，但设备投资较高。两步法的成型，型坯是在完全冷却后，在吹塑之前需重新加热再成型。这种成型方法设备投资小，简单实用，在我国中小企业中广为采用。

拉伸吹塑获得的双轴向取向的容器，抗冲击强度高，刚性、气体阻隔性和透明性都得到相应的改善。目前市场上广泛使用的 PET 瓶，大多数是注射型坯经拉伸吹塑、注射吹塑生产的。

4）多层吹塑。多层吹塑亦称复合吹塑，是把多层复合型坯经吹塑成型为多层容器的成型方法。多层吹塑是为了利用各层塑料不同性能的互配，制得具有高性能要求的塑料容器，克服某些单层塑料的缺点，也可以避免为满足性能要求而采用价格较高的塑料材料。

吹塑成型的基本工艺条件，对不同的塑料材料、不同的吹塑形式而有所不同。

挤出吹塑：型坯温度涉及因素较多，需实验确定；吹塑压力 0.2 ～ 1MPa；模具温度 20℃～ 50℃；吹胀比 2 ～ 4。

注射吹塑：型坯注射压力 10 ～ 40MPa；型坯温度 65℃～ 135℃；吹塑压力 0.7 ～ 1.2MPa；吹塑模具温度 20 ～ 60℃；吹胀比 2 ～ 3。

拉伸吹塑：不同塑料拉伸吹塑型坯温度是不同的，如 PET 在 90℃～ 110℃范围内；空气压力，挤拉吹塑不小于 0.2MPa，注拉吹塑一般调控在 1.37 ～ 1.47MPa 之内。

（3）热成型。使用的材料是塑料片材或薄膜，经加热软化，在模具中制成所需形状的容器。热成型所用设备简单，工艺易于掌握，适用范围广，制品价格相对较低，是一种常用的塑料成型方法。

热成型按成型模具的形状，可分为阳模成型和阴模成型。按成型时塑料片材所受外力形式的不同，热成型又可分为真空成型、压力成型、合模成型和组合成型等。

1）真空成型。是将受热塑料片材，用夹持框架压紧在模具上，然后把塑料片材和模具之间抽成真空，使受热塑料片材在大气压的作用下（实际上是内、外压差）紧贴于模具表面而成型（见图 4-65），冷却后经冲切边角条料成为合格容器。真空成型可以是阴模成型，也可以是阳模成型，适于小批量生产。

真空成型的设备、模具简单，投资比较少，但制品壁厚不均匀。

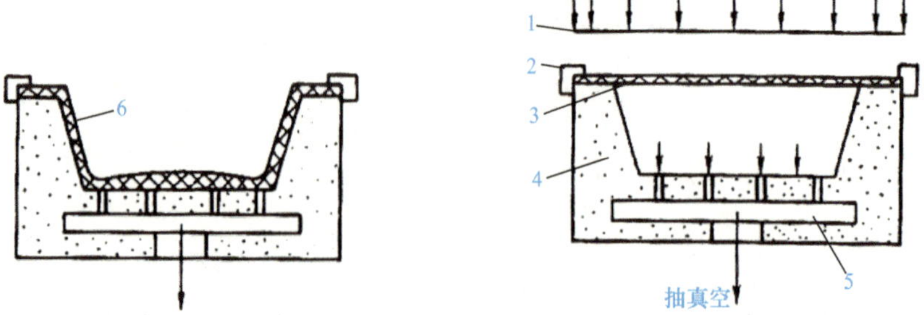

图 4-65　真空成型

2）压力成型。是通过施加压缩空气的方法，形成受热塑料片的两面压差，并使其紧贴在模具表面的成型方法。由于采取较高压力的压缩空气，所以能成型较厚的、流动性较差的塑料片材，且轮廓、局部结构质量更高。

在实际应用中，压力成型结合真空成型，即在对受热塑料片材施加压缩空气的同时，又把模腔内抽成真空，使两面压差加大，进一步提高成型的速率和质量（见图 4-66）。

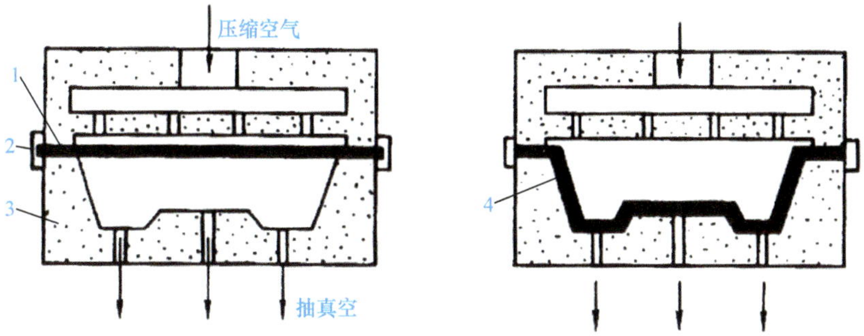

图 4-66　压力成型

1—受热塑料片材；2—夹持框架；3—模具；4—制件

3）合模成型。合模成型是将受热软化的塑料片材放置在阳模（凸模）、阴模（凹模）之中，通过合模冲压而成型的方法（见图 4-67）。

对模成型尺寸稳定，可加工结构较为复杂及表面有文字、图形的容器或制品。

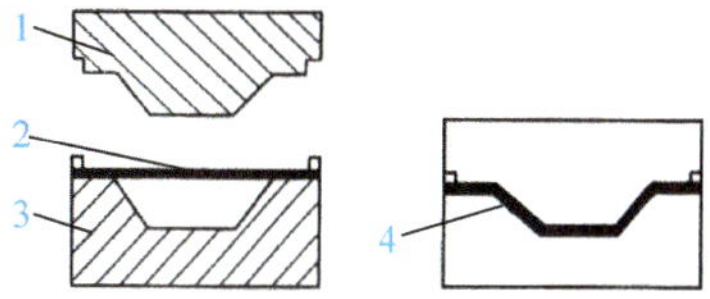

图 4-67　合模成型

1—阳模；2—阴模；3—受热塑料片材；4—制件

4）组合成型。凸模助压真空成型如图 4-68 所示。凸模 1 下降将受热塑料片材压入成型模 3 中，实现预成型，然后利用抽真空使预成型件紧贴在成型模壁上而最终成型。

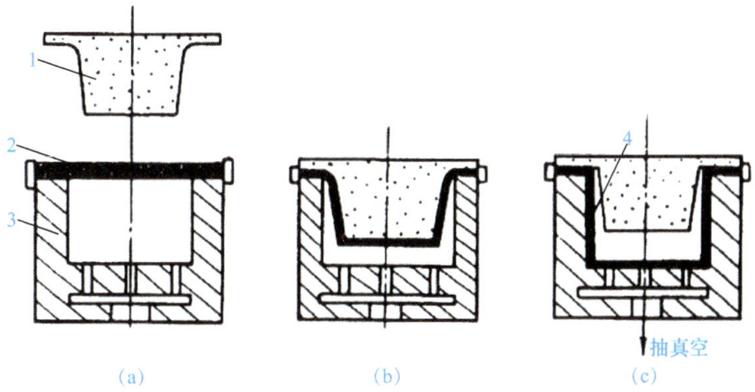

图 4-678　凸模助压真空成型

1—凸模；2—受热塑料片材；3—成型模；4—制件

气胀真空成型如图 4-69 所示。压缩空气首先将受热塑料片材向上吹胀成泡型，当预拉伸到一定程度，使吹入压缩空气变为抽真空，将预变形的塑料片材吸进成型模 3 中，随之由凸模 1 配合助压，并最终冷却成型为制件 4。

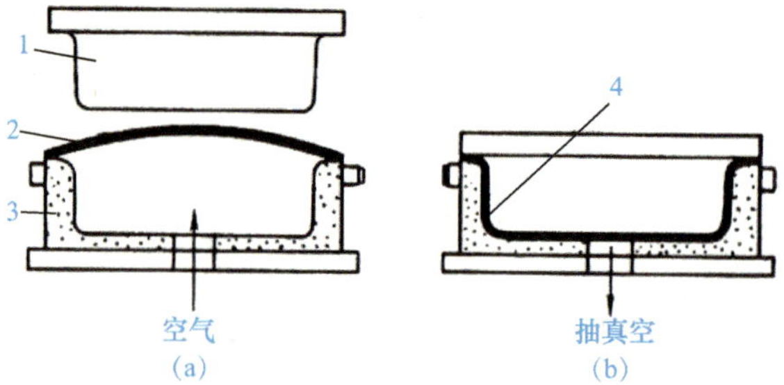

图 4-69　气胀真空成型

1—凸模；2—受热塑料片材；3—成型模；4—制件

双片中空制品热成型其成型过程如图 4-70 所示。首先把受热塑料片材 1 在成型模下模 2 中实施真空成型，然后把受热塑料片材 4 于成型模上模 3 中实施真空成型，同时上、下模合模压焊周边，经冷却后中空制品成型。

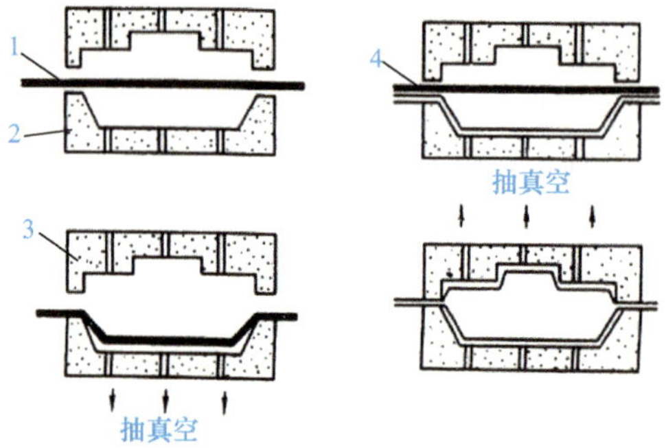

图 4-70　双片中空制品热成型

1—受热塑料片材；2—下膜；3—上膜；4—受热塑料片材

另一种方法是把两张塑料片材同时置于上、下模中间，塑料片材之间插一吹管，受热后上、下合模压焊周边，并将密闭型腔抽取真空，吹管通入压缩空气，两张塑料片材在吹胀和真空吸引的双重作用下，成型为中空容器或制品（见图 4-71）。

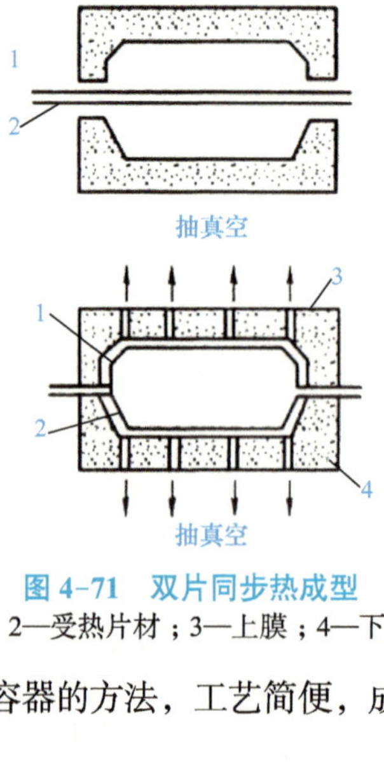

图 4-71　双片同步热成型

1、2—受热片材；3—上膜；4—下膜

采用双片直接热成型中空容器的方法，工艺简便，成本较低。

5）热成型工艺条件。常用热塑性塑料片材的热成型工艺条件及线膨胀系数。其一般工艺过程是下料（片材切割）—片材上模固定—成型—冷却—脱模—切边—成品。

（4）滚塑成型。亦称旋转成型，成型时，使模具绕两个互相垂直的轴旋转，装在模具内的塑料粉料（或液态、溶胶态）受热并在模腔壁上熔结覆盖，然后经冷却成型。由于模具同时绕两个互相垂直的轴旋转，模腔内任何一点均有机会处于最低点，受到熔融塑料的覆盖，使得成型的塑料容器壁厚基本是均匀的。滚塑比较适于大型工业容器的成型，如成型几十立方米的大型储料罐。

（5）预发泡珠粒的模塑成型。主要用于聚苯乙烯发泡模塑制品，这种模塑制品，广泛用作包装缓冲防震和隔热。预发泡珠粒的模塑过程，一般是将含有发泡剂的 EPS 加热到一定温度（80℃以上），使发泡剂气化并引发珠粒预发泡，再经一定时间的室温热化，消除预发泡珠粒中的局部真空，达到局部平衡。成型时，将熟化的 EPS 珠粒置于模具中，经蒸气加热使其进一步膨胀，胀满珠粒间的缝隙，凝结成发泡制品整体，经冷却后最终成型。

不同的成型方法，都有其相适宜的塑料，应根据塑料成型的容器类型予以选用。

3．塑料容器的局部结构设计

（1）容器底面。塑料容器的底面作为支承面，要求平稳、有足够的强度。由于底面积较大，常伴有一定程度的翘曲变形，所以不能把整个底面作为支承面。塑料容器底面应按三点支承原理，力求减少支承接触面，提高平稳性。常见支承面结构如图 4-72 所示。

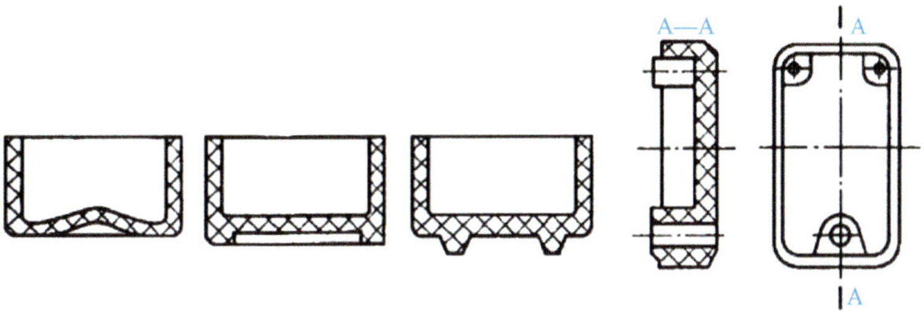

图 4-72　常见支承面结构

如图 4-73 所示为常见波形、棱锥形塑料箱底结构，不仅有良好的支承面，还可起到防止变形、提高强度的作用。

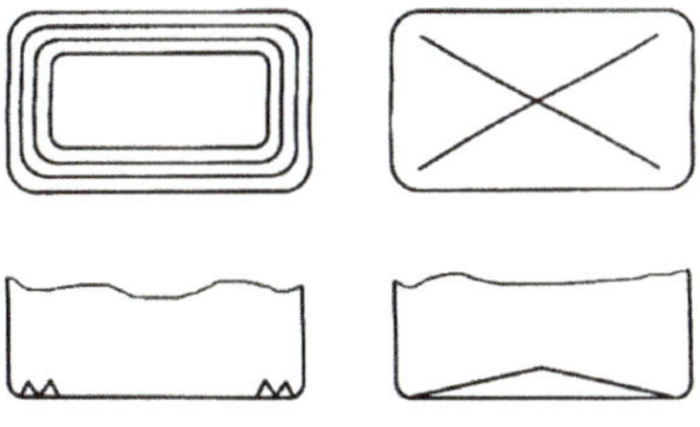

图 4-73　箱底增强设计

（2）圆角。圆角是指塑料容器上相交平面的交线部位采用圆角过渡的结构，此设计能消除交构锐角引发的应力集中。圆角过渡结构能减少充模阻力，使熔料易于流动和成型。同时，模具成型件的相应圆角结构，可避免因淬火形成开裂，延长模具的使用寿命。

由相关实验可知，圆角过渡结构的应力状况，当塑料容器壁厚为 t，过渡圆角结构的半径为 R，其比值 $R/t > 0.4$ 时，其应力基本处于最低状态。

所以，选 $R/t \geqslant 0.5$ 即可达到减小应力集中的目的。

见图 4-74 所示，内圆角半径 $r = 0.5t$，外圆角半径 $R = 1.5t$，是圆角过渡的优选值。在实际设计中，塑料容器的圆角半径一般不小于 0.5mm。脆性较大的材料，如 PS、PMMA 等的圆角半径，一般不小于 1.0 ~ 1.5 mm。圆角半径取得过大，除能提高充模速率外并无其他意义。

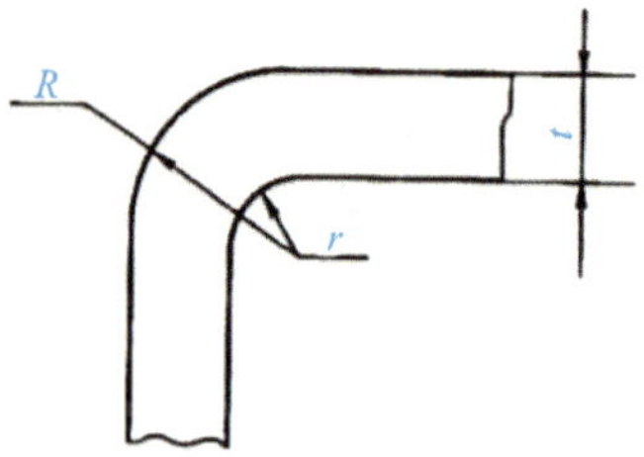

图 4-74 圆角过渡结构

（3）侧凸、侧凹。侧凸、侧凹是指垂直于脱模方向上，塑料制品凸出或凹进表面的部分（见图 4-75）。

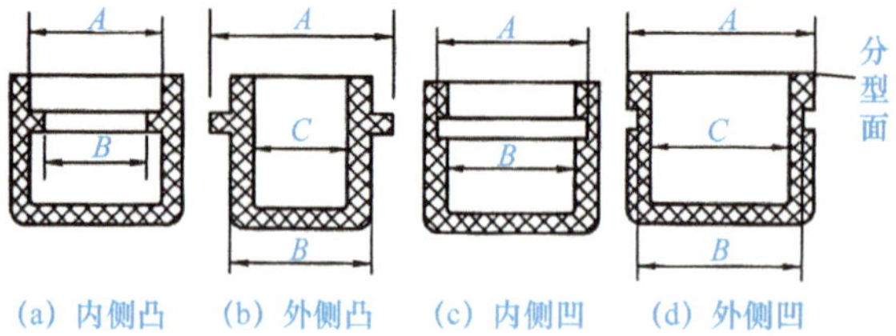

图 4-75 侧凸、侧凹的结构形式

带有侧凸、侧凹结构的塑料成型件，如果不能采用强制脱模，就必须采用对开式型腔、胀缩式型芯或凸模，使模具结构变得相当复杂。因此在塑料容器设计时，尽量不采用侧凸、侧凹结构，而应采用强制脱模的侧凸、侧凹设计。

另外，侧凸、侧凹的两侧，有一定的倾斜角或圆弧过渡（见图 4-76），用以减少强制脱模时的阻抗力。

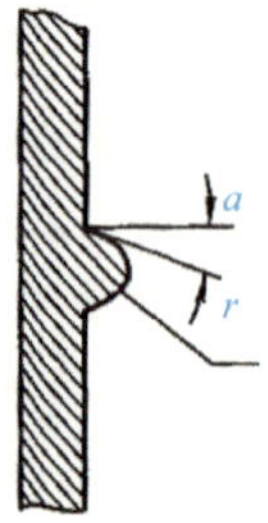

图 4-76 侧凸、侧凹结构

（4）螺纹。塑料容器的螺纹，一般分为标准螺纹、梯形螺纹、圆弧形螺纹和锯齿形螺纹，是采用模塑成型或模塑后再经加工而成。

1）模塑成型的方法。用螺纹型芯成型塑料制品的阴螺纹，螺纹型环成型塑料制品的阳螺纹，可以用旋转或模具机退芯或脱环，若是弹性塑料也可采用强制脱模（见图 4-77）。

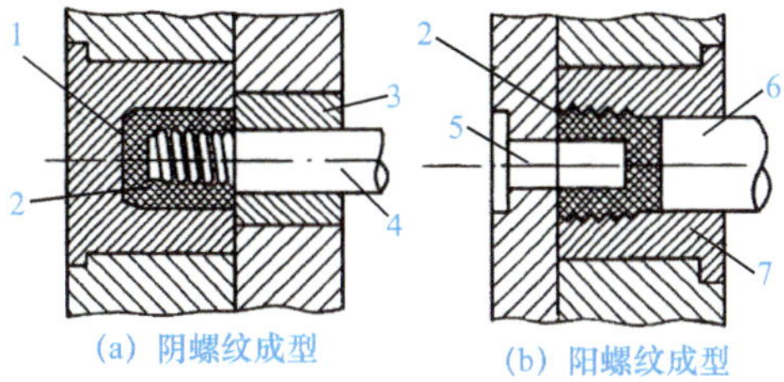

图 4-77 螺纹模塑成型

1—型腔；2—制品；3—卸件板；4—螺纹型芯；5—型芯；6—推杆；7—螺纹型环

用瓣合模具成型塑料制品的阳螺纹，在模瓣结合面的缝隙处易产生飞边，且螺纹飞边难以去除。

2）螺纹尺寸及工艺要求。塑料制品螺纹的牙扣强度较差，成型较困难，螺纹孔存在熔合线强度弱区。同时，塑料螺纹连接、紧固会产生应力松弛，是密封容器的不可靠因素。另外，还有螺纹成型用型芯和型环的制造要求等。以上这些都是塑料容器或制品的螺纹设计需要考虑的问题。

螺纹设计应遵循以下几个方面的要求：①模塑螺纹的精度较低，内螺纹因型芯较易加工，其精度比外螺纹可高 1 级；②为便于螺纹型环的加工，外螺纹直径应不小于 4mm，内螺纹直径不小于 2mm，螺纹配合长度应小于或等于螺纹直径的 1.5 倍，一般不超过 12mm；③为便于螺纹牙扣的熔料充填、脱模和较好旋合，螺纹的螺距应≥ 0.75mm，螺纹中径应有 0.1 ～ 0.4mm 配合间隙；④螺纹的顶部和根部应有一段光圆柱面，顶部光圆柱面的直径 d 应小于螺纹内径，根部光圆柱面 D_0、d_0 应大于螺纹外径，光圆柱面的长度一般不小于 0.5mm。这样便于脱出螺纹型芯和型环（见图 4-78）；⑤塑料螺纹的第一圈易碰坏，应留有退刀尺寸。

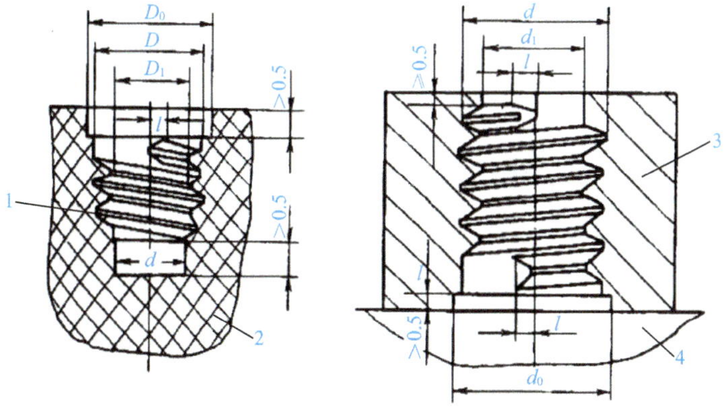

图 4-78 模塑螺纹的正确结构和尺寸

1—螺纹型芯；2—制品；3—螺纹型环

（5）嵌件。在塑料容器或制品的成型过程中，把金属或非金属的零件嵌入其中，在塑料冷却后得以固定，并成为整体的一部件，被嵌入的零件称为嵌件，通过嵌件可增加功能或起装饰作用。

1）嵌件的定位形式。塑料容器的常见嵌件为轴类或套类零件。轴类嵌件，包括光轴和螺纹轴，结构上都分两部分，一部分是露在塑料外面的功能部分，另一部分则是嵌入塑料内部的固定部分。功能部分，在模具中被用以嵌件的定位，与模具形成配合；而嵌入部分则要暴露在型腔中，与熔料一起成型冷却，形成固定结构。

套类嵌件，包括光套和螺纹套，由于要整体嵌入塑料制件中，常采用光轴、螺纹轴或套端凸台，与模具配合定位。

图 4-79 为轴类嵌件的基本定位形式。其中图 4-79（a）利用嵌件 1 的光轴直接与模具 3 配合定位，成型后嵌件光轴从模具 3 中脱出；图 4-79（b）螺纹轴嵌件与螺纹套 4 旋合，利用螺纹套 4 与模具 3 配合定位，成型后螺纹轴与螺纹套一起从模具 3 脱出，然后再旋下螺纹套 4。

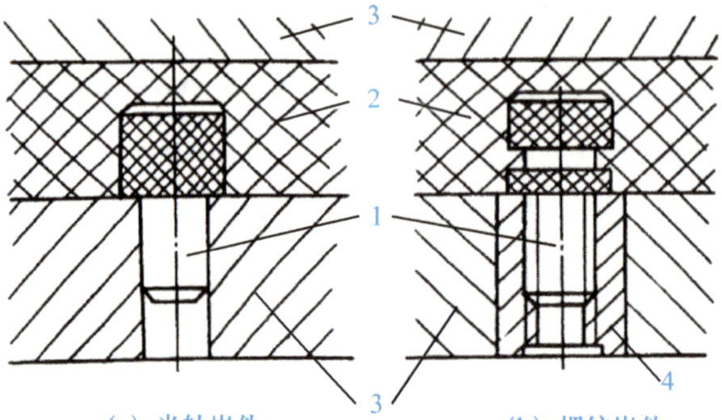

(a) 光轴嵌件　　(b) 螺纹嵌件

图 4-79　轴类嵌件的基本定位形式

1—嵌件；2—塑料制件；3—模具；4—螺纹套

图 4-80 为套类嵌件的基本定位形式。其中图 4-80（a）通过定位轴 2 与模具 4 配合，支撑、定位嵌件 1，成型后定位轴 2 从嵌件 1 中脱出。图 4-80（b）的定位轴 2 与嵌件 1 旋合，与模具 4 配合，成型后定位轴 2 从模具 4 中脱出，然后再从嵌件 1 中旋出。

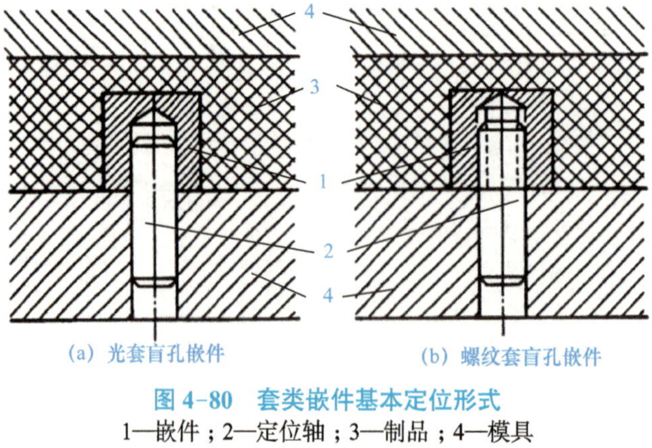

(a) 光套盲孔嵌件　　(b) 螺纹套盲孔嵌件

图 4-80　套类嵌件基本定位形式

1—嵌件；2—定位轴；3—制品；4—模具

若嵌件结构允许，可设计凸台与模具配合，来实现对嵌件的支撑和定位（见图

4-81）。片类嵌件，其定位设计如图 4-82 所示。

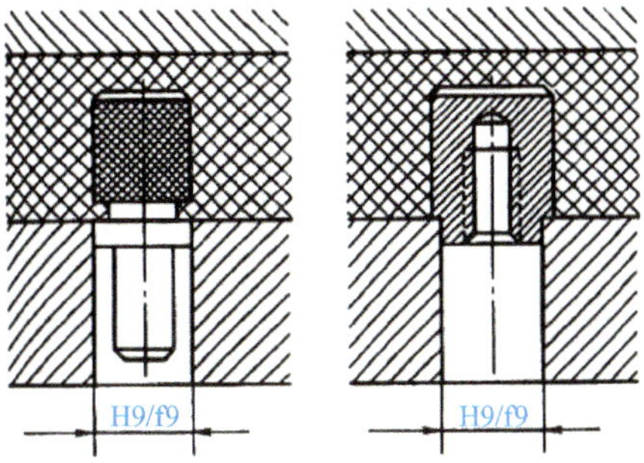

图 4-81　嵌件凸台定位

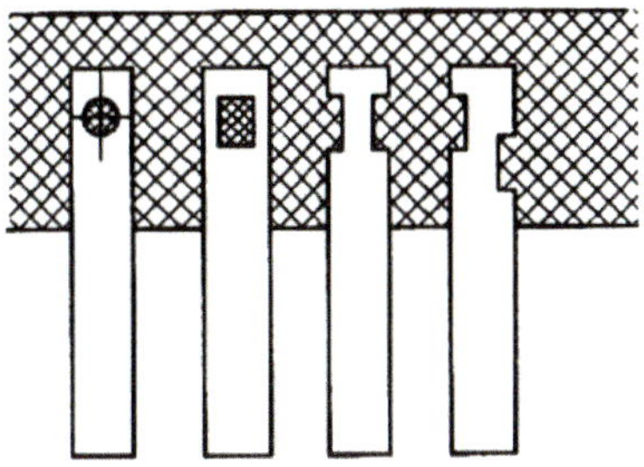

图 4-82　片类嵌件定位

2）嵌件相关尺寸与工艺要求。

①嵌件与容器本体的结合应有足够的强度，成型后或使用时不可松动、拔出和旋转。常用方法是在嵌件嵌入表面滚花［见图 4-77（a）、开环形凹槽（见图 4-77（b）］，也可打孔或开窗等（见图 4-80）；②嵌件的嵌入部分，以圆形或对称截面形状为宜，保证收缩均匀；③嵌件嵌入部分的端面应与模具型腔面结合，防止溢料黏附在嵌件伸出部分或孔内；④金属嵌件周围塑料层的厚度，应符合有关规定；⑤较大嵌件在嵌入前应预热，防止因温差大而收缩不均匀、不一致；⑥嵌件与塑料容器壁的距离不能过小，以保证模具有一定强度（见图 4-83）；⑦嵌件在模具中定位方便、可靠，在高压熔料冲击下不变形。

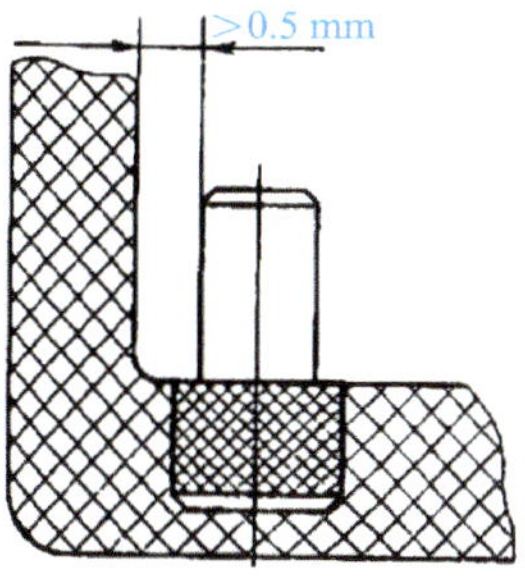

图 4-83　嵌件与制品侧壁的距离

（6）铰链。铰链是将制品两部分连接在一起，并可使制品绕连接轴线相对转动的结构。塑料容器常用的塑料铰链有两种类型：一种是将制品的两部分分别模塑销轴和销孔，利用销轴在销孔中的自由转动形成铰链；另一种是连体式铰链，连体式铰链通常是与被连接制品一起模塑成型，主要材料为聚丙烯、聚乙烯和 PET 等弹性体。聚丙烯有优良的抗弯疲劳能力，在失效前可折弯几十万次。连体式铰链应用很广泛，如化妆品的瓶盖等。

1）铰链设计的力学条件。图 4-84 为弹性塑料连体铰链。铰链厚度为 $2t$，L 是折弯后的中性层长度，s 为折弯里侧的槽深，两端侧圆角过渡。当发生 180° 折弯后（见图 4-84（b）），中性层 L 不变，外侧受到拉伸应力并产生应变后的长度为 L_0，里侧受到压缩。在弹性弯曲范围内，外层因弯曲产生的拉伸应力应小于材料的屈服应力 σy。

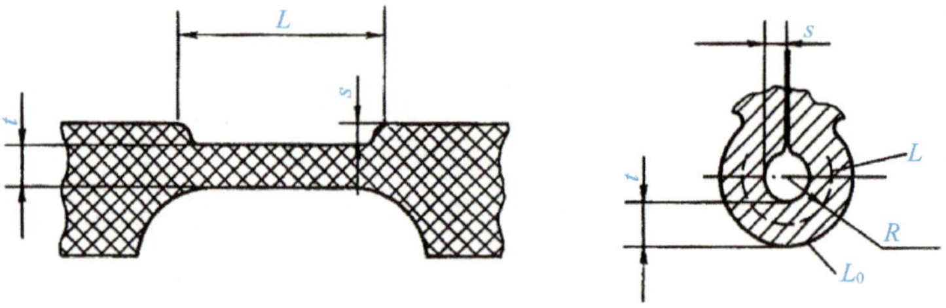

(a) 弯折前　　(b) 弯折后

图 4-84　弹性塑料连体铰链弯折几何参数

2）铰链的结构尺寸与加工。塑料铰链的常见结构如图 4-85 所示。铰链厚度（中部）为 0.25 ～ 0.4 mm，长度一般为 1.5 ～ 2.5 mm，对折不能过长，过长的薄壁通道会使熔体的压力损失增大，另一侧成型困难。

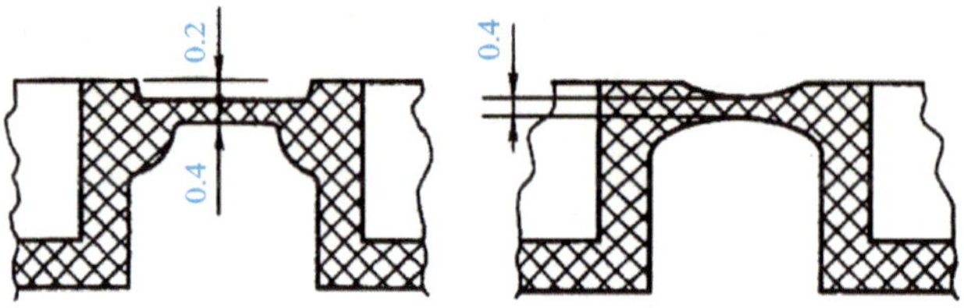

图 4-85　塑料铰链的常见结构

铰链的结构尺寸可通过公式计算确定，也可按上述范围取值，再按公式进行必要的校核。

模具浇注系统的设置，必须使熔体沿铰链方向从一侧流向另一侧，让聚合物分子链流经铰链而高度取向，不宜从两端相向流汇而形成熔合线。

塑料容器脱模后，应趁热将铰链反复弯曲数次。反复弯曲可使铰链长度延伸 1 ～ 2 倍，厚度从 0.25 ～ 0.38mm 拉薄到 0.13mm 左右，使聚合物分子取向强化，可进一步提高铰链的疲劳强度和拉伸强度。同样目的，也可对铰链进行冲压再加工。

（7）图案、文字、花纹。

1）图案、文字。为了装饰、宣传和标识，塑料容器表面常常设计相关图案和文字，如标志、装饰图案、指示性符号和文字、字母说明等。这些图案、文字可以模塑成型为凸型、凹型、凹凸型。

凸型图案。文字高出塑件表面，如图 4-86（a）所示。模塑成型为凹型图案、文字，可用机械仿型铣、刻或挤压的方法加工模具。

凹型图案，文字凹入塑件表面，如图 4-86（b）所示。模塑成型为凸型图案、文字，加工比较困难，可采用冷挤、电火花或电铸方法加工模具。

凹凸型是在凹入塑件表面上形成凸型图案及文字，如图 4-86（c）所示。在模具上可采用镶块的方法，在镶块上加工凹入的图案、文字，使模具加工简便可行。凹凸型式既克服了凹型模具加工困难的缺点，也弥补了凸型图案、文字易磨损的不足。

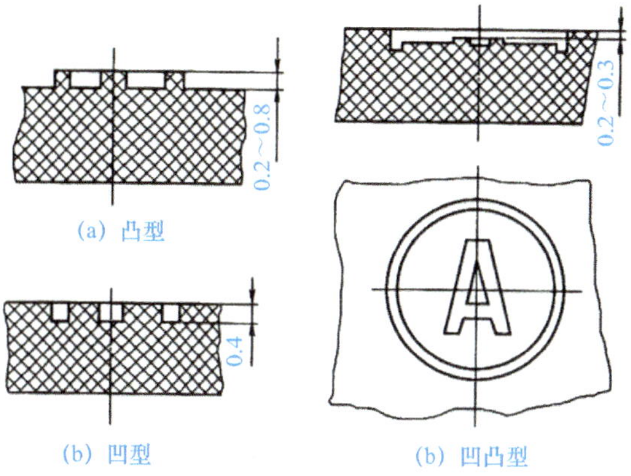

图 4-86　图案、文字形式

图案、文字的设计尺寸：①线型宽度在 0.8mm 左右，最窄不能小于 0.3mm；②凸型图案、文字的高度，线型宽度小的为 0.2 ～ 0.4mm，线型宽度大的为 0.4 ～ 0.8mm；凹型图案、文字的深度一般为 0.4mm；线型过高、过深、线宽过窄，都会使熔料充模难度增加；③线型间的距离应不小于 0.4mm；④脱模斜度为 8° 以上，但不能太大，太大的斜度线型趋于扁平，图案和文字的立体感、清晰感变差；⑤凹凸型的内部凸型图案、文字要比塑件表面低 0.2 ～ 0.3mm，即凹型深度为凸型线型高加上 0.2 ～ 0.3mm，如图 4-86（c）所示。

2）花纹。塑件表面的花纹，是常见于瓶盖、旋钮等表面的凸凹纹结构，起增加摩擦力和装饰的作用。花纹多为线型排列，截面有半圆形、三角形和梯形等形式。设计时应注意以下四点：①凸凹纹的方向应与脱模方向一致；②凸凹纹之间的间距不可过小；③凸凹纹宽度一般不小于 0.3 ～ 0.5mm，高度不超过其宽度；④凸凹纹不影响塑件飞边的去除。

4．吹塑容器设计

吹塑容器的结构设计应满足内装物的容量和防护要求，在生产、灌装和流通过程中的强度、刚度要求，以及在使用上的方便功能等。

（1）容器的外形。吹塑容器的外形，应横向、纵向统一考虑，力求整体造型美，保证必要的强度、刚度，同时要便于脱模。

常见吹塑容器截面有圆形、正方形、长方形、三角形、椭圆形、球形及异型等。

大多数吹塑容器都采用圆形（见图 4-87），圆形壁厚较均匀，冲击强度高，且制模方便，生产率高，但运输时装载空间的利用率低，最多只能达到 75%。方形容器（见图 4-88）支撑面积大，存放稳定，装载空间利用率高，但壁厚偏差较大，易发生鼓胀。椭圆形容器（见图 4-89），优缺点介于圆形容器和方形容器之间，形体美感强，力学性能也较好，多用于化妆品包装。

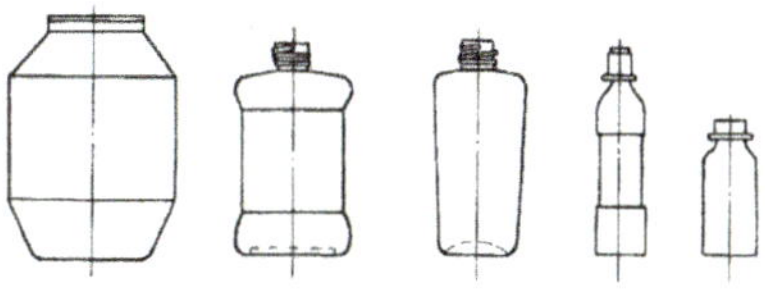

图 4-87　圆形容器

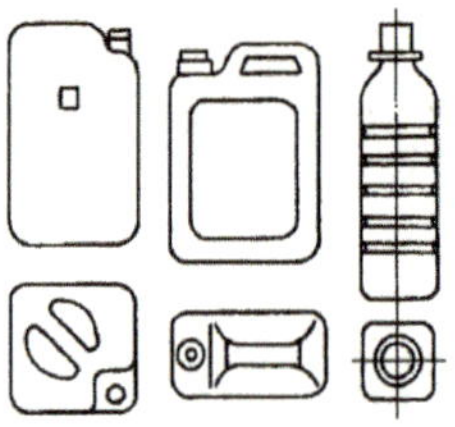

图 4-88　方形容器

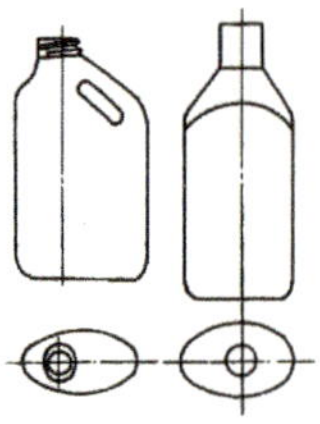

图 4-89　椭圆形容器

（2）容器的壁厚。图 4-90 为挤出吹塑成型的洗发液瓶，瓶子各部位的壁厚差异很大，最大壁厚 4.2t[①]，最小壁厚 0.4t，壁厚比达 10 ： 1。

中空吹塑制品，特别是挤出吹塑制品，其壁厚一般难以达到均匀一致。所以，设计上给出的壁厚要求，一般是指最小壁厚或平均壁厚。

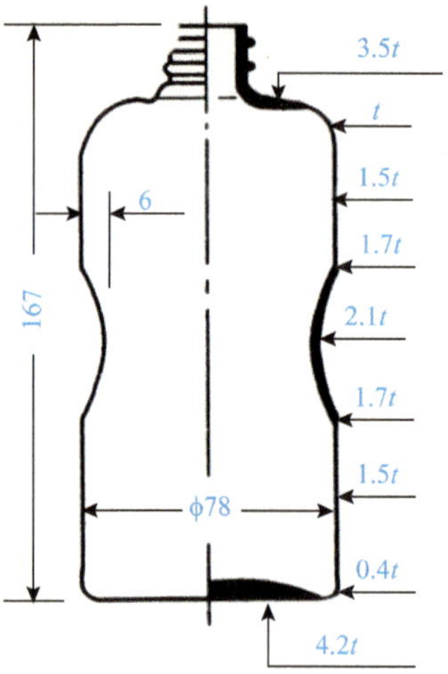

图 4-90　吹塑瓶壁厚嵌件（洗发液瓶）

（3）容器瓶口。

1）螺纹瓶口。吹塑成型容器的螺纹瓶口，其螺纹牙型为梯形或半圆形。不采用三角形的细牙或粗牙螺纹，是为了保证螺纹的成型质量。常用螺纹瓶口结构如图 4-91 所示。为了便于消除合模面产生的飞边，可以设计成间断螺纹。

2）非螺纹瓶口。如图 4-92 所示为容器的几种非螺纹瓶口结构。利用瓶口外圆表面的凸缘弹卡结构，瓶盖可以快速压合，实现瓶口封盖，也可快速掀起而打开瓶盖。对密封和强度要求较高的吹塑容器瓶口，可采用嵌件结构，如 HDPE 瓶口嵌件和金属。

（4）过渡圆角。容器不同面交接的棱边、棱角，如侧壁与底部、侧壁与侧壁、侧壁与顶面、侧壁与把手的交接，都应设计成圆弧过渡结构。三角界面设计成球面过渡，圆弧、球面结构易于成型，力学性能良好。圆弧半径的大小可根据整体造型和强度要求确定。

（5）把手。把手是为了方便提携和倾倒内装液体而设计的。把手分连体和分体两种基本形式，如图 4-93 所示，连体把手是与容器同时成型的整体，有空心和实心两种结构。空心连体把手可用挤出吹塑成型，而实心连体把手则在注射吹塑中与型坯同时注射成型。

① t 为厚度“thick”，并非计量单位，图纸设计中为了标示简便，常用 t 代表单位厚度对各项参数进行标注。

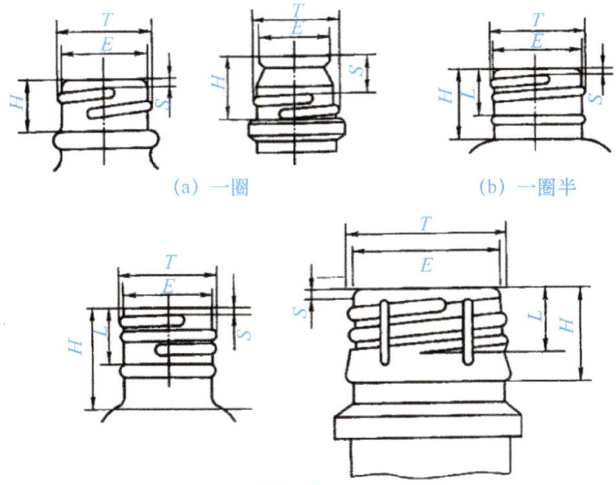

(a) 一圈　　(b) 一圈半

(c) 两圈

图 4-91　常用螺纹瓶口结构

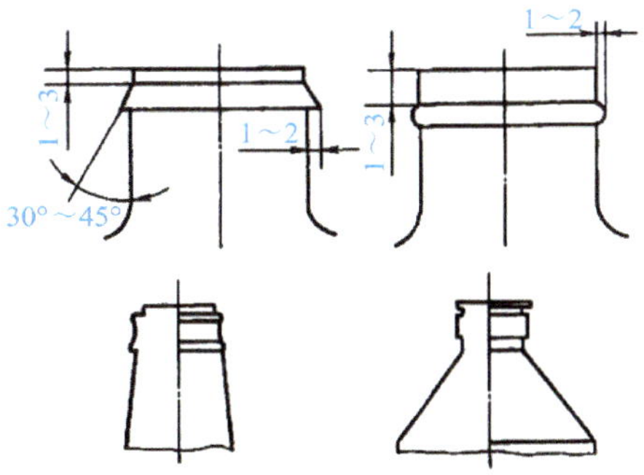

图 4-92　弹性压盖瓶口结构

分体把手与容器是各自独立分别成型的。把手可以是强度较高的塑料件，也可以是金属件。通过嵌镶或弹卡等结构形式与容器连接（见图 4-94）。

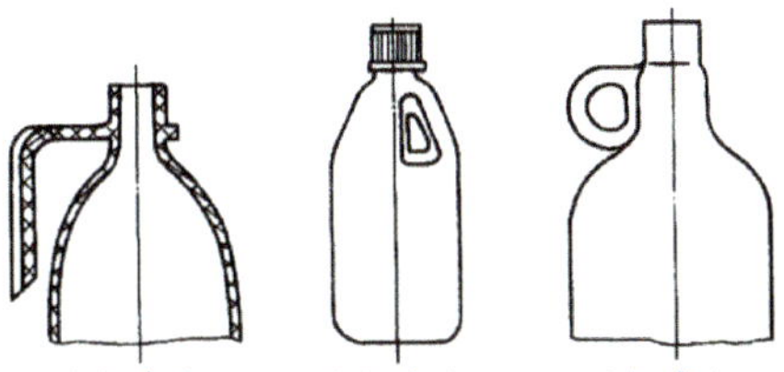

(a) 实心　(b) 空心　(a) 实心

图 4-93　连体把手

图 4-94　分体把手

1—容器；2—把手（嵌件）

（6）瓶肩结构。中空容器所受垂直载荷，除了内装物自垂以外，主要来自内装物料的灌装压力、瓶盖封盖压力及容器堆码时上面各层的压力，要求容器必须有足够的垂直载荷强度及旋合瓶盖所要求的抗扭强度。中空容器的肩部宽度，肩部倾斜角及其过渡圆角 r 是影响垂直载荷强度的主要参数（见图 4-95）。

显然，肩部宽度 b 越大，倾斜角 α 越小，容器垂直载荷强度越差。平肩在同样大的负荷下，易发生凹陷。不同的材料，其肩部结构应有所区别，如用 HDPE 成型吹塑瓶时，当肩部宽度 b 为 13mm 时，倾斜角 α 不应小于 12°；b 为 50mm 时，α 应取 30° 为宜。过渡圆弧半径 r 在不影响形体美的条件下应取较大值，以便改善受力状况，提高容器的垂直载荷强度。

另外，对于瓶口偏置的瓶型（见图 4-96），仍然按宽肩部位取大倾斜角、窄肩部位取小倾斜角的原则设计。

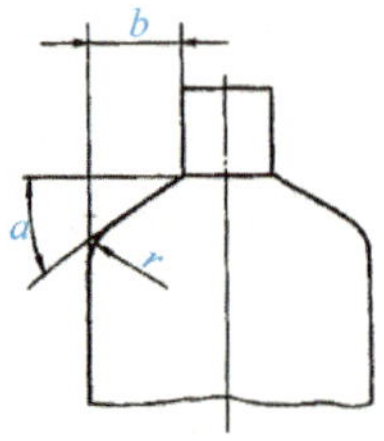

图 4-95　瓶肩结构

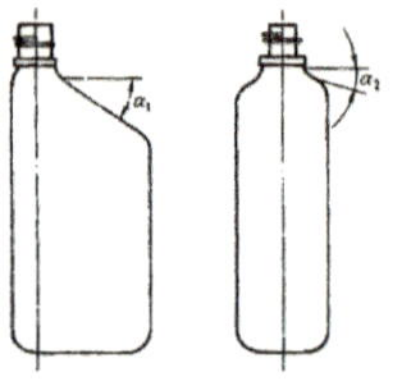

图 4-96　瓶口偏置的瓶肩结构

（7）瓶底结构。吹塑容器底部具有均匀传递垂直载荷、防止因内压而爆裂的设计要求。为此，在实践设计中常采用一些强化瓶底的结构。如瓶根内收，瓶根与瓶底面用大圆角过渡，在保证底部周向有一定支承面宽度的前提下使底面内凹等，这样可以防止角部应力开裂，增强耐冲击的强度。

图 4-97（a）为普通内凹底，一般采用较大的倾斜角 β 和凹面半径 R。很多瓶底的内凹面还设计有中心对称的凸形图案，目的是提高瓶底的承压强度。图 4-97（b）是具有良好耐内压性能的球面底，但需要一个底座黏合在容器的球形底面上，以解决容器的支撑问题。如图 4-97（c）所示的花瓣形瓶底，则是内凹底和球形底的折中结构，它不需要另外加装底座。

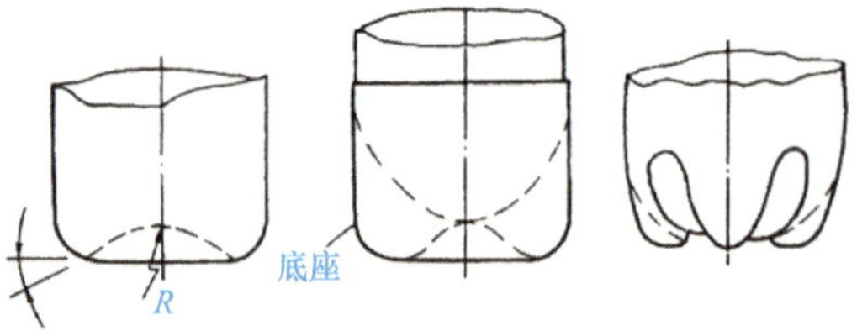

（a）内凹底　（b）球面底　（c）花瓣底

图 4-97　吹塑容器瓶底常见结构

五、容器封盖设计

1. 冠形瓶盖

冠形瓶盖亦称王冠盖，是一种盖裙带有 21 ～ 24 个波褶的浅型金属盖。与冠形瓶口相配，盖底带有软木、塑料或溶胶内衬。封盖时，盖裙与瓶口封锁环啮合密封，开启需用专用启盖器（俗称启子）开启。适于盖通密封、压力密封和真空密封，广泛应用于白酒、啤酒、调味品和饮料的包装瓶。冠形瓶盖采用镀锡薄钢板和镀铬薄钢板冲制。通用的标准冠形瓶盖结构如图 4-98 所示。

标准冠形瓶盖的耐压指标，合格品≥ 800kPa，优质品≥ 1000kPa。用于啤酒、汽水等饮料的冠形盖，其内衬应无毒、无异味，平整均匀，另外还应有耐高温的要求，以适应高温灭菌的工艺过程。如用于封盖瓶装蛋白饮料的冠形瓶盖，在 121℃高温灭菌条件下，其内衬必须不变形、不起翘，保持原有的密封性能。

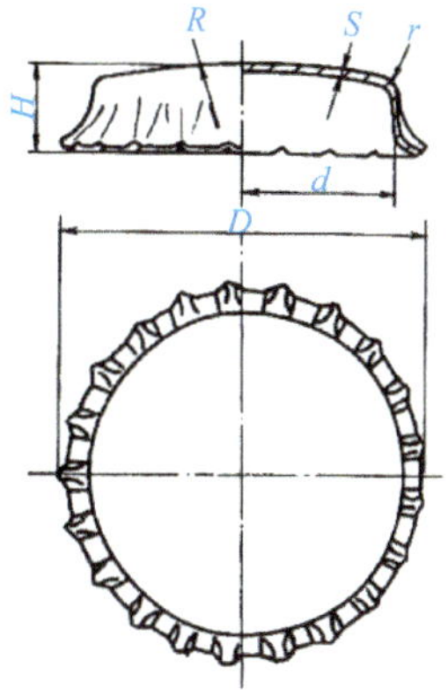

图 4-98 标准冠形瓶盖结构

2. 快旋盖

快旋盖亦称凸耳盖，如图 4-99 所示，盖裙下缘内卷，并形成向里凹的、沿周向等距离分布的耳状凸台。凸台个数按瓶盖直径的大小确定，并与瓶口螺纹头数对等，一般为 2 个、3 个、4 个或 6 个。

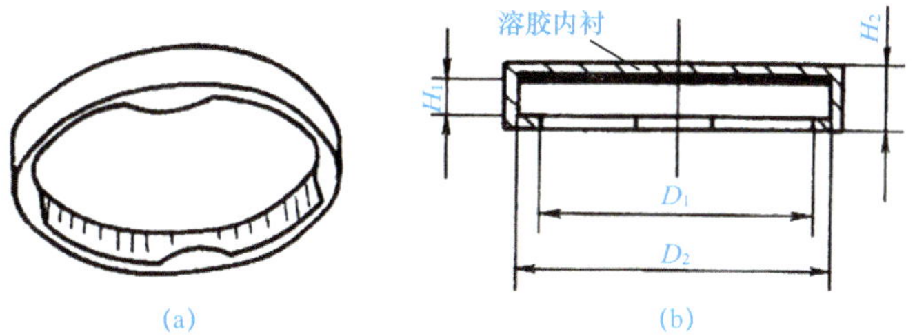

图 4-99 凸耳盖结构

快旋盖采用马口铁、薄钢板或硬塑料制作。凸耳与瓶口间断，外螺纹啮合，旋转一个较小角度就可将盖旋紧或打开。

快旋盖底部注有塑料溶胶内衬，借助凸耳盖的旋合压力与瓶口平面的紧密接触，实现密封。金属快旋盖适用于普通密封和真空密封，可封盖酱类、汁类、粉末状和颗粒状的食品或其他内装物。

快旋盖主要结构尺寸如图 4-99（b）所示，与图 4-100 所示的瓶口间断螺纹是螺纹啮合关系，快旋盖尺寸 D_1、D_2、$H1$ 或 H_2 可根据瓶口间断螺纹 d_1、d_2 和 h_1 确定。

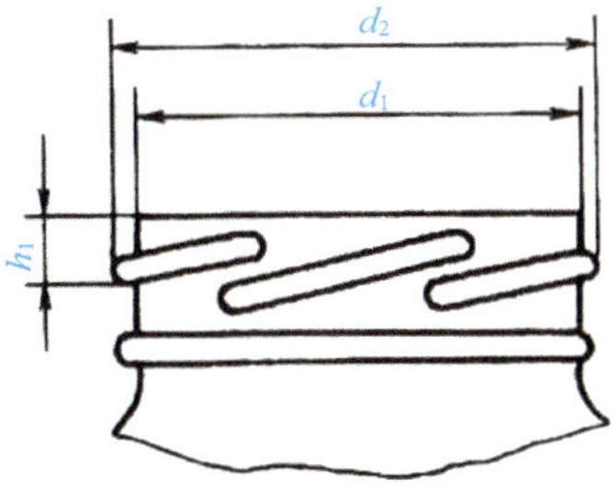

图 4-100 间断螺纹瓶口

3. 螺旋盖

螺旋盖是通过与瓶口螺纹相啮合而实现瓶口密封的。

（1）塑料螺旋盖。塑料螺旋盖一般都设计成内螺纹，模塑成型。由于我国目前尚无塑料制件的螺纹标准，通常塑料瓶盖、瓶口螺纹套用玻璃制品螺纹结构及相关标准。螺纹牙型与瓶口螺纹牙型一致，多采用圆形、锯齿形、梯形。圆形螺纹有利于强制脱模。若采用 60° 三角牙型，应参照粗牙螺纹尺寸，齿顶以平面圆角过渡，并适当加大齿配合间隙。

（2）滚压盖。金属螺旋盖的螺纹为滚压成型，故称滚压盖（见图 4-101）。滚压盖采用延展性好的铝材制成带有内衬的盖坯，然后将盖坯套在带有外螺纹的瓶口上，顶部由上盖机机头顶压住，机头上的压辊在盖裙上滚压出螺纹，形成与瓶口螺纹啮合的封盖结构。

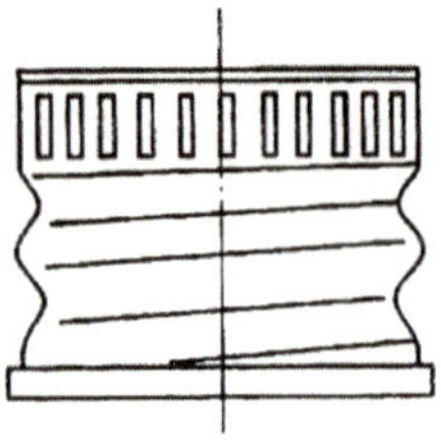

图 4-101　滚压盖

4. 撬开盖

撬开盖，是预先成型的金属盖。当把预先成型的金属盖压扣在玻璃容器瓶口上时，瓶盖的内衬与瓶口顶部及周围紧密接触，实现密封。由于只是摩擦力在起作用，撬开盖在开启后一般不会变形。

5. 连底环密封盖

图 4-102（a）为塑料螺纹盖，盖的内底部有一环状凸缘，封盖后环状凸缘与瓶口内口沿接触密封，省去了内衬，因此也称无衬盖。这种带有连底环状凸缘的螺纹盖可以一次模塑成型，但密封效果稍差，有时与瓶口粘贴密封蜡纸配合密封。

图 4-102（b）为两件组合式带连底环的密封盖结构。连底环密封件 2 的下部为内外环结构，封盖时内环插入瓶口 3 中，外环利用其内侧凸缘与瓶外侧凸缘啮合，并使连底环密封件 2 的内底面和瓶口 3 的口平面紧密接触，实现密封；连底环密封件 2 的上部为外螺纹口，与普通塑料螺纹盖 1 旋合封盖；连底环密封件 2 的中部为一易开封闭薄顶 4，将塑料螺纹盖 1 旋开，钩住拉环 5 稍用力轻拉，便可沿易开线撕开一个倾倒孔，把内装物倾倒出来。这种结构的瓶盖已广泛地应用于食用油等包装瓶上。

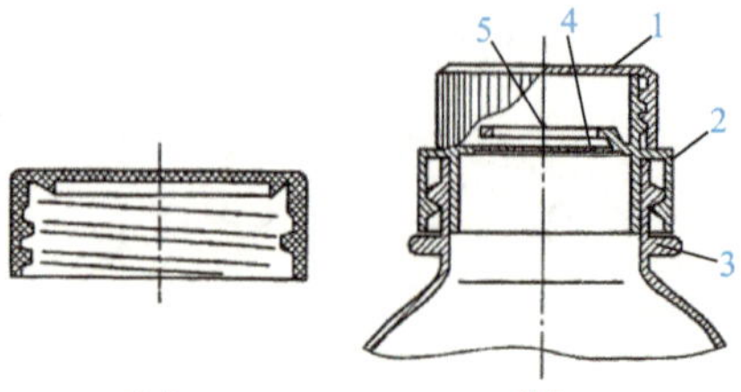

(a)　(b)

图 4-102　连底环密封瓶盖

6. 塞盖

塞盖是利用塞进瓶口部分产生的径向压缩力和摩擦作用实现对瓶口的密封。所用材料多为软木、弹性塑料及橡胶等。

图 4-103（a）所示的软木柱塞常用于高档葡萄酒的密封；图 4-103（b）所示的塑料塞盖，外加薄膜包覆一般用于低档调味品的密封；图 4-103（c）及图 4-103（d）所示的塑料塞盖，一般用于酒瓶的密封，外配铝皮滚压盖；图 4-103（e）所示的丁基橡胶塞盖，要与铝皮卷边外盖配合使用，专用于医用抗生素瓶、输液瓶的密封，设计时可按标准 YY0169.1—1994、YY0169.2—1994 选用。

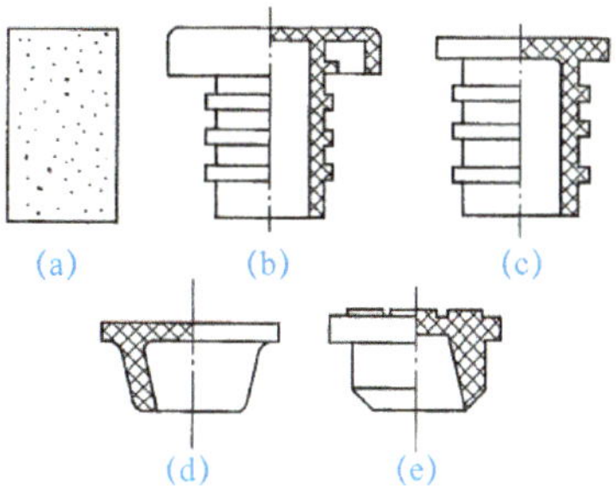

图 4-103　各种型塞盖

7. 防盗盖

防盗盖作为商业安全措施，是在密封盖的结构上增加一种显现或阻止非法开启、盗用内装物的结构，也就是防盗结构。

（1）扭断式防盗盖。

1）铝扭断式防盗盖。是在滚压盖的结构上增加了防盗环结构，一般采用铝板经冲裁、拉伸成型，采用嵌入式内衬、模塑内衬或溶胶内衬。

图 4-104（a）为酒瓶用扭断式铝防盗盖，盖的裙筒较长，可根据需要设计加长裙筒，印刷商标、牌名及装饰图案。用于软饮料瓶口的铝扭断式防盗盖的结构，如图 4-102（b）、（c）所示。

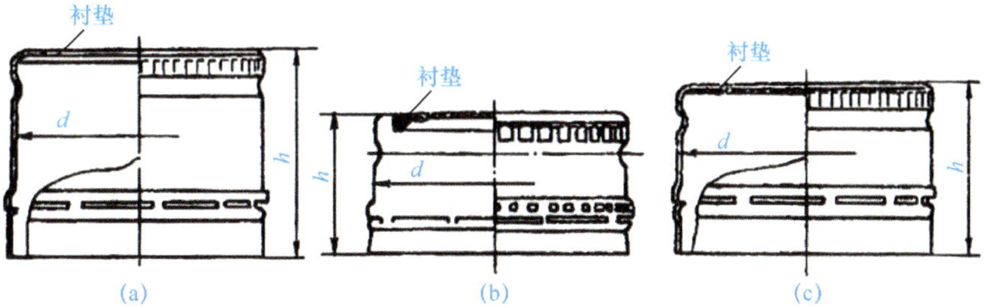

图 4-102　扭断式防盗盖

扭断式防盗盖的封盖形式如图 4-105 所示。封盖时，盖筒套在瓶口上，经滚压螺纹并折卷防盗环 1 的下缘，使其紧箍在瓶口下部的加强环上，实现瓶盖的紧固和瓶口的密封。当旋下瓶盖时，因防盗环下部折卷而卡在瓶口加强环上，不能随旋盖上移，最后只能在扭断线 2 上的连接桥 3 处断开。瓶盖旋下后，防盗环将留在瓶颈上。显然，瓶盖开启后将无法恢复原状。

设计时，防盗环、扭断线的位置、尺寸，应与瓶口下部的加强环相适应。

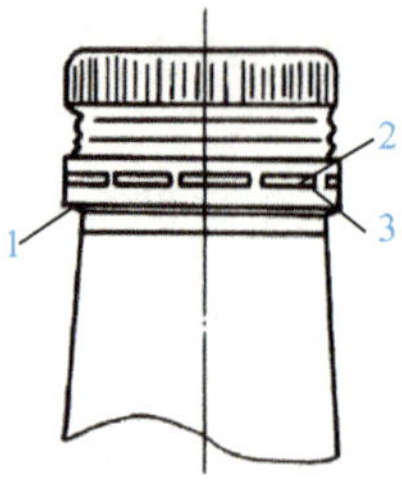

图 4-105　扭断式防盗盖封盖形式

1—防盗环；2—扭断线；3—连接桥

2）塑料扭断式防盗盖。图 4-106（a）和图 4-106（b）所示的两种塑料扭断式防盗盖，都是在普通螺旋盖的下部设计了防盗环。如图 4-106（a）所示结构，当瓶盖 1 在瓶口上按顺时针方向旋紧时，防盗环 2 内侧的棘齿与瓶口下部加强环上的棘齿不发生对卡，瓶盖 1 能顺利旋紧，完成封盖。而当把瓶盖 1 旋开时，瓶盖 1 逆时针旋转，防盗环 2 内侧棘齿与瓶口加强环上的棘齿对卡，瓶盖 1 与防盗环 2 只能沿扭断线 3 把连接桥 4 断开，瓶盖才能旋开，防盗环留在瓶颈上。

图 4-106（c）所示的塑料扭断式防盗盖的结构略有不同。当按逆时针旋开瓶盖 1 时，防盗环 2 下缘朝内且沿周向均布的薄舌片 5 将卡在瓶口加强环底面上，致使防盗环 2 不能随瓶盖 1 旋开上移，瓶盖只能沿扭断线 3 扭断防盗环 2 内侧的连接桥 4，并最终旋开瓶盖，防盗环留在瓶颈上。

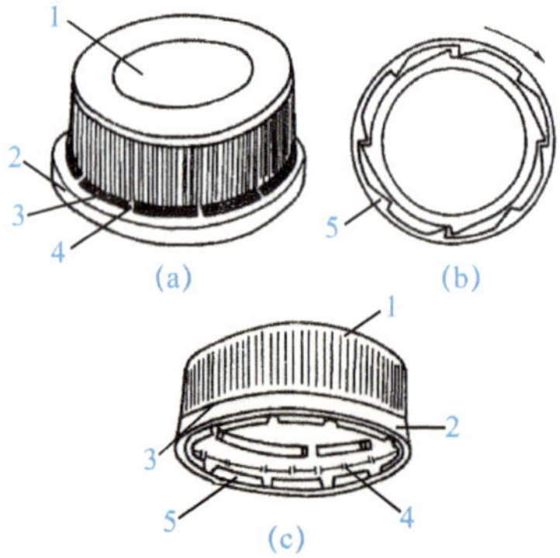

图 4-106　塑料扭断式防盗盖

1—瓶盖；2—防盗环；3—扭断线；4—连接桥；5—舌片

（2）撕拉箍防盗盖。图 4-107 所示为口服液瓶撕拉铝盖，盖内带有衬垫或衬塞。封盖时，铝盖下缘在压力作用下内卷与瓶口凸环下缘卡合。开盖时，捏住舌片轻拉，瓶盖就会沿与切口线吻合的撕拉线撕开，然后才能拿掉瓶盖。这种瓶盖结构开启后不能复原，具有安全及防盗功能。

图 4-108 所示结构是在瓶盖下缘设计锁箍的防盗盖，锁箍与瓶口相应部位的加强环卡合，使瓶盖在纵向的移动受到限制，若需打开瓶盖，只要捏住锁箍外的舌片，撕拉掉锁箍便可。显然，打开的瓶盖不能复原。

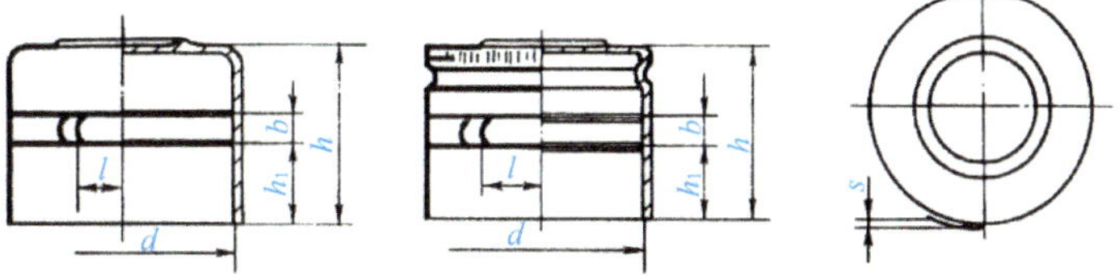

图 4-107　撕拉铝盖

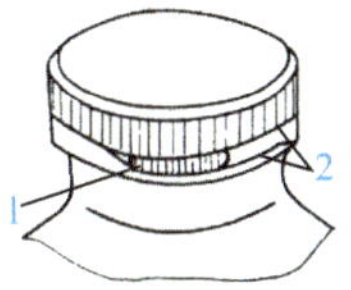

图 4-108　撕拉锁箍防盗盖

1—舌；2—撕拉线

（3）组合式多功能瓶盖。酒瓶，特别是高档酒瓶，因市场竞争激烈，在瓶形、瓶盖的设计上发生了很大变化，更加追求整体造型美，追求瓶盖的功能性及装饰性。图4-109 为四件组合式多功能瓶盖，通过各构件的连接、配合设计，实现了瓶盖的防盗、控制、方便、宣传和装饰等多方面的功能。此种瓶盖的各构件均为塑料制件，其主要结构特征和相互关系如下。

1）外盖 1。是一个筒形塑件。其下口内缘环凸卡在内套 4 端口下面，顶面 *a* 处（见图 4-107）设计有直径稍大于倾倒口的易开小圆盖，受到一定的顶压便可顶开，与旋动倾倒口 2 接触的侧壁内表面有多道纵向凸棱和齿轮形成啮合。

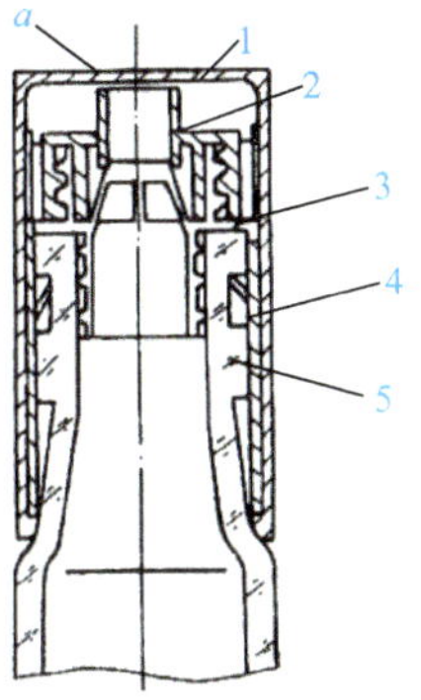

图 4-109　四件组合式多功能瓶盖

1—外盖；2—旋动倾倒口；3—控流内塞；4—内套；5—瓶口

2）旋动倾倒口 2。为内外两层筒形结构。外层圆柱表面为纵向齿轮，外层内表面为螺纹，与控流内塞 3 的外螺纹啮合。内层插入控流内塞 3 中，其内外层的底面与控流内塞 3 的顶面形成密封接触面。

3）控流内塞 3。一个内塞式扣盖，其顶部设计有控流结构和螺纹口。当将内塞压入瓶口时，内塞和扣盖底面与瓶口形成密封接触面，扣盖外缘有均布的开口，内套 4 的上缘有凸台与开口配合，可限制控流内塞 3 的旋转。其顶部控流结构的小圆台，与旋动倾倒口 2 的下口形成密封接触面，使内装液体不能从控流倾倒口流出。

4）内套 4。为一筒形构件。上缘有均布凸台，往下与瓶口封锁环相应的部位设计有均布的舌片，封盖后可卡在瓶口封锁环下面，以限制内套 4 在纵向的移动。与瓶口下面加强环相接触的部位，设计有周向均布的纵向凸线，与瓶口加强环上的纵向凸线互卡，使内套 4 固定不动，并限制了控流内塞 3 的转动。

开启瓶盖时，逆时针旋转外盖 1，通过齿轮啮合转动，使内部螺纹封盖结构旋开，旋动倾倒口 2 上移，由于外盖 1 只能转动而不能向上平移，其在 a 处的易开连体小圆盖即被顶开，形成开口，酒液便可通过内塞及其控流口、旋动倾倒口，缓缓地倾倒出来。而再次封盖时，则顺时针旋转外盖 1，通过齿轮的啮合转动，螺纹口旋合，倾倒口、螺纹口均得以密封。但外盖 1 顶面上的连体小圆盖已被顶开，不能再复原。

（4）热封性防盗内衬。利用涂有热塑性树脂的内衬与瓶口密封接触面接触，加热后可使内衬黏合在瓶口密封接触面上，当打开瓶盖时，树脂残余物将遗留在瓶口密封接触面上，也不能再恢复原状，从而显示出瓶已被开启过的状况。

（5）封闭薄顶式防盗盖。如图 4-102（b）所示的瓶盖结构，旋开螺旋瓶盖 1 后并不能把内装物倾倒出来，只有钩住拉环，沿易开线撕开封闭薄顶 4 才能把内装物从撕开的倾倒孔倾倒出来。被撕开的封闭薄顶不能复原，具有显示被盗开的作用。

8. 安全盖

安全盖是针对瓶的内装物不适于儿童接触或食用而设计的功能性瓶盖。设计的依据是根据 5 岁以下儿童的智力特点和力量特点，使其在短时间内难以想出或掌握开盖方法，或是虽知道了怎样开启瓶盖，但因手的力量不足而难以开启瓶盖，体现了对特定对象的安全性。

（1）暗码盖。暗码盖侧面有一个三角凸状标记，内表面下缘有一凸台，凸台处于外表面三角标记所指示的位置，如图 4-110（b）所示。瓶口上为一单线、间断平螺纹（设有螺旋角），瓶颈上同样有一个三角凸状标记，指示着螺纹间断开口的位置。封盖时，使瓶盖、瓶颈上的三角凸状标记对齐，瓶盖内表面下口的凸台正好处于螺纹开口处，压下瓶盖并旋转一定角度，使瓶盖内表面凸台卡锁在螺纹下面，把瓶盖锁固在瓶口上。开启瓶盖时，也需要两个三角状标记对齐才能掀下瓶盖。

（2）塑料压旋盖。如图 4-111 所示，压旋盖由外盖 1 和内盖 2 组成。将内盖 2 强制压入外盖 1 内，并在其内可自由转动，外盖 1 下口的内凸缘 5 将内盖 2 卡在其内形成组合盖结构，并通过内盖 2 的内螺纹与瓶口的外螺纹旋合实现对瓶口的封盖。由于外盖 1 的内顶部设计有周向均布的 12 个径向凸齿 3，而内盖 2 的外顶部设计有周向均布的 12 个径向槽 4，当需要打开此组合盖时，必须用力按下外盖 1，使其内顶面的径向凸齿 3 与内盖 2 外顶面的径向槽 4 咬合，并逆时针转动外盖 1 才能将内盖 2 一起旋下，把瓶口打开。如果像普通螺纹瓶盖那样，只是逆时针旋转外盖 1，不仅拧不开瓶盖，还会因径向凸齿 3 与径向槽 4 的碰撞而发出“咯、咯”的声音，形成警示的信号。这种塑料压旋瓶盖主要用于不适于儿童食用或接触的药品包装瓶上。

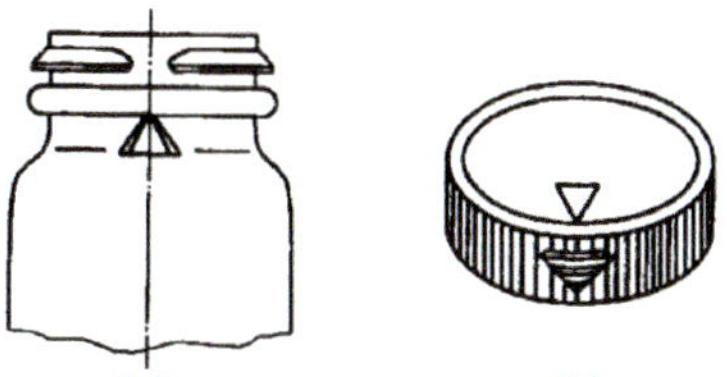

图 4-110　暗码盖及瓶口结构

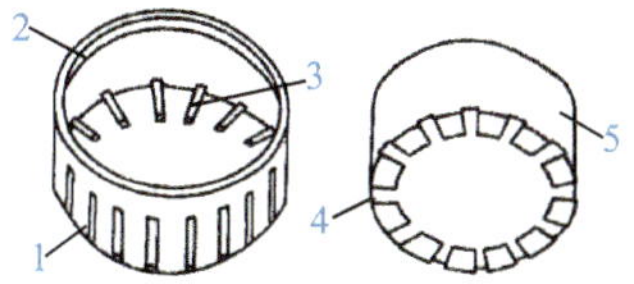

图 4-111　塑料压旋盖

1—外盖；2—内盖；3—径向凸齿；
4—径向槽；5—内凸缘

（3）挤旋盖。挤旋盖也是由内、外盖组成。内盖为螺旋盖，内螺纹与瓶口螺纹啮合，实现封盖瓶口，外表面为纵向凹凸棱。外盖为弹性塑料盖，内表面（见图 4-112）在图示箭头部位设计有纵向凸棱，外盖相对内盖（螺旋盖）可以自由转动。此瓶盖若按一般瓶盖的开启方法旋转外盖，内部的螺旋盖并不随之旋转。但当按图示箭头方向挤压外盖时，因外盖的弹性变形，内表面的纵向凸棱卡在内螺旋盖外表面的凹凸槽中，从而带动内螺旋盖转动，才能实现对瓶口的封盖或开启。

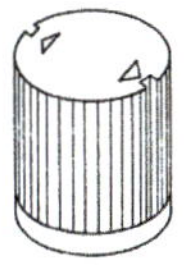

图 4-112　挤旋盖

本章小结

本章对包装容器设计进行了介绍，让我们了解了包装容器产生的意义，包装容器设计的原则、要素、程序和质量，以及从金属、玻璃、陶瓷、塑料不同材质上详细分析了包装容器造型的特点。

本章习题

1. 包装容器设计原则是什么？设计要素是什么？
2. 拟定一个包装容器设计任务，设计一款包装容器，并分析其造型特点。

第五章

ITEM 5

包装设计视觉传达的特征

本章导读

为了使学生设计出适合产品属性、信息传达准确的包装形式，本章主要阐述了包装设计的信息传达特性及包装设计中的视觉传达要素在包装中的决定性作用。

本章重点

○包装设计的信息传达

○包装设计中的视觉传达要素

视觉传达设计所具有的含义是：以某种目的为先导的，通过可视的艺术形式传达一些特定的信息到被传达对象，并且对被传达对象产生影响的过程。视觉传达设计主要就是通过用视觉来向人们传达各种信息，所以构成视觉传达设计的主要要素就是文字、图形以及色彩，这也就决定了视觉传达设计的主要功能是通过这些要素，把设计者想要表达的东西通过这些要素传递给每一个接收到这个信息的接受者，它的主要功能是起到传播的作用。

包装设计是产品与消费者的媒介，它起着保护商品，介绍商品，美化商品，指导消费、便于储运、销售、计量等方面的作用。因此，包装设计是销售包装的主要视觉传达形式，商品需要通过包装上的装潢来完成传达多项信息的功能。包装设计变化最丰富，影响力最大，也是最为普遍的（见图 5-1、图 5-2）。

图 5-1　饮料产品的包装

图 5-2　饮料包装

第一节 包装设计的信息传达特性

包装的设计表达语言与其他平面设计相比，具有一定的差异性。尽管包装也是一种视觉传达设计，但由于传达的方式、内容和媒体的不同，包装设计表现出许多自己特有的形式特点，它们主要体现在直接性、寓意性、竞争性。

一、包装设计的直接性

商品的包装被称为“无声的推销员”，是品牌视觉形象设计的一个重要部分。一项市场调查表明：家庭主妇到超级市场购物时，被精美包装吸引而购买的商品通常超过预算的 45% 左右，足见包装的魅力之大。包装设计已成为现代商品生产和营销最重要的环节之一。优秀的包装其展示出的设计理念能够迅速抓住消费者的注意力并激发消费者去购买产品。包装具有直接的视觉表现力，通过视觉设计要素对观众直接进行信息传达。包装作为一种商品的外在附加物，其传统内容主要是让消费者正确而高效、快速地了解产品的内容。在市场商品高度集中的条件下，由于时间与空间的原因，包装设计不可能也不必要传达更多的东西。包装设计更多的是通过自身的色彩、造型等视觉语言，以及货架陈列的方式直接地吸引与打动消费者。例如，国窖酒，酒瓶采用水晶玻璃烧制，瓶身呈突破性截面切割，辅以繁星衬托，瓶体镂刻烧花红黄衬色；“国窖”以国家官方行文使用最广的宋体为本，因 400 多年岁月而呈古印之风。“1573”纯金压边，衬托酒液的晶莹剔透；基座装饰以金色牡丹国花；外包装由大面积正红铺陈，整体风格为玉玺造型，整体色调为国旗红基本色。“★”五角星寓意：①与“国旗”的五星相应；②“国窖 1573”五星数 960 颗，寓意中国 960 万平方千米之领土概念；③我国逢盛世，酒业如繁星般得到光大，基座两侧之“V”形，即“从胜利，到胜利(Victory to Victory)”，寓意尊贵陈酿是成功人士的见证。(见图 5-3)。

摄影图形食品包装设计，直接明了，传递信息准确，强烈的色彩组合表达了包装中产品的内涵。系列化的图片编排和字体编排，使包装充分体现了宣传产品品牌的功能。金属材料很好地保护了产品（见图 5-4、图 5-5）。

图 5-3 国窖 1573 包装设计

图 5-4 瘦瘦梅包装设计

图 5-5 饼干包装设计

二、包装设计的寓意性

包装设计主要通过包装（包括容器）视觉上的一些要素，给消费者以联想，引导他们对包装内产品性质的理解。激发消费者对产品价值（包括附加价值）的认识以及特定的文化上的亲近感，最终对产品形成购买的愿望。

包装设计的寓意性产生于多方面的原因，有的是产品本身的性质给消费者带来的心理或生理感受，有的是设计要素（造型或色彩）给予人们的联想，有的是区域性历史长河积淀、民俗留下来的传统元素。

例如，马朗蒂纯麦芽威士忌，创意源于有关酒厂历史的一则传说——“生命之水”。水滴状的设计选取了最纯净的液体——水的形状，并配上一个底座。底座由一圈卡纸围住，底座的表面形状象征金色威士忌的波纹。为了使创意更明晰，设计者将“生命之水”的故事印在底座周围的卡纸上（见图 5-6）。

图 5-6　马朗蒂纯麦芽威士忌

再如，“豫派”酒的设计。什么样的符号能代表河南呢？“河南博物院”的造型最能代表河南形象，将此建筑形象经过提炼、设计而成的豫派酒瓶形，底座四面的浮雕图案是代表中国八大古都中的郑州、开封、安阳、洛阳，体现了河南形象，寓意颇深（见图 5-7）。

图 5-7　“豫派”酒的设计

三、包装设计的竞争性

指包装设计必须从市场的具体环境出发，始终将设计的定位放在与对手竞争的基础上。包装设计者必须研究对手的特点，使自己在色彩、造型等各种视觉要素上超过对手，在市场这个战场上压倒对手（见图 5-8 至图 5-13）。

图 5-8　啤酒包装

图 5-9　酒的外盒

图 5-10　儿童用品包装

图 5-11 酒瓶的包装设计

图 5-12 食品包装

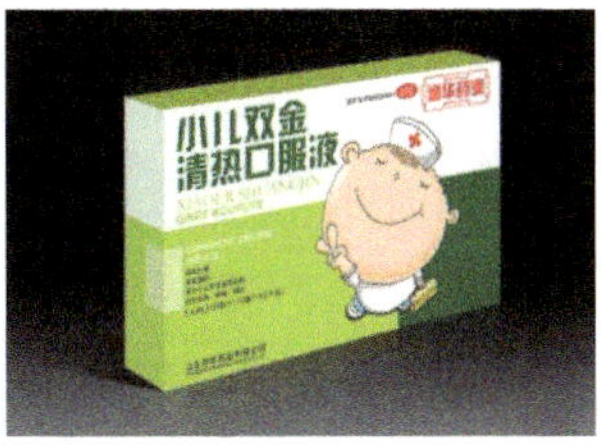

图 5-13 儿童药品包装

图 5-8 打破了传统色调，绿色、蓝色，运用了黑色调的啤酒包装，具有视觉上的竞争力，也合乎特定消费者的心理。

图 5-9 外盒与瓶在色彩上有深和浅的对比，在材质上有玻璃（有光泽）与纸材（无光泽）的差异，但主体元素的呈现基本相同，如果以酒瓶的图文组合为准的话，在纸盒上则对图形和文字做了拉开及移位的处理。

图 5-10 是一款严格按照分割的方式来安排所有的视觉元素的设计，分割的基本单位是正方形，因此，实际上是一个正方形在做不同方向、位置的排列。强烈的色彩对比是其最大的特点。

图 5-11 这是一组设计精良的包装。它很好地运用了质感的对比，建立起以酒标为中心的视觉重点。在包装装潢设计时为了强化视觉传达功能，必须通过装潢构图的编排，建立视觉重点。

图 5-12 利用产品本身的色彩美感，配以自然、朴实的草编线绳，突出了食品可口和绿色的属性，体现着一种美食文化的视觉魅力。

图 5-13 采用充满童趣的摄影图片体现了儿童药品的商品属性，充分地考虑了产品在陈列摆放时所产生的空间效果，使商品立于不败之地，吸引消费者眼球，提高竞争性。

第二节 包装设计中的视觉传达要素

包装设计中的视觉要素是指色彩、图形、文字、肌理、造型、构图、纹样等的综合设计。作为造型决定包装的式样，构图体现包装的形象风格，色彩反映了包装的内涵，字体直接反映包装的内容本质。因此，包装设计的构图、色彩、字体应同时进行构思，互为补充，达到造型功能化、构图特殊化、色彩理想化、文字形象化，满足包装所具有的科学实用、美观达意的特点。远效果引人注目；近效果引人入胜；久效果印象深刻。同时，优秀的包装设计须注意以下方面：①展示印象。好的设计能使商品包装形成视觉冲击力，在货架上对消费者起吸引作用。②可读性。包装上的文字要清晰易读，产品说明要简单直接，一目了然。③外观图案。外观图案要美观大方，醒目、寓意性强而富有艺术性才能成功。④商标印象。商标要简练清晰，一看就能留下深刻的印象。⑤功能特点。商品的功能、特点、开包方法、注意事项等也要用简单明了的图文表示出来。具备上述五个基本点的设计，会使消费者爱不释手。因此，在包装设计的过程中必须注重设计各要素的整体关系（见图 5-14、图 5-15）。

图 5-14　外观图案

图 5-15　商标印象

一、色彩在包装设计中的应用

从包装设计的角度上讲，色彩具有吸引消费者并让他们清晰认识、记忆的直接效果。民间通常有远看色、近看花的说法，意思是人们在欣赏美的东西时，远距离看见色彩，然后才近距离看见细枝末节，说明了色彩的重要性及影响力。而一提到黑色饮料与白色饮料的，大多数人的脑海中就会立即浮现出红色的“可口可乐”和蓝绿色的“雪碧”。可见，色彩效果产生于我们的视觉，同时又来自我们的心灵感受。我们所进行的色彩美的规律研究及色彩心理分析，目的是更好地表现色彩，运用色彩来赢得消费者的青睐。有创意的包装色彩设计是艺术作品，而一旦忽略了市场调查，即使色彩再有吸引力，也不适合品牌的创造。包装的色彩不仅给消费者展示美的视觉效果，更重要的是传达商品的信息，塑造品牌的形象。因此，我们的目的旨在将色彩原理与设计应用紧密相连，协助设计师在市场调查和明确商品信息的前提下，理性地分析色彩，感性地去创造包装色彩，带给人们高品质的现代生活。

研究包装色彩，我们应跳出包装看色彩，从自然、传统文化、姊妹艺术及色彩理论知识中，解读色彩美的规律，借鉴色彩美的构成，拓宽我们更广阔的视野，帮助我们创造更为符合现代需要的包装色彩。

我们研究包装色彩，应跳出包装看色彩，从自然、传统文化、姊妹艺术及色彩理论知识中，解读色彩美的规律，借鉴色彩美的构成，拓宽我们更广阔的视野，帮助我们创造更为符合现代需要的包装色彩。

1. 从自然界中感受色彩、分析色彩

山川河流、春夏秋冬、飞禽走兽、海底世界，浩瀚的大自然多姿多彩，她就像一位色彩大师，向我们展示她美好的、迷人的景色，告诉我们色彩美的规律，从大自然中我们可以获得色彩的灵感（见图 5-16、图 5-17）。

图 5-16　动物为原型的包装设计

图 5-17　海底世界

从自然界中得来的设计灵感，使原本没有感情的工业产品也充满了生活的气息（见图 5-16）。

色彩斑斓的海底世界，大自然给了我们很多启迪（见图 5-17）。

2．从绘画、音乐等艺术中获得的启示

绘画色彩属于纯欣赏艺术品，具有直观的情感表现；设计色彩不仅要看色彩组织的和谐感，还要与产品、材质、透明程度、面积的大小联系在一起，偏重理智的情感表现。艺术是相通的，悦目的色彩给人音乐般的旋律与节奏感；康定斯基将色彩与音乐混合，运用色彩自身形式规律美感创造音乐的色彩画；文学里语言的联想、想象描述，同样都表达出色彩的意境，唤起色彩的美感。

舒洁面纸包装（见图 5-18），作品取材于凡·高的《向日葵》，其鲜艳明亮的色彩让大师的艺术走入生活，使家庭的温馨气息更加浓厚。

图 5-18　面纸包装设计

3．色彩在包装设计中的作用

在商品包装设计过程中，不仅要研究构图，还要解决色彩方面的问题。我们知道，包装设计是依靠多方面的条件来介绍商品内容的。包装画面是由图案、文字和色彩三个基本要素组成的，图案、文字有赖于色彩来表达。因此，色彩是美化商品转换、装潢画面的重要因素之一，是销售包装的灵魂。实践证明，装潢画面的优劣，很大程度取决色彩的运用。我们有些包装在市场上缺乏吸引力，其主要原因之一就是色彩不能给消费者以视觉冲击，色彩运用不适合消费者的喜爱。因此在形形色色、五花八门的商品“海洋”中，色彩是表达商品特性和能否引起消费者注意的关键（见图 5-19）。

图 5-19　充满色彩的包装

包装画面的色彩处理带有很大程度的装饰性。画面上可以没有图案，但不能没有色彩，因为色彩是一种先声夺人重要的艺术语言，是表达设计者的思想感情和商品内容的主要媒介，具有美化和装饰作用。在设计中，如果设色不当，就会影响对商品主题的表达，其结果也不会获得完美的艺术效果。

因此，我们想要认真地表达商品主题，就离不开色彩。色彩的正确运用，能够表

达一定构思，加强商品内容对消费的感染力，迅速抓住消费者的视线，从而影响消费者的购买欲望，增强商品在市场上的销售能力。反之，不注意色彩，就会使画面枯燥无味，没有生气，导致消费者对商品无动于衷。

我们研究色彩问题，不仅需要在理论上懂得一些色彩的基本知识，更重要的是在设计中把理论上的理解与实践感受结合起来，从中摸索出一套用色的基本规律，借以提高我们的设色能力。

4. 色彩在包装中的特性

（1）色彩的艺术处理。色彩的处理没有一成不变的公式，重要的是根据不同商品的特点进行分析，要重视调查研究。包装设计的设色要考虑在市场上的销售效果。在市场上，每一种商品与同类商品在相互比较之下，将会产生什么效果、是否有自己的特点、是否能鹤立鸡群，还是被淹没于商品海洋之中，这是设计者在色彩设计中值得深思的问题。

我们在设色实践中，用色的盲目性是常见的。不从商品的实际出发，往往翻来覆去地在自己习惯用的几个颜色里兜圈子，作为画面的主色调，固守不变，这样是很难设计出别具特色的作品的。想要设计出新颖别致的商品包装，必须做到构思独特，用色大胆得当。因此要求设计者，在色彩选择和运用中，要善于分析、比较、推敲，努力创造色彩的新格调，跳出旧框框。

包装设计的色彩运用，要求商品内容的装饰风格、情调等方面有机联系。包装画面上的色彩效果，应直接给消费者以典雅、辉煌、爽朗、明快、清秀、朴实、稳重以及欢欣鼓舞和生机勃勃等感觉。在色彩运用中必须根据不同商品内容做到“对症下药”。例如，设计食品包装，其色彩效果要有卫生、可口、富于营养的感觉；设计药品的包装（见图 5-20），其色彩应给人以镇静、止痛、祛病之感；设计体育用品的包装，在色彩处理上可以是大方、活泼、明快的感觉；设计儿童用品包装（见图 5-21），如儿童食品、玩具、童装等色彩效果，应是活泼、明快的感觉，因为儿童喜欢五彩缤纷、色彩鲜艳、趣味性强一些的装潢画面。尤其包装画面上的主色彩，在处理上，有的具有传统色彩，有的富于民族风格，有的则新颖别致，这些效果对于消费者领会商品内容起到很大作用。

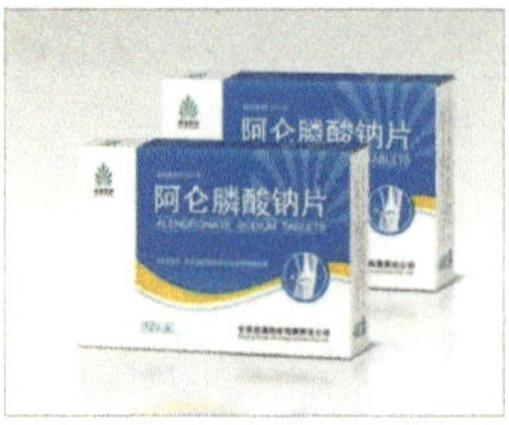

图 5-20　药品的包装

图 5-21　儿童用品包装

总之，装潢色彩的运用要结合商品的主题，在处理时要符合朴素、明朗、大方的审美要求。画面色彩不宜用得过于浮夸，给人以轻飘无力之感，如果在装潢画面上五颜六色乱用，致使与商品内容不相称，会给人以厌恶之感。为此，要求画面色调效果，应该是柔和、明快、清晰，而不是刺眼、深沉、灰暗，要反映时代气息，给人以欣欣向荣、健康、奋发的感觉，为人们所乐于接受。如果设计者不依据商品主题需要或缺乏色彩知识，而随心所欲地使用色彩，就很难取得较好的色彩艺术效果。

（2）用色要掌握一定的“度”。包装用色，有如烹饪技术，要掌握一定“火候”，须浓淡适度，恰如其分。画面的设色是一项细致的脑与视觉的劳动。只有不断地实践才能认识色彩细微的变化和区别。在色彩运用上，有些商品包装多用饱和度较强的红、橙、黄、绿等色相，给人以鲜艳夺目的感觉。但某些商品装潢却不宜单纯地从颜料中直接取用，而应从相互混合的调配中选择适当的色相和色度来运用。因此在设计时就要结合商品实际，深思熟虑地用色，万万不可大笔一挥，随心所欲（见图 5-22）。

实践证明，画面用色的多少，不一定与艺术效果成正比，而画面色彩效果的劣势，也不取决于用色多寡，关键在于对色彩的选择与组合是否掌握一定“火候”，即要在“巧”字上下功夫，这是装潢设计在色彩运用上的一个基本原则。设计画面的设色，应作到精练，用色不宜过多，五颜六色未必引人喜欢，用色的可贵，贵在用得适度（见图 5-23）。

图 5-22　五颜六色的包装设计

图 5-23　颜色单一的包装设计

（3）包装设计中传统色调的运用。不同种类的商品，都有其不同的传统色调，这种传统色调，一般来说是与商品内容或原料本身的固有色以及商品的特性、用途和品牌的形象等有着密切的联系。体现这种商品内在的色彩，一般称为传统色调（又称形象色和习惯色）。这种传统色调，是人们在长期的生活实践过程中由感性上升为理性而形成的一种特定的概念，反映在商品包装装潢上就形成了一种传统习惯，而这种传统习惯代表了消费者的传统心理，从而使人们产生一种反应，能够作用于人们的情感。正因为如此，当人们在包装装潢上见到传统色的时候，就会产生回忆和联想，观其色即可明确地认出属于哪类商品，从而使商品迅速达到销售目的。

包装装潢的传统色调，常被广泛应用于饮料食品、糖果、医药品、化妆品、小五金、儿童用品以及文具用品等一类商品的装潢画面上。

瓶装橘子汁的装潢画面（见图 5-24），有时设色往往着眼于反映商品原料色，因此，画面以橙色作为主色调；葡萄汁罐头的装潢色彩，一般采用紫色色调；柠檬汁包装装潢色彩（见图 5-25），画面色彩处理，一般以黄、白色调为主；汽水瓶标设计，为了表示清凉饮料的特性，在设色上多倾向于冷色调；强颗粒、咖啡一类的糖果包装（见图 5-26），画面的底色块，多用深褐石色或用红褐金、红黑金、红白金等色块组成画面的主色调；而薄荷糖或带有薄荷味的香烟包装采用绿色或用群青等冷色调作为画面主调（见图 5-27）；青豆类罐头包装，画面色彩多倾向于绿色调表示其新鲜；红茶包装，画面的色彩一般采用暖色调；而绿茶包装（见图 5-28），则多采用冷色调，画面的底色块一般都是根据商品内容需要来表现商品原料的颜色。

此外，女性用化妆品包装（见图 5-29），为了表示其芳香和高贵，一般选用浅淡、素雅的颜色，如多以高雅娇艳的粉红色、浅玫瑰红以及浅蓝等间色作为装潢画面的主色调；而对于男性用化妆品的包装色彩要求（见图 5-30），多以庄重、大方、华贵为主，常见采用黑与白或配以烫金作为画面基调。

对各种酒类包装装潢在色彩的处理上，多强调各自独特的传统色调，如设计白酒酒标（见图 5-31），多采用白、红、黑、银灰等作为底色，以体现白酒烈性的特色；果露酒标设计，在色彩上一般要求鲜艳明朗，与果实颜色一致，与酒的颜色协调；葡萄酒标多以紫色作为基调；黄酒酒标一般采用浅黄、中黄、深黄、土黄、橘黄等各种黄色选其一作为画面基调；药酒酒标的用色要求有滋补和治疗的特色，其画面基调多通过大红、朱红、橘红、玫瑰红和深红等不同暖色来表现。

设计小五金一类的包装（见图 5-32、图 5-33），画面设色一般大面积采用蓝、红、黑、绿、银、灰等色块，以表示稳重、坚实、耐用的特点，如“飞鹿牌刀片”的设计，画面上没有采用鲜艳的颜色，而大胆采用了黑、白、银三色对比，大面积的银色块在画面上占主导地位，在黑底上突出白色的刀片，商品形象一目了然传达给了消费者。主题突出，商品性强，其用色效果充分显示出男性用的金属制品的特点。

尽管如此，也不能把传统色调绝对化，还需要设计者在设计实践中发挥自己的智慧和才能，进一步加以研究，使其在表现方法上突破陈规，在用色上能恰到好处地既表达商品内容，又不落俗套。

图 5-24　瓶装橘子汁包装

图 5-25　柠檬汁饮料包装

图 5-26　咖啡包装

图 5-27　薄荷糖包装

图 5-28　绿茶包装

图 5-29　女性化妆品包装

图 5-30　男性化妆品包装

图 5-31　白酒包装

图 5-32 小五金一类包装

图 5-33 新式小五金包装

（4）金属色的使用。高档商品包装往往采用闪烁耀眼的铝箔纸和电化铝，有时根据商品的档次和内容的需要，也用银色、金色印制作为画面装饰，这些色都属于光泽色。但从色度上来看，金、银色属于极色，因为它们有两重性，即受光时明亮耀目，处于背光时其明度则减弱而发黑。由于金、银色在光的照耀下，给人以富丽堂皇、光彩夺目的视觉效果，因此，它对提高商品的档次、美化商品都具有特殊的功能，使商品富有名贵感。在实际应用时，要根据商品档次和内容的需要和印刷工艺条件的限制加以选择。对一些低端商品则可采用类似于土黄的颜色模仿金色的效果，通称“仿金”或“假金”（即在土黄中稍加绿色所调配成的仿金颜色）。这种仿金色，虽无光泽，但在装潢画面上也能起到一定的装饰作用。

在光泽色的选择与运用上，要从实际出发，必须服从商品本身的特性，要考虑档次以及画面面积和使用材料等方面的问题，应与商品身价相称，使之协调一致，这是应遵循的一个原则。目前常见一些装潢画面有盲目泛用光泽色的倾向，不考虑商品档次的需要，而把烫电化铝或印金当作提高商品身价唯一的“灵丹妙药”，视为争取画面美观的重要手段，于是不惜成本，把光泽色当成“万金油”在画面上到处涂抹。还有的设计者喜欢在品牌名文字的四周装饰金边，由于文字的色彩明度与金色的明度相等或接近，而使本来比较醒目突出的文字，变成难以辨认的模糊色块。有的甚至在大面积印金底上又烫“电化铝”，好像画面上金色用得越多越能显示其“高档”。这种一味追求包装的华贵、滥用金色的现象，反映了设计者在运用光泽色上的盲目性。这样泛用金色，不仅不能突出商品主题，反而会分散消费者的视线。

在使用金色、银色等具有光泽感的颜色时，需要谨慎考虑其对商品属性表达的影响，确保它们能够恰当地增强视觉效果，起到画龙点睛的作用。为了确保光泽色能够充分发挥作用，还需要考虑它们与画面上其他颜色在色相和明度上的相互关系。通常，光泽色更适合应用在低明度的深色背景上，如黑色或墨绿色，这样可以更好地突出商品的主题。应避免将光泽色与土黄色、橘黄色、柠檬黄色、浅棕色等明度相近的颜色并列或叠加使用，因为这样在视觉上容易形成一体，导致光泽色的表现力减弱，画面变得模糊不清，对比度降低，从而无法有效突出商品主题，可能对商品主题的表达产生负面影响。只有在特殊情况下，为了追求一种含蓄、淡雅且精致的效果，才可以考虑将光泽色与明度相近的颜色或白色并列或重叠使用。这种使用方式需要根据具体的设计要求和效果来决定。虽然光泽色是一种表现商品高贵的颜色，但在设计中不能轻易使用，要用得少而精，切不可用得过多或太分散，应用在画面的主要位置上。因此，设计者在使用光泽时，除考虑明度关系外，还应用得集中。

（5）包装设计的色彩搭配。色彩的调配，从装潢设色来说，其方法包括两个方面：

一是指颜料的混合（即调配），二是指画面色彩的配合（即画面色彩的安排）。方法虽然有两种，但目的却是一个，即通过色彩装潢画面，使画面明快、协调，富有变化，有助于突出商品，加强艺术感染力（见图 5-34）。

图 5-34　包装设计的色彩搭配

画面色彩的优劣，关键在配色上。不同的商品特征不同，由于使用对象不同，商品功能各异，所以有的包装设计需要对比强烈的色调，有的则需要调和含蓄的色调。包装设计画面的色彩调配，是决定表达商品主体效果的主要因素之一，要求画面色彩效果既要色彩丰富又要色调统一，要想达到这个目的，就必须注意色与色的比例以及色的浓淡、大小、虚实。

复色在画面上的应用也是常见的。色彩的丰富与否，就是靠复色的变化来解决的。为此，我们在理解原色、间色以及复色的关系后，还必须掌握配色上的这些规律。由原色到间色、由间色到复色都有不同程度的明度，但如果改变其纯度，加进适当的白色或黑色，其明度就会相对降低。尤其是加进了黑色，如果没有配色经验，就会很容易使色彩变“脏”。

1）同类色的调配。就是把同类色相的颜色，分成几个明暗层次加以配合，如深红和浅红、深绿和浅绿、深蓝与浅蓝以及红色与粉红等颜色的配合。在运用时要注意明暗适度，颜色的面积变化不宜相等。在处理上，一般以大面积的浓色包围小面积的淡色效果较好（见图 5-35）。

2）类似色的调配。就是同属于冷色或者暖色系统中具有同类性质的配合。在运用时，色彩的明度不宜过于接近，否则会使画面色彩层次不清，影响商品主题的突出（见图 5-36）。

图 5-35　同类色的调配

图 5-36　类似色的调配

3）对比色的调整。就是采用性质不同的颜色，互相并列对比。如用红与绿、橙与蓝、黄与紫等对比色进行配合，这种冷暖色相的对比会取得鲜艳夺目的效果。但在配合时要注意色彩的饱和度，大小比例要适当，以求得画面色彩的协调和统一。为了获得对比调和效果，在处理上往往采取减弱其中一个颜色的明度，借以增大颜色间明暗的距离。在实际应用中，一般是以明度弱的色彩作为陪衬，利用明度强的色彩来突出装潢画面上的主要内容。此外，画面上如果出现三种色块时，可用两个纯度大一点的色块和一个纯度小的色块；或用两个对比色块和一个邻近色块进行配合，都可获得色彩对比调和的效果（见图 5-37）。

4）在处理安排画面色彩时，应先画起决定作用的部分。就是先从商品主题或者从画面最吸引人的部分开始，再画与主题形象呼应而又有影响的底色块。这样处理的基本目的，就是从主与次的色彩比较中，加深商品主题的表现（见图 5-38）。

图 5-37　对比色的调整

图 5-38　画与主题相呼应

5）为了使商品主题在画面上鲜明突出，对突出主题部位的色彩，切不可画“脏”，因为它是抓住消费者视线的关键（见图 5-39）。

6）设计画面在色彩配合上，除鲜明的色彩起作用外，为了加强色彩的鲜明、柔和的对比，对中间色的运用，也是必要的。因为它能使画面的色彩效果既丰富又协调，既有变化又有统一（见图 5-40）。

图 5-39　色彩突出主题

图 5-40　色彩的配合

总体来说，应该明确指示，色彩的处理是表现商品主题的手段，而不是绘画的目的。因此，掌握了色彩知识以后，在设计实践中，必须从商品主题、属性的特征出发，灵活地运用色彩，以便更好地为宣传产品服务。

5. 包装设计色彩的对比与调和

包装画面的色彩是由各种不同的大小色块组成的，这些色块通过画面的商品形象、商标、文字以及图案纹样等内容表达出来。在画面中起决定作用的色块是画面的主题色，起陪衬作用的色块是画面的衬托色。如何把这些色块处理得当，这就要求设计者在设计工作中加强对色彩的对比调和等规律的研究，这是商品包装设计中一个极其重要的问题。

色彩的对比与调和，是矛盾的两个方面。在一个画面上，只有恰当地运用色彩的对比与调和的规律，才能使主体内容在色彩对比下显得更加突出。许多设计作品，画面之所以能使人激情，爱不释手，留下深刻印象，往往是从画面上的对比色中获得的，色彩对比强烈的装潢画面，都具备引人注目的特点。

总之，在色彩处理上，不能违背对立统一的规律，既要有鲜明的对比互相衬托，又要互相协调。为此，要求画面上色彩的冷暖、明暗、浓淡以及色块的大小等方面都要处理得当，才能使画面产生丰富的色彩效果。

（1）包装设计色彩的对比。所谓色彩的对比，就是色彩在可比较的前提下，由于两方色彩的对立，而使各方的特征更加明显、突出。色彩上常用的对比方法，包括三个方面，即色相冷暖对比、色彩明度对比、色彩纯度对比。色相、明度、纯度通常把它们称为色彩的三要素。

1）色相冷暖对比。色相就是色素，是指各种颜色的差别，是标志色彩名称的一个术语。具体来说，就是指色彩所呈现出来的不同质的相貌，如红、橙、黄、绿、蓝、黑、白、灰、金、银等色彩的相貌。这种不同质的区别是产生色与色之间关系的重要因素。有的色彩给人以暖热的感觉，有的色彩则给人以寒冷的感觉。而把一些冷暖程度不同的颜色并置在一起，就会产生色相冷暖对比效果。培养识别各种不同色相的能力和提高对色彩的认识能力，是包装色彩运用的关键（见图 5-41）。

色彩冷暖的现象，与视觉、生理上的感觉有直接关系，即视觉神经上所看到的感觉。并不是色彩本身产生的温度差别。色彩之所以会使人感到冷或暖，是因为色彩和许多自然现象有着一定关系，如红、橙、黄的色相，人们面对这些颜色往往与太阳、火光等现象联想起来而感到温暖。又如蓝、绿、紫的色相，给人们的视觉刺激是弱的，对于这些颜色人们往往与海水、月光、阴天、雪景等现象联想起来而感到寒冷。因此，把明度亮而纯度强的色相称为“暖色”，把纯度强而明度暗的色相称为“冷色”。色彩的明度，在视觉上不仅有冷暖之分，还有远近感觉的区别。如果我们把冷暖的色相放在同一距离观看时，好像暖色距离我们眼睛近一些，而冷色好像距离我们眼睛远了一些。

色相本身都具有各自的纯度和明度。色相反映出来的一种现象是纯度，它们是极其鲜艳的，我们称为光谱中“强纯度”的色相，如红、橙黄、绿、蓝、紫等色。此外，黑色与白色也列为纯度强的色相。那么应该怎样来理解其纯度呢？我们知道从黑到灰，中间形成无数深灰、浅灰的色阶，而这些色阶就是由纯黑和纯白以不同的比例调和而成的黑、白、灰色相，虽然在光谱中没有反映出来，但在颜色中却少不了它们，并得到普遍应用（见图 5-42）。

图 5-41　色相冷暖对比

图 5-42　色相纯度和明度

色相反映出来的另一种现象，就是色相的明度。从纯度强的色相来看，它们之间，也有明暗度的差别。其中以红、橙、黄、黄绿比较明亮，深绿、蓝、紫则比较暗，它们之中以黄色为最亮，紫色为最暗。在同一类颜色中的色相，越浅的色则越明亮，越深的色则越暗。

互补的色相对比是强对比，给人以鲜艳刺激的感觉。这种对比色的调配，就是利用补色的关系。把其中两种色放在一起时，由于它们互相之间没有共同的因素，所以能够起到对比作用，使各自色彩显得格外鲜明。如红对绿、蓝对橙、黄对紫就是互为对方的补色。而色带上邻近的色相对比是弱对比，如红与橙、橙与黄、黄与绿、绿与蓝、蓝与紫、紫与红，这些对比色给人以温和、稳定的感觉（见图 5-43）。

虽然冷色与暖色并置在一起就形成对比，但色彩的冷与暖不是绝对的。比如紫色与红色相比紫色显得较冷，而紫色与蓝色相比，紫色则又显得较暖。所以色彩的冷暖感觉都是在与其他颜色相比较的情况下，相对而言的。由此可见，两种色或者多种色并置在一起时，各自发挥其特征，有的色变强，有的色则变弱，这种现象都是由于色彩对比所起的作用。凡是将较冷的颜色与较暖的颜色并置，对比效果就更加强烈，色彩更鲜明，冷的更冷，暖的更暖，这就是色相冷暖对比的效果。因此，要使画面的色彩鲜明夺目，一般的规律总是离不开冷暖色的对比（见图 5-44）。

图 5-43 互补的色相

图 5-44 冷暖色相对性

2）色彩明度对比。色彩的明度，是指色彩的明暗程度，是同一色彩由明到暗的差别。所谓明就是淡，暗就是浓。色彩中白色最亮，黑色最暗，这两种色通常被称为极度色。黑、白、红、蓝、黄为五种最基本的色彩，故称它们为基本色。由白到浅灰到灰到深灰，最后渐变为黑色，这样经过从浅到深、从明到暗的过渡，可分出不同的层次，这就是黑白两色的明度变化。色带的六种颜色以及由此调配出来所产生的每一种色彩，都有它自身的明暗差别和这种浓淡明暗的差别，会给人以不同的感觉，如白色及浅明亮的色彩感觉轻，黑色及深暗的色彩感觉重；暖色有前进、兴奋的感觉，冷色则有后退、沉静的感觉。因此，在设色实践中要注意整个画面疏密、明暗、强弱的合理安排，以达到协调统一（见图 5-45）。

图 5-45 色彩明度的对比

不同的色相，其明度也各有不同：黄色为最亮的色相，紫色是最暗的色相，将它们并置在一起时，就会出现极为明显的明暗对比现象。此外，对黑色与白色的运用，其明暗对比效果就更为明显。从实际运用来看，它们的现象是凡明色处于暗色之中，明色被暗色所衬托而突出，暗色处于明色之中，暗色被明色所衬托而更为明显。这说明各种色相因为明度的强弱，造成了明暗深浅程度不同的对比。如大红色比橙色深，而橙色又比中黄深，普蓝比绿色深以及红色又比粉红色深等。所以要使设计画面主要内容突出，可采用明度对比的处理方法。在运用对比色的同时还应注意恰当地运用中间色、灰色以及纸张本身的色彩，若无灰暗的色彩，则鲜明的色彩也就不鲜明了。另外，还应引起注意的是，在处理色彩明度对比关系时，不宜把画面用色的明度处理得太接近，这样会使画面主次不分，商品主题含混不清，给人以平淡无味的感觉。

总之，设计画面上运用明暗对比加以适当处理，就能使画面上的商品主题更明显、更集中，这对吸引消费者、介绍商品会起很大作用。

3）色彩纯度对比。色彩的纯度（又称色度），是指色彩的饱和程度，或称色彩的纯洁和浓艳程度。各种不同的色相都有纯与不纯之分，纯色的色度强，不纯的色其色度则弱。颜色越是单纯而饱和，色彩相貌就越鲜艳，纯度就越高。颜色中如不混入其他颜色，颜色本身就达到饱和度（也称鲜明度），就是纯色。例如，色带上的六种颜色就是标准的纯色；反之，如加入其他颜色，其明度和纯度就会改变，色彩不如原来鲜艳。加入的色彩成分越多，其纯度就越低，由明变为暗，色彩趋于灰、粉、黑，这就是色度上的变化。把纯度高的和纯度低的色彩并列在一起就会产生色彩纯度对比的效果。在设色时重视纯度对比关系发挥他们的特性是很必要的，会使画面产生强烈而又有变化的色彩效果，如亮色与暗色、深色与浅色、灰色与艳色的对比。色彩明度强弱的变化，在一般情况下，暖色比冷色强，纯度相近的色彩放在一起时，会互相减弱，而纯度差异大的颜色并列在一起则互相衬托，加强了明暗度，如把黄色与紫色配置在一起，就可以使性格不明显的紫色鲜明起来；把黄色与橙色并置在一起时，则会使两种性格的颜色变弱。

装潢画面并不是多用鲜明的色彩就可产生艳丽夺目的效果，而是要靠明暗对比的处理方法。否则画面色彩效果容易单调无味，给人以厌恶之感。如将红与绿并置在一起时，就会明显呈现出两个色相对立的性格。由于两个色对比过强，它们的纯度又基本接近，因而它们的色光均等地刺激着视觉神经，产生互相反拨、刺眼、不协调的现象。我们知道了产生这种现象的原因，在运用性格不同的对比色时，应避免将对比过强的色相安排在一起。

纯度高的鲜艳色彩中加入不鲜艳的灰色以及白色和黑色在画面上出现，由于对比衬托作用，能使画面更为鲜艳，更有变化。即使在大片灰色色块的面积里，有较小面积色彩纯度较高的颜色同样可以获得响亮鲜明的效果。这种鲜与灰的复杂变化，就是色彩的纯度对比。所以不能盲目地追求色彩的纯度，而是要注意色彩纯度的对比与协调统一。

装潢画面虽然有时采用灰色来衬托鲜艳的色彩，使商品主题鲜明突出，但这种带有灰色成分的颜色不能画脏，切不可随便用脏色调配成灰色以及加入过多的白色或复色，否则会使画面整个调子低沉下去。我们在运用灰色成分的色相时，要注意其冷暖和色相上的细微差别，不能仅有深浅明暗之分。灰色的变化很多，从色相上看，有偏绿灰、蓝灰、黄灰等灰色；从色度上看，有深灰和浅灰；从色性上看，有冷灰和暖灰，在运用灰色时要考虑色调的倾向，结合商品内容采用哪种灰色配合最为恰当，同时还要注意色块之间的衬托效果。

综合上述的色彩的三个对比，在装潢设计具体运用时，往往不是单一的只有一个对比，而是色相的冷暖、色彩的明度和纯度三个对比综合应用的，其中明度对比往往起着比较重要的作用。如用明度弱的色彩作陪衬、利用纯度较强的色彩描绘商品主题、用纯度较低的作陪衬、采用灰色衬托鲜艳的颜色、利用冷暖对比以采用色块大小的对比等处理方法，都能使画面起到宾主作用，在设计时可结合不同商品的需要灵活运用。实践证明，装潢画面上使用对比色可增强鲜明度，冷色最能和淡色调和，而暖色最能与浓色调和，灰暗或者模糊的色彩可以衬托鲜明的色彩。运用时进行适当组合，互相衬托，可使画面色彩取得良好效果。但在运用对比色时，应注意运用恰当，如果整个画面上到处滥用对比色，就会产生处处跳跃、全部突出、不分主次的现象，其结果只能使画面杂乱无章，不得要领。

（2）色彩的统一与调和。色彩的统一与调和是根据颜色的基本性质所决定的。它决定着色相、明度、纯度的选择及明暗对比关系的处理。它们的规律，从色相的性质来说，可分为两个方面：一是同类色对照，二是对比色的统一。所谓“调和”就是色相较接近的两种以上颜色并置在一起时，色与色之间协调统一、差别不大的同类色，如大红与深红、黄色与茶色、浅蓝与深蓝、淡绿与深绿配置在一起，即称为同类色配合。由于色相接近，因而它们组成的色调是调和的。但这类色调的调和效果是比较静止而安定的，欲使这种调和具有生动变化的效果，可按明暗对照的规律，拉大色相之间的明度和暗度，使其产生较强的明暗衬托和对照作用。它们之间的明暗距离越大，对照作用就越强。但明暗对照作用过强，容易产生不调和的现象，所以必须采用明暗对照的过渡方法加以约束，促使同类色之间构成的色调既有对照又协调（见图 5-46、图 5-47）。

图 5-46　色彩的统一与调和

图 5-47　色彩的统一与调和

两个对比色的纯度均强而明度接近时，会使人在视觉上产生矛盾，感到不稳定、不统一。因此欲使其调和，必须采用减弱其中一个色相的纯度，拉大二者之间的明暗度，使其产生过渡的明暗对照关系，加以稳定。可见，色与色和谐地联结着就是调和，色与色互相鲜明地对比着就是刺激。从装潢设计来说，既要刺激，又要调和。

色彩的对比与调和，是矛盾的两个方面，只有适当地运用色彩的对比与调和的规律才能使商品主题显得更鲜明。

具体来说，色彩的对比就是扩大利用色彩在色相冷暖、明度、纯度等方面的差异性；而色彩的调和，则是缩小这些差异性，增加色彩的共同性。其具体表现如下：

1）如采用三种颜色同时出现在设计画面上时，在色彩处理上可用两个暖色一个冷色，或采用两个对比色、一个邻近色以及用两个纯度较强的、一个纯度较弱的色彩，都可收到色彩的对比和调和的效果（见图 5-48）。

2）以占主导地位的色彩为基础，让其他色彩处于次要和衬托地位，亦可达到画面色彩的协调。或以一个颜色为主色调，而让其他色彩倾向于主色色相，同样可获得较好的调和效果（见图 5-49）。

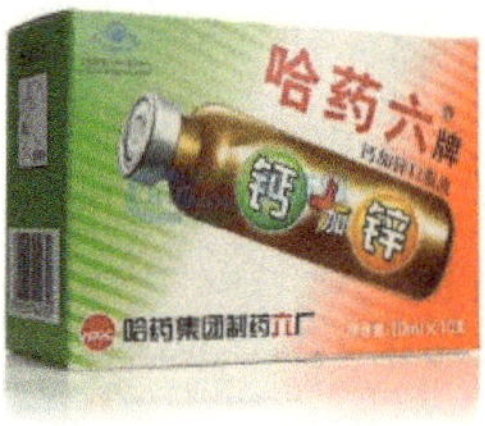

图 5-48　药品外包装设计

图 5-49　食品外包装设计

3）根据需要，设计画面上有两种对比色并列时可采用中性色黑、白、灰、金、银色来调和。使对比色因为有过渡而安定，画面色彩具有既对比又调和、既明显又沉着的效果。

4）用统一调子的方法，使不同的色块，在调子上接近或趋于统一。一般来说，色相和谐的装饰图案，其色彩效果更为优美和耐人寻味。

5）在色彩调配上，采用同类色都有调和感。即采用各种色性相同的色相组成统一的色调，如红与橙、蓝与绿、橙与黄配置在一起都是协调的。

6）在装潢画面上所用的对比颜色中，调进其他颜色，或调进白色、黑色，以降低原来鲜明色相的纯度。这也是使对比色变得调和的一种处理方法。

7）如果画面只用两个对比色时，为了取得画面色彩调和的效果，可采用在暖色的地方，用比较冷一点的暖色，而在冷色的地方，则用比较暖一点的冷色的表现方法（见图 5-50）。

8）如运用退晕法进行调和，可将对比色相各分成若干色阶，使对比色的交界处形成淡色与深色的交接。由于这种逐渐过渡的明度变化，能减弱其过分的对比，因此，画面的色彩也能取得调和的效果（见图 5-51）。

图 5-50　冷暖色彩搭配和谐

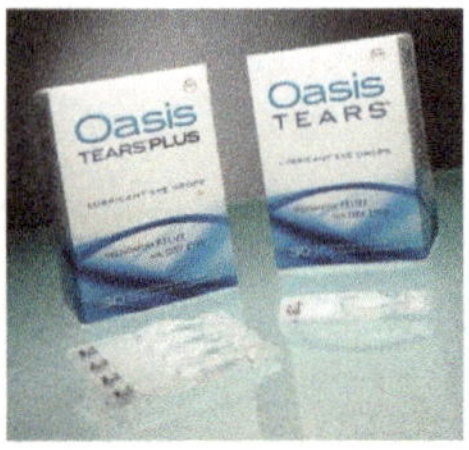

图 5-51　退晕法实现平滑过渡

9）纯度高的色块与灰色块并置时，前者面积宜处理小些，后者面积宜处理大一些。以求得色彩平衡，给人以舒适的感觉。

10）明亮色与灰暗色如果在画面上作上下安排时，宜把亮色放在上部，把灰暗的颜色放在下部，这样处理能给人以稳定感。

11）画面的色彩如果对比色过分强烈而产生不调和的现象时，可把其中一色的纯度减弱，使之与另一色较为协调，或将其中某一颜色的面积适当缩小，这样处理，亦可取得较为调和的效果。

总之，对比与调和是对立统一的，不能孤立对待，应两者结合应用。也就是强调对比效果时要注意调和，而强调调和时也要运用对比。无论是采用对比色或者是调和的色彩，都应做到恰如其分，切不可随意乱用色彩，互相脱节，缺乏呼应，影响商品主题的表达。还应注意的是，在色彩运用上，如果片面强调色彩的协调统一，只能导致画面色彩平淡无味，而削弱色彩的感染力。反之，如果画面缺少色彩的浓度与冷暖对比变化，完全采用性质近似的颜色互相连接，也必然形成单调、无力的画面，这样的设色，也同样不能突出商品主题。只有在统一中求变化，在多样中求协调，才能设计出完美的作品。

6. 包装设计的色调与用色的主次关系

（1）色调构成的基本因素。色调是比色彩调和更进一步的要求。所谓“色调”，是以多种色彩构成的调子，使画面色彩效果具有统一和谐、高低起伏的韵律感觉。从画面的色调来讲，就是根据商品内容和属性的要求，画面色彩总的倾向、总的色调。具体来说，就是画面用色是偏红、偏绿，还是偏蓝、偏黄，如果画面上总的色彩感觉倾向于冷色，就是冷色调，倾向于暖色，就是暖色调（见图 5-52、图 5-53）。但无论怎样变化，画面用色在一般的情况下都要有一个明朗的色调。从画面色彩的构成来说，不是先考虑色彩对比、明暗等问题，而是用什么色调才能更好地表达商品内容。之所以这样做，是因为画面的主色调能给消费者总的色彩感觉，使其更能符合商品属性。画面的主色调的总体要求，就是要求画面色彩结合商品属性的需要所表现出来的总体的艺术效果。这种效果是向消费者介绍商品内容的重要信号，如果处理得好，使人见之就知道是什么商品。所以掌握好画面的主色调，在设色上是极其重要的。

图 5-52　暖色调

图 5-53　冷暖色调对比

色彩的调子，从色性区分有冷调子、暖调子；从色相区分有黄调子、蓝调子、红调子、绿调子、紫调子；从明度来区分有亮调子、灰调子、暗调子等。结合商品的实际需要，研究确定画面色彩的主调，处理好画面主色调与其他色彩的关系，组成一个既有统一又有变化的色彩调子。具体地说，就是采用什么色调作画面的底色，用哪种色彩与商品形象的颜色作对比，用哪种颜色使商品名称在画面上鲜明突出等（见图 5-54）。

如何使画面色彩配合得当，突出商品的主要内容，这些都需要设计者作统一而全面的考虑。做到在统一的基调中，贯穿主体色与衬托色的变化。也就是说，画面的色彩既有局部的细微变化，又统一于整体色调之中，构成一幅具有节奏和起伏的画面，使画面结构生动，富有艺术感染力。

（2）画面的主调与用色的主次关系。常见一些装潢设计，在色彩处理上，往往只注意局部的色彩表现，而忽视了整个画面的统一色调。问题在于设计者事先没有对画面色彩进行整体的考虑，没有抓住主调，致使画面色彩出现互相脱节、主宾不分的现象。所谓“主调”（又称基调），是指色彩装潢设计中表现出来的总的色彩调子。因此在配色前，应着重考虑画面上大色块的安排，使它成为画面上色彩的主色调（见图5-55）。

在具体运用时，首先根据商品属性来确定画面大色块的颜色，然后考虑与其相配合的其他颜色，画面的主色调与商品形象、商标、文字等紧密结合在一起就构成了一个画面的主要情调，这种情调是感染消费者的一个重要因素。例如，画面上主色调偏暖时，给人以温暖、亲切、欢快、活泼的感觉；偏冷时则给人以清凉、安静、轻松、宽广的感觉。以高明度色彩作为画面主色调时，给人以明朗、轻快、高贵、庄重的感觉；以低明度色彩作为主调时，给人以严肃、沉着、阴暗、坚实的感觉。采用色相、明度相同或相似的色彩时，给人以宁静、柔和、和谐的感觉；采用对比强烈的颜色时，则给人以兴奋、活泼、激动之感等。由于色彩能激起人的心理反应，所以正确地运用色彩可以陶冶人们性情，给消费者以吸引力，吸引力越大，商品的竞争力也就越强（见图5-56）。

图5-54　包装色调鲜明突出

图5-55　冷调

图5-56　主色调偏暖包装

用色除对比调和外，还要考虑用色的主次关系。包装设计在色彩的处理上，哪些地方是主要的，考虑用什么颜色把它突出出来，哪些地方是次要的，考虑用什么色彩把它减弱下去，这些在设色时都需要有明确认识画面用色的浓淡、冷暖都要考虑主次关系。画面上有最冷的色块，也有逐渐转向暖的色块；有深的也有浅的或更浅的色块（见图5-57），画面上只有这样的对比衬托的色彩，才能表现出主次关系。画面即使采用一个颜色，通过色块和各种粗细线条的虚实关系以及利用印刷制版条件，也能表现出色彩的主宾来。搞装潢设计的主要任务，就是要充分表现商品主题，色彩只能帮助衬托商品主题，而不能妨碍它、影响它，以致主次不分。因此，要求设计者在运用色彩过程中，只有分清色彩的主从先后层次，才有助于表现商品主题的主次、强弱的色彩关系。用色不当，什么色都放上去，其效果反而适得其反，画面模糊一片，妨碍商品主题的正确表达。

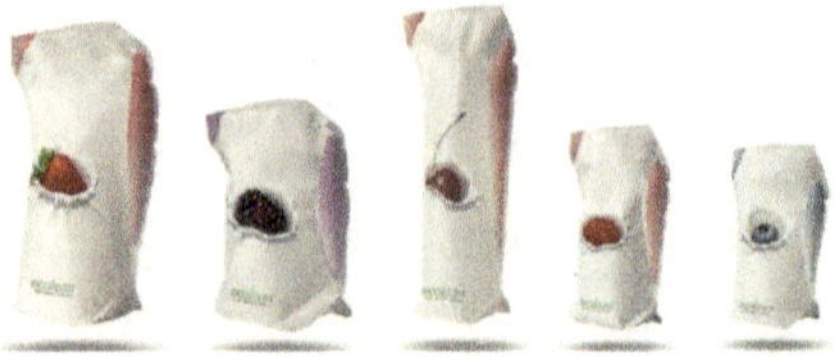
图5-57　包装的主次用色

7. 包装色彩的心理作用与商品性的关系

我们在研究色彩的同时，除了掌握运用色彩的规律外，还要研究光的特点。自然界的一切东西，都呈现出五光十色的色彩变化，而这种变化，是光线在物体上反射出来的光波，再经过我们的感觉器官而产生的印象。所以色彩的视觉效果往往带有明显的主观心理成分，因此，不同的色彩会使我们产生不同的感觉。视觉对颜色反应的快慢以及色彩的冷暖、浓淡、明暗、远近、收缩、轻重和色块面积的大小等都会使人产生特定的心理作用。如果我们在设计实践中不掌握这些色彩对人感觉的变化规律，就很难通过色彩来抓住消费者的心理状态，从而也就达不到商品与消费者的媒介作用。因为画面的感染力，从商品内容出发，色彩如同音乐一样，能使人激情、兴奋，而产生感情，这种感情对商品感染力起着重要作用。

色彩本身并没有感情，感情是人们在对客观事物的感受和具体生活中形成的。食品类包装，多采用红、黄、咖啡色作为画面的主色调（见图 5-58），给消费者一种香甜、奶油、可可的味觉。由于色彩与人们生活的衣、食、住、行有着密切关系，所以人们望色而产生联想，便赋予它们不同的个性和象征。人们对色彩的联想，取决于人们的生活习惯和爱好、思想感情以及心理状态。由于年龄、性别、时代、国家、民族的不同和个人的修养、审美观点以及情绪上的变化，因此有完全不同的心理上的含义。一般来说，根据色彩所引起的心理反应和它与商品性的关系（见图 5-59），有以下几个方面的联想和作用。

图 5-58　食品类包装

图 5-59　糖果类包装

红色：在视觉上是最吸引人的一种颜色，被广泛运用，特别是食品类包装中应用红色作为画面主调更为普遍，故有“销售色”之称。红色能给人以香甜、兴奋、激动、热情、喜悦、欢快、温暖、活泼的感觉，象征勇敢、进步、健康、吉祥，并富有生气和力量。

橙色：橙色比单纯的黄色所体现的香味更强些，但又使人感觉到比单纯的红色所体现的鲜明度又弱一些，所以，它具有黄与红两色的优点，给人以香甜、温暖、热情、亲切、华美、明亮、高洁之感，象征快乐、健康。

黄色：它不像红色那样给人留下特别鲜美的印象。但它也是一种食物色素，在食品类画面上被广泛应用。黄色可以联想到香蕉、鸡蛋、奶油、蛋糕、柠檬等食物，它不仅能给人以“味美”的条件反射，同时还能给人以高贵、香甜、温暖、轻快、亲切的感觉。它象征着光明和希望，洋溢着活力，并富有朝气蓬勃的感觉。

绿色：绿色在包装设计上应用得也很广泛。如在食品设计中，凡含叶绿素的食物，多采用这种颜色来体现其鲜味和属性，如青豆、黄瓜、笋等一类罐头和绿茶等包装上，常用此色作为画面的主色调，如运用得当，采用淡绿、葱绿、嫩绿等清新的颜色，都能增加人们的食欲感。绿色是大地自然的景色，山清水秀，郁郁葱葱，它具有生命力和希望，使人感到清新。它象征春天、健康、新生、希望与和平。

蓝色：在各类商品的设计画面上，常见蓝色与白色组合，以求得清洁卫生和冷静的感觉。蓝色多用于小五金类、清凉饮料、医药品和清洁剂等方面的包装上，同时也常见到它作为陪衬色出现在食品装潢画面上。因为它属于冷色，所以一般习惯与暖色配合，以取得良好的冷暖对比效果。蓝色给人以清凉、安静、深远、宽广、沉思、轻松的感觉，具有理智的象征。

紫色：紫色是一种柔和高贵的颜色，暖紫色常作为各种烟花、礼炮等装饰画面的基调，这是由于紫色和节日晚上的焰火交织的天空色彩形象有联系。紫色能给人以幽雅、柔和、沉思、神秘的感觉，它象征着贵重、华丽和尊严。图 5-60 中紫红色的外包装代表大红大紫、经典、高档、气派、时尚。

图 5-60　紫色烟花

褐色：褐色适用于轻工业产品、食品和手工业产品的包装上。作为咖啡、可可类食品的形象色，该类商品常直接应用褐色来表达它们的商品性。褐色给人以朴实、稳重、老实的感觉。

黑色：黑色是用来衬托明亮色彩的最好背景颜色，其他颜色在它的映衬下，显得光彩夺目。黑色在现代的国内外市场上常被应用到高档商品的包装上。但儿童用品和儿童玩具商品，不宜大面积应用。黑色能给人庄重、森严、神秘的感觉，更能突出主体的色彩感觉（见图 5-61）。

图 5-61　儿童玩具包装

白色：白色是清洁、卫生、纯洁、坦率、高雅形象的集中体现。现在以白色作为主色调的包装已越来越多，但由于它具有易脏的缺点，因此不宜用于五金机械一类的包装上。

灰色：灰色多用于日用五金类的商品包装上，它能给人和谐、厚重、坚实、静止的感觉。

金色、银色：这两种光泽色，经常被用于高档商品的装饰画面上，它们具有很强的华丽、名贵和文雅、辉煌的视觉。因其成本太高，一般中低档商品包装上不宜泛用。

在现代消费市场上，商品包装设计中的色彩效果，具有提高商品销路的决定作用。成功的色彩运用，能给消费者留下极深刻的第一视觉印象，从而产生购买的欲望。

就色彩的规律而论，包装设计的色彩运用与绘画有共同点，但更有特异性。绘画中色彩的运用，多注重于描绘对象的色光规律，写实性强，多用间色；而包装设计中的色彩运用除某些写实表现手法外，一般多着重于色块、线条的组合，强调形式感，多用原色。设计者为了达到宣传、美化、推销产品的目的，对于色彩的运用，必须以现代消费社会的特点，以及商品的特性、销售对象等作为构思的主要依据，同时要考虑到销售过程中的统一连贯效果和视觉效果（见图 5-62）。

图 5-62　护肤产品营销图

画家在创作一幅作品时，他可以自由选择绘画对象，并按个人喜恶，强调自由的个性。但在一件用来宣传推销商品、招徕顾客的商品包装设计上，设计者所受的局限远比绘画大得多。用色必须避免任意性，在尊重所要宣传、美化的对象的同时，必须注意到迎合一般人对色彩的习惯、爱好的要求，同时还要具有社会学、心理学的知识。

总而言之，商品包装设计成功与否，其色彩的运用是极其重要的决定因素。而成功的商品包装设计，是设计师渊博的自然科学、社会科学、商品学、心理学、美学、人体工程学等知识高度集中的体现。

二、图形在包装设计中的应用

图形在包装上是信息的主要承载者。包装中的图形可划分为商标标志、装饰图案、图像图片（摄影形式）、商品形象、动植物或人物形象（代言人）等。

1. 以商标为主要视觉元素的设计（突出商标的作用）

商标在包装上起的是“点睛”的作用，商标形象的建立是产品自身价值的体现，具体从以下三个方面认识和理解。

（1）商标名称能提升包装的宣传功能，是产品可靠性的象征。

（2）消费者对商标形象越熟悉，商品销售量就越大。

（3）对于系列产品，商标应作为包装设计的基础。系列产品有强化标识的作用（见图 5-63 至图 5-66）。

图 5-63　羽西化妆品

图 5-64　突出少林寺的“少林甜点”

图 5-65　雅芳化妆品

图 5-66　芭比娃娃

20 世纪 90 年代后期，雅芳开始从事网络销售，与市场上的高素质同类产品进行竞争，所以高雅的、现代的包装成为其重要的部分。

雅芳每三年到四年就会更新品牌，以给消费者带来无穷的新鲜感和生命力。这种不断更新的理念能够激发消费者的兴趣，也能够激发销售代理的工作热情。

1）公司重新设计了包装的所有部分，从而将不同的品牌整合为一个品牌，只使用雅芳的名称和标志。在这个新设计中，雅芳彩妆系列摆脱了原有的模式而使用了出乎意料的有棱角的形状、纤细的字体以及金属质感的深蓝色和白金装饰。

2）为了保持形象的新鲜感并激发销售代表和消费者的热情，雅芳在 2004 年改进了色彩系列。选择在不同的组合中增加现代的曲线，使用黏土模型，作为概念性框架。

3）设计人员画出了简洁的、具有女性气质的方案并增加了细节——圆形的粉饼盒、金属的质感以及现代感的小写字体——这些元素完美并补充了包装的造型。

雅芳色彩系列最终的新包装十分时髦，漂亮且实用。它给人以性感的印象，代表着现代摩登的女性消费者。

“新包装的效果至今不错”，他们认为：“只要坚持定期更新和发展我们的产品包装，就不断地有新的机会使我们的消费者喜欢我们的产品。”

图 5-66“芭比娃娃”装自 20 世纪 70 年代以来就没有明显改动过。活泼的标志和图形有些过时，尤其是与现代女孩在服饰和玩具方面的设计标准相比而言，它的包装风格已经跟不上时尚的节奏。

调查表明美泰（mattel）公司的芭比娃娃已经在几代女孩的心目中建立了很深的情感联系。当她接近她的 40 周年时，品牌的包装实在不能还和 30 年前一样了。

美泰公司树立一句品牌格言——“芭比娃娃紧跟朝代的步伐”，这也是千禧年芭比娃娃包装再设计的中心（见表 5-1）。

表 5-1 美泰公司千禧年芭比娃娃包装再设计理念

芭比娃娃包装再设计理念	1. 在设计的早期，设计师尝试了一系列彩条图案； 2. 这是美泰公司最终选定的彩条图案，它显得可爱而时髦的现代图案反映出芭比娃娃品牌的调整目标——追随流行的脚步； 3. 芭比娃娃的标志从原有活泼的字体转变为可爱但不失精致的手写字体，这样是为了能够吸引不同层次的女孩和时髦的妈妈们； 4. 公司将最后的包装运用于芭比娃娃在全世界 150 个国家的千款产品中，并将它配合使用在购物点、店铺促销和商店装饰等方面。整个国际范围内的重装上市持续了几乎整整一年的时间才全部完成； 5. 设计的风格手册以供全世界的品牌授权合作者和零售商方便准确地把握新设计的标准。

女性化的、可爱的、现代的再设计改变了所有产品的包装和包括手袋在内的零售娃娃配件，零售商和消费者也都非常喜欢新的芭比娃娃。

2. 装饰图案在包装设计中的运用

（1）装饰图案的基本概念。图案是一种具有装饰性的美术形式。所谓“装饰性”是与写实相对而言的。也就是说，在装饰艺术领域里，为了更好地表达商品内容，在图案设计上必须把生活中所接触的自然物象的形态，经过艺术加工提炼，使之成为富于装饰性的图案形象。设计者需要对大自然进行观察，研究分析事物的本质，经过反复构思，以丰富的想象力和浪漫的表现手法，把自己的感受和愿望概括地表达出来，构成完美的装饰性图样，使其适合商品装饰的应用。

图案的分类如按专业来划分，可分为染织图案、编织图案、陶瓷图案、建筑图案以及装潢图案等。总的来说，凡有装饰图案意图的描绘或制作，都可称为图案。从装饰设计来说，画面装饰包括的内容更为广泛，形式也多种多样。如产品的彩色照片、水粉画、水彩画、装饰画、黑白画、国画、素描、漫画、纹样以及浮雕等形式，通过这些形式所表现出的商品形象都称为包装装饰图案。此外，从透明包装或“开窗”包装中所显示出来的商品实物，也属于装饰画面图案的一个组成部分。这种广义上对图案的称呼与习惯上只把装饰纹样称为图案的狭义的称呼是不同的。装饰设计上所采用的装饰纹样实际上只是构成装饰图案的因素之一（见图 5-67）。

图 5-67 “开窗”包装

（2）装饰图案的艺术特征。在美术领域中，不同的画种既有共性，又有个性。装饰图案就有其特殊的规律。装饰画面上的任何装饰性的图案都有从属于商品主题的，因此，要求图案装饰题材、风格和情调都不能与商品内容相抵触。而装饰画面所有的艺术装饰，都必须有助于消费者对商品的了解，给消费者以明确的印象和强烈的诱惑力。

艺术都是通过客观事物和社会生活以及人的感受和愿望，经过人的假设和想象的艺术加工而产生的，任何想象与假设，都不能离开生活的客观存在。装饰图案虽然有它自己的特殊性，但也不能离开这个原则。自然界如果没有植物，就不会有植物的图案纹样；如果没有动物，就不会有动物图案。所以说，离开现实生活无论有怎样的想象力和天才的假设，都不会产生图案。我们也不能单纯去模仿自然，如果力求画得同现实一模一样，往往使画面呆板、生硬。为此，要求设计者对自然界的景物要具有概括、舍繁就简的能力。如果不掌握装饰设计上图案的装饰技巧，画面装饰效果就会不伦不类，有碍于消费者对商品的感受。

如图 5-68 所示，抽象图形也可以使消费者产生一定的联想，包装尽管只运用了简单的几何线条，但给予人们刷油漆的联想。

图 5-68　油漆包装

装饰图案设计，不仅是为了加强画面的美观，同时还应与画面的各个环节达到协调和呼应。偏颇的装饰形式，认为装饰图案决定一切。那些在形式或色彩上不符合商品主题要求，画面的图案装饰过于复杂、烦琐以及在一个画面上表现手法不统一的画面装饰，尽管别致、华丽，但由于不协调，不仅不能起到烘托商品主题的作用，反而使人费解，结果吃力而不讨好。

总之，艺术特色的形式是多方面的，设计者要有审慎的态度，画面上任何一个装饰都不能随意添加、马虎从事。要考虑是否能唤起人们的思想感情，对商品主题能起什么作用，做到心中有数（见图 5-69）。

图 5-69　薯条包装

如图 5-69 所示，画面上一条条抽象的、奔腾向上的薯条象征着产品的特性，这是一款有助于健康发育成长的食品。画面底部的红色色块处理，与处于画面中心的新鲜土豆暗示着这是优质土豆制成的美味炸薯条产品。

（3）装饰图案的基本要求。为使装饰图案达到服从于商品主题的目的，力求装饰画面上的一切艺术装饰和商品主题融为一个有机的整体，充分表达出商品的内容和属性，设计者不能脱离商品主题，孤立地创造所谓美的形式，必须根据不同的商品主题和广大消费者的欣赏习惯进行设计，既能达到介绍商品的目的，又能使消费者感受到美，从而加深对商品的印象。

装饰画面的图案装饰无论是繁是简，是精致还是粗壮，其表现手法都必须使之和谐并清楚表现商品内容。不能不考虑商品内容，随意运用一些现成的装饰纹样安排在装潢画面上，必须在深刻了解纹样的含义基础上考虑完成后的效果是否符合商品主题的要求，能否使消费者体会图案的意思，能否唤起消费者的共鸣。设计者只有懂得图案的意义和装饰的目的，才能运用恰当的装饰图案，结合商品内容来表达自己的构思意图，使商品主题鲜明突出。

如图 5-70 所示，毛笔勾勒出写意的稻穗形态，包装上没有过多的色彩，只用红、紫、黄色块区别各自的不同，纯净的白色与处于瓶盖、瓶标上的黑色形成强烈对比。

图 5-70　酒瓶设计装潢

（4）图案设计的源泉。图案资料的来源范围很广，自然界的很多物象均可作为图案的资料和素材，如壮丽山河、名胜古迹、城市建设、桥梁水坝、森林原野、农田谷物、火车轮船、花鸟鱼虫、飞禽走兽、树木果实、风雨雷电、日月星光以及人们的劳动姿态和体育舞蹈动作等，均可作为图案素材，这些都是取之不尽、用之不竭的图案源泉。

图案不是自然形成的再现，不能单纯模仿自然，而是通过某种艺术手法使其更完美、更典型、更集中，给人以美感和强烈的感染力。设计者需要适当地加工、提炼、取舍、夸张、概括，使图案源于生活又高于生活。为了达到这个目的，必须对于自然界的万物景象进行细致研究和慎重选择，通过观察写生和加工变化，使之能适合图案美的要求，从而设计出具有装饰性的并为人们所喜爱的新的图案。

如图 5-71 所示，优美的线条勾勒出简洁的“火”的图形，与啤酒名吻合。

图 5-71　啤酒设计包装

设计者在图案设计实践中掌握第一手资料是极为重要的，但在运用素材进行创作的过程中，还应具备将素材变为图案的技巧。

（5）装饰图案设计中的表现手法。设计者不仅要善于想象，把主观设想和客观需要的可能性紧密结合起来，同时还要善于思考，知道如何从各种不同商品内容中去表达商品属性，掌握多种多样的表现技能，运用敏锐的感觉，精深地观察，通过设计实践逐步形成自己的面貌和风格。

如图 5-72 所示，戴着墨镜有着另类发型的头部，经过寥寥几笔勾勒，非常生动，仔细看代表不同的水果形，整个包装涌动着一股轻松、随意、不拘一格的气息。

图 5-73 是用童话插画作为包装的主要展示面，给人以想象力，引起人的好奇心。大盒内的小包装方便食用，控制了每次的使用量，增加了产品的品位。

图 5-72　包装创意

图 5-73　包装凸显品位

图案表现手法很多，在具体运用中，同一手法用于同一内容，不同的人在处理上往往有很大差别。总的来说，不外乎包括简化、省略、变形以及写实、夸张、概括、抽象等表现手法，而每种表现手法，都有各自不同的特点，应根据不同的商品形象，恰当加以运用。比如，食品包装一般多采用写实手法，儿童用品和玩具包装多运用夸张的表现手法，药品与酒标一般多采用以文字为主配以色块的概括的表现手法，化妆品包装则多采用抽象的表现手法，火柴盒图案多运用装饰画去表现，等等。这些表现手法是有明显区别的，下面举出常用的几种表现手法。

1）写实的表现手法。对于不透明包装的设计，凡需要把商品或原料的本来面貌如实地介绍给消费者的，一般都采用写实绘画的表现手法。虽然彩色照片也被广泛应用到包装画面上，并能取得使消费者信服的真实效果，具有一定的吸引力，但是，形象逼真的绘画和喷绘，并没有被淘汰。绘画较之照相有着更大的创作自由，设计者可充分发挥绘画才能，运用各种表现形式，将商品内容更生动、更鲜明地表达出来，取得更加理想的艺术效果，这往往是摄影机所不能及的。特别是糕点、肉类、水果以及蔬菜类等的包装设计，采用写实绘画的表现手法，在增加人们的食欲感上，起到良好的效果。比如，设计儿童饼干包装，画面上除画上饼干实物外，往往通过写实手法描绘出儿童吃饼干时愉快的形象，从儿童吃饼干的满意表情中，向消费者表明饼干味美可口，质量优良，从而引起消费者的味觉和食欲，增强购买信心。

写实绘画的表现形式很多，如水彩画、水粉画、喷绘以及根据商品内容需要而采用的中国画等表现形式，都能运用到某些特定的装潢画面上，从而更好地宣传商品。

图 5-74 是商业插画使瓶贴的视觉效果，亲切自然、新鲜、可口、瓶形传达了固定的企业文化。

图 5-74　果汁包装色彩搭配

2）夸张的表现手法。图案设计由于受商品内容、宣传目的、销售对象以及创新意图和生产工艺条件等不同因素的限制，设计者不能千篇一律地采用写实手法对商品形象作如实的表达或作抽象的处理，而需要运用夸张的表现手法来表达商品内容。所谓“夸张”就是把自然形象的特征在现实的基础上适当加以夸大，加强其主要部分，简化概括其次要的部分，把原有的形象结构、动态比例等经过艺术表现，使其更生动、更鲜明、更典型给人以强烈的感染力。

夸张是图案造型的重要手段，它不仅可以夸大，而且可以减少。艺术夸张有两种表现手法：一是直接夸张，就是以真实形象为依据，进行适当加工或放大；二是间接夸张，就是用漫画形式的寓意夸张。但它必须在符合事实规律和在写实的基础上进行夸张，也就是说，要基于生活的真实，又不为自然所束缚。在进行图案设计时，要抓住对象的特征和外形上所给人的主要印象强调它、突出它。使长的更长，短的更短。以动物为例，画大象要夸张其鼻子，画长颈鹿要夸张其过长的脖子。对于以花卉作为装潢画面的装饰题材，在图案变化时，就要抓住不同花的主要特征及其相异之处，选择姿态优美的角度，加以适当的夸张变化。而图案中的人物，注重眼睛的神态是很重要的，因为眼睛是人心灵的窗户，所以抓住人物传神的眼神，加以夸大，会使人物更加美丽动人。当然，夸张变形的基础还在于刻画形象的技术水平。离开这些，也就不会取得理想效果。

如图 5-75 所示，利用透明材料的包装使产品与图形相结合，增添了趣味性，并且使产品得到了充分的直观展现，传达了手工剪刀的使用功能，传递了一种娱乐、轻松的气氛。

夸张要做到“有的放矢”。艺术夸张的目的是突出表达商品主题内容，还要符合艺术美的要求，设计者的审美观要符合群众的愿望，以美的装潢画面去吸引消费者，促使其解囊选购。

夸张不是目的，它只是一种处理方法，它只能在有限范围内进行夸张，要适当，不能过火，过火了就会破坏艺术的表现力。夸张不能脱离现实生活的基础，要抓住物象最本质的东西，加以适当夸张。

图 5-76 用传统的欧洲书籍装饰手法和插图突出产品的文化内涵和用途，表现了产品的性质，符合特定消费者的审美趣味。

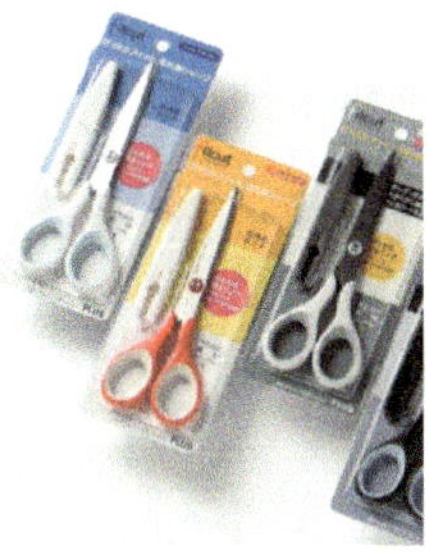

图 5-75　剪刀包装

图 5-76　传统的欧洲书籍

3）概括的表现手法。所谓“概括”，就是对形形色色、千姿百态的自然现象，在不失其特性的前提下，对其枝节部分加以提炼和简化，将其概括为高于生活的艺术形象。通过提炼，其特征更突出、更精美、更富有装饰性。这种简洁明了的高度概括，是图案造型的重要方法。在图案设计实践中，如果单纯模仿自然，力求画得同自然形象一模一样，堆砌，往往不会产生好的效果。

图案设计之所以采用概括的表现手法，是因为有些商品的形象和色彩并不感人，如果运用写实手法，逼真地把它表现在画面上，就不会达到理想效果。在这种情况下，设计者往往采用高度概括的手法，进行大量改造、提炼，以简代繁，将商品形象变化成一种概括的图案，达到更高的艺术境界。就商品广告画来说，高度概括的表现手法，能使消费者即使只对某一个广告匆匆一瞥，也能留下鲜明的印象。此外，以文字和图案纹样为主的装潢设计，也是一种概括的表现手法，在画面上利用大面积的空间，书写变化多姿醒目的文字，再配以概括性的图案纹样或形象色块，集中突出商品的品牌、品名等主要文字。这种概括的表现手法，除运用到医疗卫生用品外，也常见应用到轻工制品、化妆品、食品以及其他一些商品的装潢画面上。

图 5-77 是另类插画在休闲食品包装中的运用，特定的色彩搭配与卡通造型，形成了包装特别的视觉个性。

图 5-77　休闲食品包装

4）抽象的表现手法。在现代包装设计中的艺术形象，总的来说，其表现方法包括两个方面，即对具象高度的概括和升华。也就是说，抽象图案设计，它的图案形象更加概括简洁，更加单纯，注重图案的形式感和鲜明感并表现出一种生动活泼、一目了然的现实感受，使画面含蓄而富于意境。而具象的图案设计，是依据客观物象的具体形态，通过写实手法比较生动逼真地去宣传和美化商品内容。具体地说，就是采用写实绘画、彩色照片或透明包装等方法，来配合品名、商标、牌名等文字而构成的画面装饰。这种写实表现，属于具体形象的画面设计。

随着时代的发展，人们的审美要求也在不断变化，因而反映在包装设计的表现手法和形式上也有所变化。因此，在表达商品内容上仅仅依靠商品具体的写实手法已远远不能满足人们的要求。如果商品形象都用写实绘画或彩色照片来表现，在设计上必然会产生雷同的局面，因而也就不能给消费者以新鲜的现代感，在眼花缭乱的商品"海洋"中更不会有差别性。抽象的画面设计，在画面上不是着重表达商品内容的具体形象，而是以不同颜色，简练的点、线、面所成的几何图形或偶然纹样来配合文字作为装潢画面的主体形象。在表达设计者主观意识图的同时，体现某一特定商品的身价与特性，构成了抽象画面的意境，这样的画面一般称为抽象的画面设计，它能给人的心理带来某种活跃、愉快、兴奋等动的精神感受，如果把它放到商品"海洋"中容易取得与众不同和耐人寻味的效果。由此可见，要想设计出与众不同的装潢作品，在表现手法上，必须打开新的思路，敢于标新立异，通过丰富的抽象画面，迅速打动消费者，从而促进商品的销售。

在设计试验中，以抽象的表现方法去表达商品的特性，与具象画面相比较，是比较突出的，有的甚至比写实的图案设计更具有吸引力（见图 5-78）。

图 5-78 “海洋”创意包装设计

采用抽象的表现手法，虽然是现代销售包装设计的特点之一，但这种表现方法有它的局限性，一般只适用于那些在商品内容和形象上都无法具有描绘的商品，如化妆品、清洁剂、洗涤剂以及香烟、饮料、西药、胶卷、电子产品、油漆、染料和调味品中的味素、酱油、醋等商品包装。对于这些商品，消费者不要求从装潢画面上对商品做具体的形象介绍，可根据不同商品的具体情况的需要，采用抽象的表现手法。当然抽象的图案设计，也可与其他表现手法混合运用。例如，某些机械产品说明书或产品介绍的封面设计，画面上的产品是采用商业摄影图片，而背底则结合产品的特性运用抽象图案作为陪衬，使产品能够更鲜明地突出在画面上，给人留下更为深刻的印象。

抽象画面形式感的构成，主要是由几何形组成的纹样和偶然通过自然形态启发而构成的纹样。用抽象的表现手法，是千变万化的，但仔细研究，它只不过是由“几何形”发展变化而取得的几何图形。而这种几何图形是随着社会的发展，对事物的观察经过概括整理而成的知识结晶。上面所讲的偶然纹样，就是从自然物象的形态或其他瞬间活动中偶然获得的。诸如窗上的冰花、水的流动、瓷器的裂纹、云烟的浮动、动物的斑纹、山峦的起伏、烟花的燃放、贝壳的斑纹、光的闪动、风沙形成的波浪以及壁裂、树皮和木纹等，都属于瞬间偶得的纹样。设计者可从中吸取一些有用的东西，通过加工、提炼来构成抽象画面的形象。因此，要求设计者在生活中必须开阔自己的视野，收集一切可能得到的素材，应用到特定的商品装潢画面上去，为抽象的图案设计开辟一个广阔的前景，以适应现代包装装潢设计的需要（见图 5-79）。

图 5-79 特定物品的抽象表现形式

图 5-79 用富有装饰性的可可植物图案作为巧克力包装的主要展示面的图形，装饰性强，阐述产品品质，清新典雅。

总之，图案设计的表现手法多种多样，源于生活，抓住特征，概括提炼，夸张变化，寓意象征。只要我们掌握图案设计规律，就能举一反三，设计出更新更美的符合时代精神的优秀图案。在图案设计实践中，由于设计者自己的生活经历、艺术修养、表现技巧以及构思的深度不同，而不同的商品又都各具不同的特点和要求，所以，设计出来的图案形象和表现手法也会不一致，一定是千变万化、各具特色的。正因为此，在图案设计过程中，不要受表现手法的约束，只要在实践中不断探索，加深认识，掌握规律，就可创造出更多更好的表现手法。

3. 摄影在包装设计上的运用

摄影是追求直观效果非常有效的手段，其表现手法真实、可信、感染力强，目前对摄影的运用相当普遍。

图 5-80 所示的男性内衣包装，运用摄影的手法，直观地体现了产品的形态和男性气质。

图 5-81 是方便面包装，实拍的面上，诱人的肉块、蔬菜，使人食欲大振。

图 5-82 是蛋糕包装，采用轻松自然的摄影手法来传达产品的内涵，虽然没有具体的图形，但色彩、编排和肌理等抽象要素，成为设计者成功的语言表达。

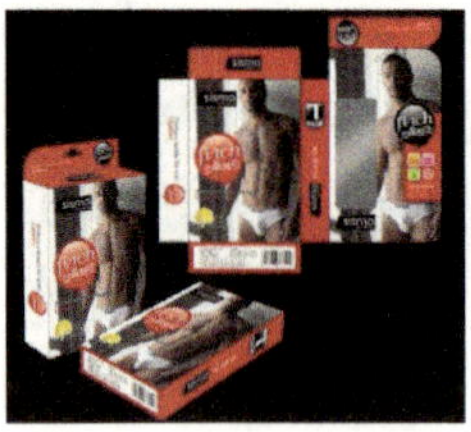

图 5-80　男性内衣包装

图 5-81　方便面包装

图 5-82　蛋糕包装

图 5-83 是都乐水果碗包装，“新鲜的观点”定位在包装图案上，鲜亮丰美的水果图像传达了一种才从树上采摘下来的新鲜，非常能打动购物者。包装上令人垂涎欲滴的图像和清晰的标志向忙碌的女性消费者生动地传达了新鲜和健康的信息。

图 5-83　都乐水果碗包装

都乐水果碗面市后，以那些为孩子购买零食的母亲为销售对象，因此原有的包装设计中加入了一些趣味性，如飞舞的水果和跳跃的文字等。然而，都乐公司通过市场调研发现他们的目标顾客群并不是他们原来所预期的。尽管妈妈和孩子依然是数量可观的消费者，但是都乐水果碗最大的消费群体却是那些 25 岁到 35 岁的单身女性。于是都乐公司将产品定位于面向 25 岁至 45 岁的女性顾客，新的包装体现了这些年纪较长的顾客追求健康和方便的需要。

4. 图形的设计应用原则

（1）主题明确：确立主要表现的主题，明确包装上出现的所有视觉元素的主次顺序。

（2）言简意明：明确告知消费者产品的诉求目的。

（3）诚实可信：取得消费者信任，要真实反映产品的性能和价值。

（4）独特的个性：能反映产品、品牌个性，从立体的空间中展示新奇的视觉效果。

三、文字在包装设计中的应用

文字作为视觉要素，在包装设计上极其重要。文字不但是承载、传达各种信息的主要角色，而且自身的视觉形象是一种重要的装饰与传达媒体。

文字是经过漫长的发展演变而来的，本身就具备了形象美和艺术的气息。文字是每一件包装上不可或缺的构成元素，包装设计者必须认识到，要做好包装，必须先掌握文字的表现方式。许多优秀的包装设计作品，单靠文字设计要素来进行包装，就取得了很大成功。

1. 文字设计要素的组成

根据文字在包装中的功能，可以将包装中的文字分为三个主要部分。

（1）品牌文字：包括品牌名称、商品品名、企业标识名称和厂名，这些文字代表产品形象，是包装设计中主要的视觉表现要素之一。这些文字一般安排在包装的主要展示面上。

（2）广告文字：即包装上的广告语，如“新品”“买一送一”“鲜香松脆”等。它是宣传商品特色的促销型口号，内容应真实、简洁、生动，并遵守相关的行业法规。广告文字一般也被安排在主要展示面上，应注意视觉冲击力度不应超过品牌名称，以免喧宾夺主。

（3）说明文字：是对商品内容做出细致说明的文字。如产品用途、使用方法、功效、成分、重量、体积、型号、规格、生产日期、生产厂家等信息，以及保养方法和注意事项等。功能性说明文字主要体现了商品的功能，因此文字通常采用装饰性强的印刷字体，位置主要安排在包装的侧面或背面，或根据包装的结构特点安排在次要位置，也可以以单页的印刷品说明形式附于包装内部。

随着我国包装业迅猛发展，包装设计水平也有很大的提高。但是，在取得成绩的背后，也有不容忽视的问题，那就是在一味追求视觉效果的同时，而缺乏对文字设计的艺术处理。图片和文字是装潢设计传达信息的两大构成要素。在包装设计中图片固然重要，但是，如果没有文字的阐述，哪怕是简单到一个电话、一个地址、一个品牌名称等，也不会起到准确传达信息的作用。既然包装中有文字，那么就要运用文字设计艺术手段，来进一步强化图片内容，与其一起完成信息的传达，由此看来，文字设计艺术是增强装潢视觉传达效果，赋予装潢设计审美价值的一种构成技术。

2. 常用字体及其性格属性

包装设计中的文字字体，无论是汉字还是外文字母，都要根据构图的要求来选择体式、大小和粗细，力求对包装整个构图起到衬托、装饰、美化作用，又要体现独立转载信息的功能与价值。目前包装设计常用的汉字字体可以分为下列几种：

（1）电脑字库字体。目前电脑软件开发商提供的各类字库字体种类繁多，就包装来说，最常用的是方正字库字体。方正字库在传统的宋体、黑体、楷体、粗圆、姚体、琥珀、隶书、魏碑、综艺、水柱等字体的基础上，近几年来又不断推出了许多新的字体，如珊瑚、瘦金、黄草、康体、颜体、童趣体等，新老字体种类达近百种，在创作上给包装设计人员提供了很大的方便。但是，设计人员要想在创作上灵活地驾驭这些字体，就需要对这些字体的性格属性有所了解。例如，纤细秀丽、端庄典雅的字体给人以华丽高贵之感，适用于女性化妆品、女性饰品；挺拔的字体，简洁、硬朗，有较强的视觉冲击力，适用于家用电器、器材等；深沉厚重、造型规整的字体，具有重量感，适用于工程机械、大型运载车辆等；欢快轻盈、生动活泼的字体，有鲜明的节奏韵律感，适用于儿童用品、旅游产品；苍劲古朴的字体，适用于传统产品，如历史悠久的名酒等。

（2）变体字、花体字。设计人员根据设计内容需要，运用电脑软件把字体作倾斜、旋转、大小渐变、颜色渐变以及空心、立体等变形变体，这样经艺术处理之后的字体能使画面动起来、活起来、层次丰富起来，从而增强设计的视觉传达效果，这类字体适用于家电、电信、房地产以及服装等。

（3）书法。我国的书法是一门古老而又独具魅力的艺术，虽然现在电脑字库也提供了许多种由古代名家书体演变过来的字体，诸如行楷、颜体、黄草、隶书等，但由于缺乏书写的气韵和个性，还是有一定的局限性。在中国书法中，甲骨文、篆书、隶书、草书、楷书、行书都是具有相当高的审美价值的书体，适合出现在具有民族传统特色与地方风情的商品中。例如，风景名胜旅游产品以及老字号商业产品、传统食品以及中成药，运用风格不同的书法，均可表达不同的内容，给人以不同的视觉感受；用篆体字书写品牌名，可以给人历史悠久的信赖感；草书字体如龙飞凤舞，有很强的装饰情趣；行书如行云流水，富于神韵。这些字体用作标题或标语文字，既能产生画龙点睛的效果，也能提高画面的设计格调，增加包装设计画面的表现力和感染力。

（4）装饰文字。在设计中还经常设计出一些装饰文字，即对标准文字进行装饰性处理使之图案化，具有典雅、华丽、时尚、趣味、浪漫、喜庆等效果。装饰文字在设计中有时不传递主要信息，只起陪衬和烘托气氛作用，如“春”“福”“吉祥”等词汇图案化后，具有烘托节日气氛的作用。这种艺术处理既巧妙又有情趣。

3. 文字设计艺术的几点要求

要对文字进行设计，应注重研究不同字体的特征、笔画、字架、行间的书写准则和编排组合技术，探求文字造型的基本理论和表现技巧。文字设计虽无定式可循，但需要考虑以下几点。

（1）注重文字的可视性。文字是表达思想内容、传达信息的，要达到此目的，就必须考虑文字的整体诉求效果，是否给人以清晰的视觉印象，因此在设计时要避免繁杂凌乱，减少琐碎的装饰变化。特别是手写体、书法以及装饰文字，要使人能易认易懂，切不可大搞“唯美主义”。如果人们都在“猜字”中获知信息，那么设计效果可想而知。

（2）赋予文字鲜明的个性。文字设计重要的一点在于风格特性要与企业对产品特征及性能的要求相吻合，不能相互冲突，破坏了整体视觉效果。

（3）在视觉上要给人以美感。作为装潢构成要素之一的文字，在视觉传达中，必须具有美感，能给人以美的享受。字型设计不完美，组合不巧妙的文字不仅在视觉上难以让读者产生美感，还会使人心理上产生厌恶情绪，最终影响信息的传达。同时也难以树立良好的企业和产品形象，有时还会起相反的作用，破坏和歪曲企业及产品形象。

（4）在设计上要富于创造性。根据主题的要求，极力突出文字设计的个性色彩，创造与众不同、独具特色的字体，给人以别开生面的视觉感受，有利于企业和产品良好形象的建立。在设计特定字体时，一定要从字的形态特征和组合编排上探求，不断修改，这样才能创造出富有个性的文字，使其从外部形态到设计格调，都能唤起人们审美上的愉悦感受。

4. 文字的整体设计艺术

设计作品中，仅懂得字体的性格属性和设计上的一些技巧是不够的，还应了解文字在整体设计中的位置和作用，应注意以下三点。

（1）文字简洁干练。设计前的文稿大都由客户提供，由于他们不一定懂设计艺术，所以材料往往比较烦琐，因此，需要设计人员在文稿上下功夫，提炼出标题，整理出正文等，应做到简洁、概括、意思明确、条理清楚，为下一步安排文字在设计中的主次关系和位置奠定基础。

（2）文字布局生动。在快节奏的生活中，文字布局平淡呆板、缺乏韵律和节奏感，势必不会引起人们的注意和兴趣，只有充分注意到文字的大与小、虚与实以及字形、字体的各种变化和相互对照，才能抓住读者的视线。

（3）文字疏密结合。中国画讲究“疏可跑马，密不透风”，这是指构图上要有疏有密，疏密结合。这一审美原则同样适用于包装设计。有些设计大面积留白，虽非定论之谈，但讲出了留空白的必要性。空白的作用有助于衬托画面，在表现产品和形象时起着独特的作用。当然空白不能乱空，而应在视觉上让人感到舒服，做到“计白当黑”“虽无胜有”的效果。

总之，字体在包装中的设计和运用是一门独特的艺术，它需要设计人员不断钻研、不断总结，在总结中找规律，在规律中求创新，使包装设计中的字体设计与其他要素有机地构成一个整体，这样才能起到较好的视觉传达效果。

如图 5-84 所示，字体的有机编排，构成了包装的平面视觉特征。

图 5-85 的书法字体富有强烈的装饰效果，笔墨意象营造了清酒包装的超然气质，民族文化传统要素原汁原味。

图 5-86 独特的字体热排列方式是其最大的特点。点、线、面的构成在这款设计中有了一个最好的诠释：橘黄、蓝色是面的表现，黑色带是线的表现，字母是点的表现。

图 5-87 以中轴线为中心展开设计，在对称中求得变化，容器造型则寻求瓶体上的不对称，再加上材质的独特，形成了这款极具东方魅力的个性设计。

图 5-84　牛奶包装

图 5-85　书法融入包装设计

图 5-86　面线点在包装中的融合

图 5-87　设计融入东方元素

本章小结

本章中，我们了解到包装设计不仅是商品的外在装饰，更是品牌与消费者之间沟通的重要桥梁。一个成功的包装设计应该能够准确传达产品信息，同时具有吸引力和竞争力，通过色彩、图形和文字的有效结合，实现与消费者视觉和情感的沟通。

本章习题

1. 包装设计的信息传达特性有哪些？
2. 谈谈包装设计中的视觉传达要素在包装中起到的作用。

第六章 市场调研与设计定位

ITEM 6

本章导读

实现商品销售才是包装的目的，也就是解决企业市场营销方面的问题，要解决问题，就要有科学的方法与程序。在包装设计的各个阶段中，市场调研与设计定位有着至关重要的作用。

本章重点

了解包装容器市场调研

了解包装容器设计定位

在市场经济社会中，商品生产者都是受其自身的经济利益驱动的，对于他们来说，最为关键的是手中的产品怎样才能打开市场，适销对路，为广大消费者所接受。因此，研究企业在动态市场上如何有效地管理其产品的交换过程和交换关系，以提高企业经济效益为目的的市场营销学，20世纪初在美国诞生了。以企业的目标顾客及其需要为中心，并且以集中企业的一切资源和力量，适当安排市场营销组合为手段，从而达到满足目标顾客的需要，扩大销售，取得利润并最终实现企业目标成为现代市场营销的核心内容。由此可见，在当今市场经济的环境中，企业所进行的一切生产经营是消费者对于包装的需求，或者说，商品的包装应对商品的销售起到有益的促进作用。实现商品的销售才是商品包装的根本目的（见图6-1）。

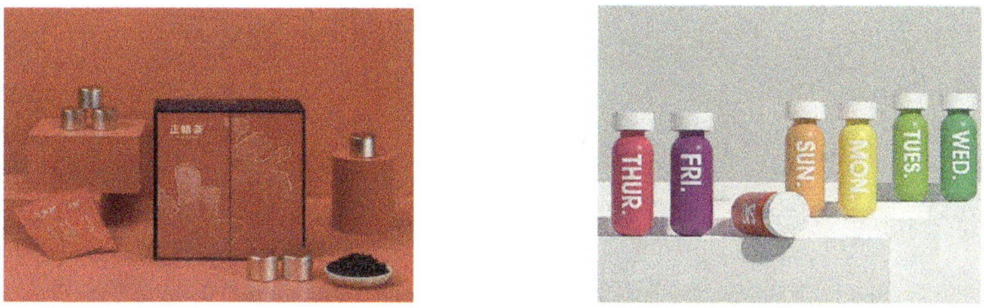

a　　b

图6-1　助力销售的商品包装

实现商品销售才是包装的目的，也就是解决企业市场营销方面的问题，具体地讲就是推销产品与宣传企业形象。要解决问题，就要有科学的方法与程序。设计的程序是一个解决问题的过程，包括对问题的了解与分析、对解决问题的方法的提出与优化。在包装设计的各个阶段中，市场调研与设计定位有着至关重要的作用，它们是完成一个好的设计的前提。

第一节　市场调研

在现代超级自选商场中，商品大都按照类别分类被摆在货架上供人自行挑选，在没有推销人员的情况下完全要靠包装本身的形象与消费者沟通。越是优秀的包装设计，其销售力也就越强，包装被称为“无声的推销员”。包装的形象也体现了商品的品牌形象和企业形象。商品包装就是一种以色彩、形态、文字与品牌标识一起构筑起来的企业形象和无形资产。当一个包装呈现在消费者眼前时，消费者会立即产生一种对该产品是喜欢还是讨厌的情绪。这种情绪的作用是巨大的，它验证了“包装是否具有销售力”。而“包装是否具有销售力”是由包装的内容、产品的消费层，以及销售地点紧密联系在一起的。

因此，面对一项包装设计任务，我们必须了解该商品属于哪一种类型的产品包装，有何特点，有何特殊要求。这是设计构思的基础，否则设计将无法开展，无从入手。首先从以下几个方面进行考虑。

一、对本商品和同类商品的调查

（1）本商品和同类商品的共性和个性，与同类产品比较有何优点、缺点和特点，是新产品推出还是改装老产品，以及该商品是属于哪一类型的，是食品、化妆品、五金产品，还是文化用品等。

（2）商品的档次是中、低档还是高档，该商品销售时价格定位属于高端礼品档次还是属于中、低档。

（3）商品的知名度：是国际知名品牌还是国内一线品牌，或某一地域有何种影响力的产品。

（4）该产品的企业历史概况及地域位置等。

二、对消费者的调查

1．商品的消费对象

调查该商品的消费对象，消费群体的年龄层、性别、职业、文化层次以及民族等。

消费者的购买行为，往往会受到生活方式、社会环境、风俗习惯以及个人喜好的影响，而且购买行为的产生和事实也是一个复杂的心理活动过程。每一位消费者的年龄、性别、职业、收入、文化水平、民族、信仰、性格等各方面都是不同的（见图6-2），常见的消费者心理特征有以下几种。

a

b

图 6-2　不同消费群体的包装设计不同

（1）喜欢实惠的心理。这是广大消费者、工薪阶层和具有成熟消费者心态的顾客的一种普遍心理特征，这部分消费者追求商品的实际使用价值，擅长比较产品的物美价廉。

（2）唯美的心理。将商品包装的设计美感方面因素作为选择的依据之一。例如，知识分子、文化素养较高的人士，青睐于具有雅致、精细美感特征包装的商品。

（3）时尚的心理。这是年轻消费者、白领阶层中普遍存在的消费心理特征。时尚文化对于年轻人的消费起着巨大的引导作用，其特点是反传统、更新快、寿命短。

（4）品牌效应。品牌效应会导致消费者对产品质量、声誉的信赖感。

（5）从众的心理。当一种商品有许多消费者购买时，就会引起其他消费者的关注，他们会认为这种商品一定具有物超所值之处，这种想法很容易导致消费者的从众购买行为。

（6）喜新厌旧的心理。这是人类共同的本性之一，这种心理的产生一方面是因为随着时间的推移使消费者对形象新鲜感的淡化造成的，另一方面有流行文化的不断更新的原因。

2. 销售区域

销售区域从大范围上可划分为国外、国内、城市、乡村、民族地区等。小范围上可划分为批发、零售、超市、普通商场等。

三、实施市场调研

进行市场调研有许多种方法，一般来说，由于时间以及经费上的原因，只能选择一些具有可操作性的方法进行调研。

最常见的调研方法是采取调查研究、田野考察、个案与综合研究的方式。市场调研主要是从设计的角度对包装在市场上的情况、竞争对象、销售环境等方面进行观察，搜集资料。

通过市场调研，多方面地收集到产品包装设计所涉及的市场、消费者等方面的信息，在此基础上对调研进行总结，根据需要写出调研报告。调研报告要简明扼要，观点要明确，要对调研内容进行客观性的整理、归纳，并提出结论以及设计中所要解决的重点问题与解决的方法。

第二节　设计定位

随着社会生产的发展，商品的竞争越来越激烈，同类产品的品种和生产制造者也越来越多。为了适应这种竞争形势，在 20 世纪 70 年代初期出现了以定位设计为特点的包装设计，它是以争取消费者为目的的包装设计。

定位设计是从英文 Position Design 直译过来的，是 1969 年 6 月由美国著名营销专家 A. 里斯和 J. 屈特提出的定位理论——“把商品定位在未来潜在顾客的心中”而得来的。

国外把 20 世纪 70 年代的市场销售战略称为“定位”战略。20 世纪 80 年代，欧美的包装设计专家来华交流时，详细介绍了定位设计理论与方法，对我国包装设计的定位创作方向影响很大。定位设计被设计界普遍采用，并被越来越多的人认同，在商品的竞争中发挥了很大的作用。

国外设计界对定位设计的理解包括两个方面：

（1）产品定位是用来激励消费者在同类产品的竞争中，对本产品情有独钟的一个基本销售概念，是设计师通过市场调查，获得各种有关商品的信息后，反复研究推敲，正确把握消费者对产品与包装需求的基础上，确定设计的信息表现与形象表现的一种设计策略。

（2）在包装设计中要更多地考虑如何体现商品的人性化，以争取消费者为目标。设计定位的准确性与否将直接影响包装设计与开发的成败，大家应充分意识到定位的重要性，使我们的设计走向成功。

现代包装的定位设计可分为：①品牌定位，表明商品是谁生产的，用什么商标；②产品定位，应清楚地反映出包装内是什么东西，是新的产品还是老的产品，有什么特点，原料及性能如何；③消费者定位，明确产品是谁生产的，消费者的性别、阶层、年龄都要有所反映，产品适用于家庭、旅游或其他特殊需要，也要有所显示；④综合性定位。

一、品牌定位（它表明了“我是谁”）

品牌定位一般着重于产品的品牌信息、品牌形象、品牌色彩的表现，主要应用于品牌知名度较高的产品包装设计上，它是向消费者表明“我是谁”“我代表的是什么企业，什么品牌”。

在包装设计的画面上，主要突出商品的标志或企业标志、品牌名称，如“可口可乐”“百事可乐”“555”香烟、“麦当劳”等。成功的品牌形象定位对行销商品至关重要（见图 6-3 至图 6-6）。

图 6-3　可口可乐包装

图 6-4　百事可乐包装

图 6-5　“555”香烟包装

图 6-6　麦当劳包装

此外，产品以及企业的标识形象是经过注册而受法律保护的，产品一旦成为知名品牌，就会给企业带来巨大的无形资产和影响力，给消费者带来的则是质量的保障和消费的信心。

品牌定位的特点就是在包装设计上突出品牌的视觉形象。通常在设计品牌时，会制定出固定的色彩组合，成为企业产品中的标准色，即“形象色”，给消费者留下强烈的视觉印象。如“可口可乐”的红、白，“百事可乐”的蓝、红，都具备了强烈的视觉吸引力，而且都已深入消费者的记忆中。

二、产品定位（它表明了“我卖的是什么东西”）

产品定位表明了“ 我卖的是什么东西 ”。产品定位在销售中起直接介绍产品的作用，也是直截了当的表现方法，在包装的展示面上突出产品的形象，吸引消费者的注意力。构思时，定位的角度可以从以下两个方面来考虑。

1. 从商品的外部形象来考虑

这是介绍商品最直接的方法。一般来说，其主要展示面上应突出产品形象，要求效果生动逼真，通过摄影或超写实的绘画技术去完成，引起消费者的购买兴趣。也可利用透明包装或纸盒开天窗的方法让消费者直接了解包装盒内的产品，增加产品的可信度（见图 6-7、图 6-8）。

2. 从与商品有关的色彩来考虑

可以采用与商品直接有关的某些色彩来反映出某商品的属性，最常见的手法是运用“形象色”来达到反映商品属性的目的。

如咖啡色用于咖啡包装上、奶黄色用于奶粉包装上、橙黄色用于橘汁包装上等；又如，用淡粉色、淡绿色等柔和的女性色来反映出女性化妆品的属性特点，运用钴蓝、银色等清冷的色调来反映某些镇静消炎药品的特点等。

图 6-7　杯子的包装

图 6-8　坚果的包装

三、产地定位（从商品的产地来考虑）

不同地域，不同民族，都有自己与众不同的风俗习惯。一些元素是最富有民族特色的一种民俗，是民族特有的精神财富，在世界上也是独一无二的。例如，内蒙古独有的特点和特色，草原、蒙古包，非常适合经常转场放牧的牧民居住和使用；畜牧业是蒙古族人民长期赖以生存发展的主要经济；蒙古族善于歌舞，民歌分长、短调两种等。新疆“三山夹两盆”的山脉和盆地分布大势是造成新疆南北地区气候、河流、农业差异的主要原因。新疆主要的地理区域特点是气候干旱，这种干旱气候是造成新疆地区多沙漠、少绿洲的主要原因。

对于土特产品的设计，突出产地定位尤为重要，在设计中应致力渲染地域的优势。以示产品的特质与正宗。产地定位强调原材料由于产地不同而产生的品质差异，突出产地也就成了一种品质的保证，多用于旅游纪念品、土特产、香烟、茶叶、酒类等（如法国葡萄酒的包装设计，以乡村葡萄园的风景为主要图形）(见图 6-9、图 6-10、图 6-11)。

图 6-9 是法国葡萄酒的包装设计，以乡村葡萄园的风景为主要图形。

图 6-10“西湖藕粉”定位于西湖，西湖这个旅游胜地提高了藕粉的身价。

图 6-11 是进入市场经济时代，红旗渠的品牌功能日益显现，红旗渠香烟充分发挥商品名称的精神内涵，有效地增强了品牌竞争。

图 6-9　法国葡萄酒的包装

图 6-10　“西湖藕粉”的包装

图 6-11　红旗渠香烟包装

四、产品性能定位

以产品使用后的结果作为其视觉化的说服力，表现方法是将产品特性、真实证据反映在包装的展示面上。

如图 6-12 画面上丰富、柔和的泡沫暗示着这把汽车刷的功能，使用它能彻底清除车上的污垢。

图 6-13 所示的洗衣粉包装的画面上，采用鲜花和气泡来体现产品的性能，通过画面的设计体现产品气味芳香、去污力强的特点。

图 6-12　汽车刷包装

图 6-13　洗衣粉包装

五、纪念性定位

产品包装为着重表现某种庆典活动、特殊节日、旅游活动、大型文化体育活动等进行的纪念性的设计，使消费者能留下有意义的回忆，并作为纪念品收藏，但这类设计一般会有时间、地方的局限。

例如，某些企业为厂庆 50 周年或某些学校为校庆 100 周年而专门设计的一系列产品包装及宣传品；2022 年北京冬奥会，其纪念品包装（冰墩墩、雪容融）突出了 2022 冬奥会吉祥物，具有很强的纪念意义。

六、产品档次定位

很多产品会有高、中、低档次的区分，设计者应根据产品的不同价格来考虑适当的包装设计。例如，日用品包装设计与礼品包装设计就有明显的区别，礼品包装应该突出它的高档感、高品位，以适应消费者送礼的需要（见图 6-14、图 6-15）。

图 6-14　月饼礼盒包装

图 6-15　简装月饼包装

图 6-14 是月饼礼盒的包装，它的设计就特别考究，力求体现商品的华丽、典雅和高贵。

图 6-15 是普通的简装月饼，它的设计比较简单，成本也比较低廉，讲究实惠，符合普通消费者的水平。

七、消费者定位（这里指的是商品卖给谁的）

包装设计应表明商品是“卖给谁”的，为谁服务的，为谁生产的，要让消费者一目了然。

设计者必须充分了解目标消费群的喜好和消费习惯，使其具有较强的针对性，使消费者透过包装设计就能感觉到这个产品是专门为自己设计的，从而产生亲切感。抓住消费者的心理和消费者的情感，就是抓住了消费者的心，消费者定位设计就成了一种有效的销售战略。

例如，针对儿童定位的奶粉，运用儿童喜爱的形象，画面处理成有立体感的拟人形象，以及丰富的色彩，很到位地体现儿童活泼可爱的天性（见图 6-16）。有专门为老年人饮用的奶粉，画面以健康、快乐、和蔼可亲的老年人头像画面为主要图形，以“松鹤延年”为题材，寓意“长生不老”的设计方案，一看便知为老人专用的（见图 6-17）。

图 6-16　儿童奶粉

图 6-17　中老年奶粉

图 6-16 的海普诺凯奶粉，鲜明的设计主题，突出甄选于荷兰百年家族牧场纯正奶源；融入大量荷兰元素，如荷兰服饰、风车等。包装整体分为三大色块：金色、白色、绿色，金色凸显产品的高档，白色为鲜奶的本色，绿色传达出产品的新鲜、营养与健康。正立面图案使用的是当地牧场的生活场景，十分吸引消费者的目光。

图 6-17 的伊利中老年奶粉是根据中老年人的身体器官与肌体功能逐渐减弱现象研究制作的。设计上大面积使用金色和蓝色，金色体现华贵质感，有着辉煌灿烂之意，蓝色则有着自由、清新之感。主图为一对中老年夫妇的形象，二人合力托起象征健康无限的符号，突出产品帮助他们在全面补充营养的同时，调理强健骨骼、调理肠胃、提高抵抗力、预防慢性病，为中老年人的健康保驾护航，重新焕发活力。

八、综合定位设计

在上述定位设计方案中，对于品牌、产品、消费等这些因素均不能孤立地去考察和运用，应该以一个因素为主导，其他与之呼应。

一个好的包装要把这几方面综合起来表现，在应用中进行变化。例如，品牌与产品定位、品牌与消费者定位，在表现上一定要有倾向。一般以品牌形象为表现主体，产品形象为辅助，注意相互补充；也可以是产品与消费者定位，在处理上要以某一内容为主要表现对象，另一个为辅助，避免二者等量齐观。另外，也有以品牌 + 产品 +

消费者定位（相结合的设计），这个一定要注意有所侧重，应避免画面杂乱，一般多以品牌为主，其他为辅助表现。包装的空间有限，不可能面面俱到，所以设计一定要有重点，既便于表现，又便于被接受，并且具有典型性和鲜明性。

作为设计者，在进行商品包装设计时，需要考虑产品的质量与生产商的声誉，如果产品本身的质量不高，消费者就不会购，即使设计出很好的包装，也是没有生命力的。包装设计要保护消费者的利益，实际上也是保护生产商的利益。如果包装的设计或印刷水平太低，就会影响商品销售。

所以，进行一项商品的包装设计，设计者需要了解以下几个方面的情况。

（1）在销售对象方面，要了解消费者的文化、宗教、政治因素以及生活水平、生活习惯等，从而考虑什么样的包装对他们有吸引力。

（2）在销售市场方面，要掌握该商品在市场中所占的比重，竞争者的情况和有关市场的法律规定，现有包装设计的发展趋势。

（3）在生产商方面，要了解该生产商在其产品的销售市场上的地位，以及在竞争者中的地位。

本章小结

调研报告要对调研内容进行客观性的整理、归纳，并提出结论以及设计中所要解决问题的重点与解决的方法。设计定位应根据不同的产品具体分析，具体对待。运用好调研及定位设计，能设计出促进市场经济发展的优秀包装作品。

本章习题

1. 市场调研应从哪几个方面考虑？
2. 现代包装的定位设计可分为哪些？

ITEM 7

第七章 包装设计创意构思

本章导读

为使学生在包装设计中画面达到完美的境地及艺术效果，本章主要阐述了包装设计艺术构思和包装的版面设计。

本章重点

○艺术设计的构思

○版面的艺术设计

第一节 包装艺术设计的构思

包装设计的画面，是商品包装设计的重要组成部分，包装设计的范围尽管复杂，但总的来说，创作的过程大体可分为两个阶段，即设计构思阶段和绘制正稿阶段。要想使包装画面达到完美的境地，具有艺术效果，必须通过艺术构思。一件优秀的包装作品，是设计者艺术修养和艺术素养的结晶。构思是包装设计的起步，是设计者在孕育包装作品过程中所进行的思维活动。这个思维活动，包括确定商品主题、包装造型、商标的安排、图案设计、彩色处理、文字字体的选定以及画面的整个布局和探索最适当的表现方法等。

1. 包装设计中的创意

一件包装画面的形成过程就是反复推敲绘制草图的阶段。当某一想法达到成熟时，就要着重考虑画面的艺术效果，应力求鲜明、生动，有耐人寻味的意境。所谓“意境”，从包装设计来说，是指某种商品包装画面上所表达的艺术境界，是设计者在表达商品主题时思想感情的体现，它包括设计者的感受以及对生活的认识和理解。有意境的包装设计作品才能打动人，而动人的实质就是动情。

2. 对商品的感受

设计者对商品内容产生感情，要有感情基础，即创作激情。如果设计者对某种商品内容毫无感受和理解，就不会产生设计的冲动，即使设计，也达不到感染消费者。

了解商品，熟悉生活是包装设计构思的必要前提，设计者只有激发我们对商品的感情，才能产生将美留给大众的欲望。

3. 艺术处理

包装设计不是一种独立的艺术品，而是依附于某一商品，它是以产品为对象进行艺术处理，当消费者把商品买到手里使用的时候，就完成了它的使命。所以，它与纯美术是有所区别的。

对商品形象的描绘，由于设计者的构思不同，所表现的形式也就不会一样。有的采取直观的方式，比如药品包装设计，采用原料形象作为画面的衬托，有的茶叶、咖啡的包装画面上配上一个茶杯来衬托商品内容。借以引起消费者的食欲或产生某些联想（见图 7-1、图 7-2）。

图 7-1　茶叶包装

图 7-2　糖果包装

在包装设计的构思中，还应考虑到消费者的审美差异。这也是设计构思值得重视的一个问题。

一个优秀的包装设计者，在某些方面必须是一个心理学家，对人们的心理状态有敏锐的直觉。在艺术处理上，设计画面的优劣，潜移默化地影响着人们的思想感情。所以，要把巧妙的构思同完美的艺术手法结合起来，加强它的艺术感染力，用包装设计艺术特有的语言给消费者留下深刻的印象。

4. 包装设计的创意

在包装设计实践的过程中，求熟是手段，创新是目的，不求先熟，也就无以创新。在设计实践中，如不能摆脱旧的束缚，不突破陈规、立足创新、独具风格，那么这种熟而不新，是不符合包装设计创意的。当然，在品种繁多的商品中，装饰雷同是难免的，但要尽可能地设计得不一般，要从别人没有意识到的环节中进行构思设计。因为越能采用最鲜明而富有表现力地表达商品内容的新形式，就越能给人以感染力，从而征服消费者。

5. 艺术效果

在设计构思过程中，我们不能忽视对商品包装设计最后效果的考虑。因为评价包装设计的好坏，主要是看商品在货架上展销时的最后效果如何。因此，任何完美的包装设计不仅在于画面美感的追求，更重要的是重视画面完成后的效果。

一件完美的包装设计作品，应该从三个方面来考虑：首先要着眼于整体的效果，就是从橱窗或货架上远看的效果，让消费者在一定距离之内，易于辨别自己所需要的商品，具有视觉冲击力，当商品包装置放在超级市场“海洋”之中时，能否有某种特色或别具风格而吸引消费者。其次是近看的效果，当消费者拿着商品包装在手中细看的时候，能否乐于接受。最后要从经久耐看的效果考虑，就是该设计是否具有耐人寻味的装饰风格。

6. 重视生活的积累

从事包装设计者，不仅要具有丰富的生活经验，还要具有丰富的创作经验。“巧妇难为无米之炊”，没有生活经验是无法进行艺术创作的，因为生活是艺术加工的原料；反过来说，如果没有设计的经验，则基本功不过硬，表达能力不强。为此，设计者要加强自己的基本功训练，还要在生活中，对千差万别的商品从多方面进行研究，从中汲取一些素养，来丰富自己的想象。通过不断提高自己的艺术修养和审美能力，开阔自己的视野，使作品适应新时代的要求，满足人们不断变化的生理和心理需求。

7. 构思的形成

一个构思的形成，必须建立在对所设计的商品充分了解的基础上。要了解商品的属性、特点、用途、原料、性能、规格、使用对象以及服从销售地区、国家的不同要求和不同民族的欣赏习惯，同时，还必须考虑印制材料和工艺条件。

商品有低档、中档、高档之分。我们不管设计哪类产品都必须做一番认真细致的调查研究工作，要熟悉消费者的生活，了解消费者的喜好，与广大消费者产生共鸣。

各种不同的商品，都有它自己的特点，在构思时就要抓住这个本质的东西，抓住它与其他商品不同的地方，进行设计。商品的特点，是由商品的形象、性能、用途、销售对象所决定。例如，化妆品的装潢画面效果应给人以清洁、芳香、雅致之感；食品包装应通过画面应给消费者以食欲感；医药类的商品装潢应给人以平静安宁之感；五金、工具、机械类商品的包装装潢应给人以稳定沉着、坚固耐用的感觉；各种礼品的包装装潢设计给人的感觉应是喜庆、愉快的情调；设计茶叶包装，应在色、味、形等方面显示出一种古雅的风格等。

总之，不同商品应有其不同的装潢、特点和要求，装潢画面上的图案应体现出与其相适应的价值性，如对高档商品的装潢设计，需要在选定的格调等方面既具有高雅的风格，又具有高贵华丽的外观。任何事物都有它的局限性和特点，我们应该认识它、正视它，以避其短而发挥其长。只要我们能切实按照装潢设计的特点和规律，在了解商品的过程中多用脑子，勤于构思，就会达到预期效果（见图 7-3 至图 7-6）。

图 7-3　化妆品装潢效果

图 7-4　酒的包装效果

图 7-5　食品类包装效果

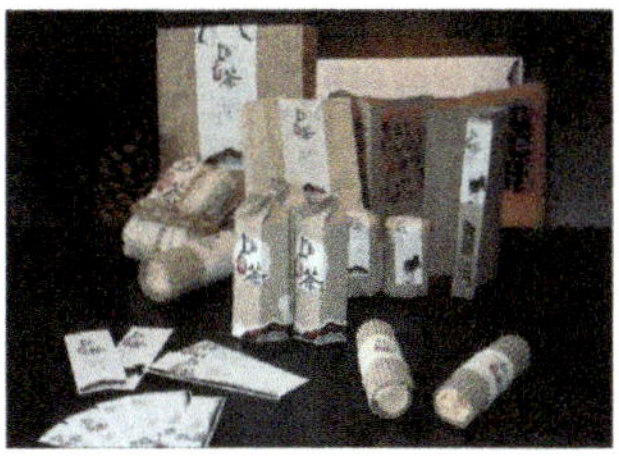

图 7-6　茶叶包装效果

8. 主展面的确定

当一件商品在商店的橱柜或货架上堆叠、放置或是悬挂展销时，只能有一面与消费者见面，这一面统称为商品包装的主展面。

主展面是根据商品包装的不同造型来确定的。商品包装有立体的、多面的和单面的。立体纸盒包装，一般有的除了底面不进行包装外，其余各面都要进行美化。但是，主展面却担负着美化商品和宣传商品的主要任务，是装潢画面设计的重点。因此，在设计构思时，就要精心考虑，要把商品的主要文字和图案恰当地安排在这个展销面的视野范围内，使消费者清晰地了解商标、牌名、品名、数量等各方面内容，以利于商品的销售（见图 7-7 到图 7-9）。

图 7-7　立体

图 7-8　多面

图 7-9　单面

9. 包装设计中做到“胸有成竹”

在包装设计中哪一个环节都不能忽视。立意高不高，商品主图是否鲜明，形式美不美，都和构思有直接的关系，我们强调艺术构思，把重点放在上述环节上，并不等于可以忽视其他方面。在设计前要做到胸有成竹，而资深的设计者，能根据商品的主题要求，来进行包装设计，增强包装设计作品的艺术语言（见图 7-10）。

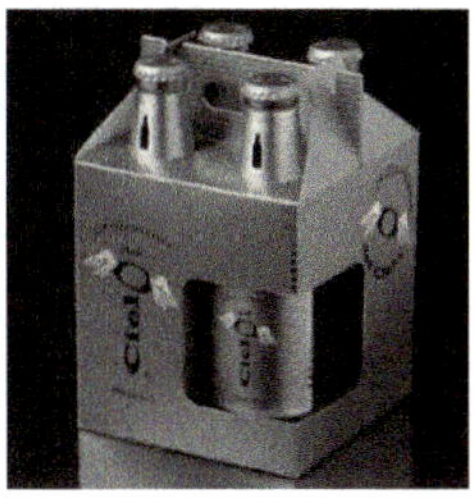

图 7-10　包装设计主题

10. 构思方法

包装设计的构思方法，可根据不同商品的特点和内容的要求，从下面几个方面来思考，但它没有一成不变的公式和现成的答案，要根据特定的商品内容，作具体研究分析，不能简单化、绝对化。这里所举的一些例子，只是在设计构思时起引导作用，增加思路，供初学者研究参考。主要还要靠在设计实践中不断积累经验，经验丰富了，实践起来就得心应手了。

在包装画面上，以商品形象作为图案来表现商品主题，可通过图片来表现。使包装画面具有开门见山的效果。采用民族特色的包装材料，如锦缎、席编、草编、竹编等材料，作为商品包装来体现传统商品的包装设计。从商品使用方法上来表现就是在商品包装上，通过具体形象来介绍商品的使用方法，借以增强消费者的购买信心和欲望。以商品原料形象来表达通过画面的原料形象给予消费者以可靠性和信赖感（见图7-11、图7-12）。

图 7-11　水果刀的包装

图 7-12　食品的包装

以上这些都是构思中常用的表现方法，在设计实践中，无论采用什么方法，都是为了表达商品主题。包装设计人员的责任就是负责艺术表现形式的处理。没有严谨的构思，也就不能充分表达商品主题。所以，我们还必须对构图进行研究。

第二节　包装的版面设计

产品在没有进入销售环节之前，它必须通过包装设计，将文字、图形、色彩有机地组织起来，通过艺术手法，更具体、更明确地表现在画面上。这是一切造型因素在画面上的总安排，在包装设计画面上体现商品主题内容的外部形式。

对包装的设计要做到突出商品主题，如形与形之间、色与色之间以及形与色之间要讲究呼应，互相衬托，构图有变化而不混乱。

1. 构图的基本形式

构思形成以后，紧接着就是在画面上构图，其内容包括商品内容的结合，如商品名称、品牌名、图案、色块等的安排。构图的基本元素包括点、线、面，它们是抽象且假定的基本形态，不能直接被直觉感知，为了塑造形象，将它们组合起来形成一个画面（见图7-13）。

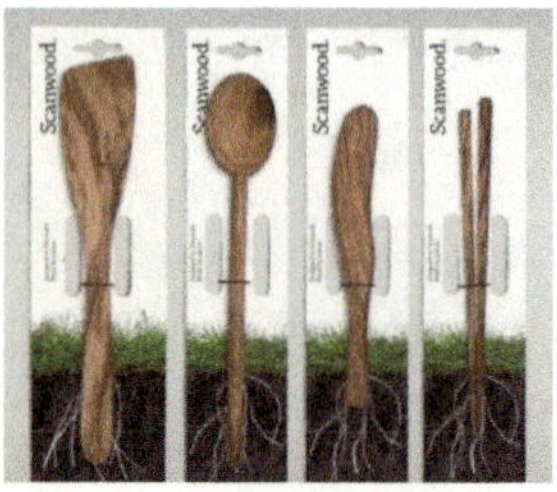

图 7-13　利用点线面构图

在设计过程中，对画面的结构组成，是一项细致而又艰巨的任务，因为在画面上不能单纯地设计一个结构就算完事。为了加强商品主题的显现，必须注意把画面上的主要结构与其他部分有机地结合，与商品主题一致，只有这样才能显示其特性。画面的主题结构部分内容须安排在画面的主要空间里，如果安排不合理，就不能表达商品的主次关系。这些在构图设计之中，都要作周密的考虑。

画面结构的变化，首先取决于形象占画面空间的位置和面积，也就是取决于画面空间的分割。同时，通过线条探索了许多分割组合画面的办法，使所表达的商品内容与形式能够与消费者的实际需求统一起来。不同的分割、不同的线条和结构都会给人以不同的感觉。因此，要求设计者对于画面结构就应客观地根据不同商品主题的需要，认真地加以组织和选择，通过画面来抒发设计者对商品的思想感情，使其在显示商品主题的意旨时，对消费者发挥更大的感染力。

在设计画面上常见的几种构图结构，目的是说明装潢画面的构成形式，供初学者在设计实践中研究参考。但我们对于这种形式，既不能刻板、孤立地去应用，又不可墨守成规。

构图在表现形态上是多种多样的，从内容上到形式上都各有不同的变化和对比。装潢画面作为造型要素的对比，一般表现为方与圆、曲与直、横与竖、斜与正、点与线、线与面、面与点、长与短、粗与细、大与小、虚与实、动与静、疏与密、软与硬、高与低、主与宾、简与繁、轻与重、凸与凹、清与浊、冷与暖、明与暗、强与弱、浓与淡等对比。上述这些都是构成画面生动的因素，如处理好这些对比关系，可防止单调乏味，以求得多彩统一。当然，不可能也没必要把它们统统挤进画面。只能根据不同的特定的商品内容和构图的需要，着重突出表达其中的某一方面，否则，如果把画面上的线条处理得过于繁多，互相重叠，必然使画面宾主不分，而杂乱无章。由此可见，画面的构图，并非单纯为了画面的美观，而画面完整的结构，必须从突出商品主题出发。如果脱离特定商品内容的实际需要和背离人们的审美要求，单纯强调形式美，那是毫无意义的。

（1）垂直线构图。垂直线构图中的线，在画面中起着贯穿空间的作用，它给人以高昂、挺拔、严肃、庄重的感觉。采用这种构图形式，装潢画面可出现简练、鲜明的效果，并赋予干净利落的现代感（见图 7-14）。

（2）水平线构图。水平线构图具有安定的美感，能给人以开阔、舒展、稳重、平静的感觉。装潢画面如采用这种表现形式，能够使消费者清楚地了解商标、品牌名，以及其他相关内容，使消费者一目了然（见图 7-15）。

图 7-14　垂直线构图

图 7-15　水平线构图

（3）斜线构图。斜线构图具有流动不安的感觉，表达出前进的趋向和运动的气氛。在具体运用时，根据商品内容的需要，可通过图案作对角安排或采用斜线作色块分割（见图 7-16）。

（4）边缘线构图。边缘线构图是用来衬托装潢画面上的主体内容，作周边装饰的一种表现形式。这种构图形式应用范围较广，通常见于工艺品、针织品以及各种染织品和酒标等的包装设计中，通过线条或纹样布置在形体周围，点缀、衬托商品主题。其所反映出来的效果，给人以朴实稳重、素雅文静的感觉。

对于边缘线或图案纹样和它所包围的画面主题内容，在设计上，必须考虑它们之间的虚实对照和整体呼应的关系，分清主次，以加深消费者对商品内容的印象和记忆（见图 7-17）。

图 7-16　斜线构图

图 7-17　边缘线构图

（5）折线构图。所谓“折线”，就是直线经一定距离后改变方向的线。它基本上是竖线与横线的组合，只不过是把竖线和横线倾斜转变方向而已。设计中采用这种折线构图，能给人以起伏、激昂、动荡的感觉（见图 7-18）。

（6）弧线构图。弧线构图在设计中是常见的一种构图形式。弧线出现在画面上，能给人一种活泼、柔和、美好的精神状态（见图 7-19）。

图 7-18　折线构图

图 7-19　弧线构图

（7）波状线构图。波状线构图是以一定曲线的变化，显示出一种起伏的水波纹形式。把这种形式应用到画面上，将构成高低起伏的节奏感和韵律感。在具体运用中，通过装饰手法，尽量做到动中有静、静中有动，有条理地加以组合。否则，画面太静则使人感到沉闷，太动则使人感到不安定，要动静相宜。以简练的线条、明快的节奏，使人们的思想感情产生一种流动、舒畅、轻快的感觉（见图 7-20）。

（8）圆形、椭圆形构图。装潢画面上之所以采用圆形或椭圆形构图，是因为这种形式在画面上具有一种旋转运动而又有集中的感觉。这种圆口构图表现形式，使商品主题更能迅速集中，从而明显地突出商品内容，给消费者留下深刻印象（见图 7-21）。

图 7-20　波状线构图

图 7-21　圆形、椭圆形构图

（9）三角形构图。由于安排方向的不同，会产生不同的感觉。例如，正三角形给人平稳、安定、静止的感觉；倒置三角形则给人以不安定或危险的感觉；不等边三角形，在感觉上，因其不等边，所以不像正三角形那样安定而有灵活感；横放或斜放的三角形则有向前冲击的感觉；等等（见图 7-22）。

（10）对称构图。利用图案纹样、文字或色块，在装潢画面的上下或左右作相等的安排，使它们每一点、线或面的距离，从外观上看有等量的感觉，这种表现形式就是对称构图。画面上采用这种构图，给人以平稳、庄重、严肃之感（见图 7-23）。

图 7-22　三角形构图

图 7-23　对称构图

（11）均衡构图。画面上的“均衡”，表现为两个方面：一是画面形式上的安定与否；二是表现内容的安定与否。所谓“均衡”，就是经过适当安排，在视觉上使人感到比重基本平衡，而不是要求画面所要表现的内容、形体、大小和数量都相等。在装潢画面的具体运用上，即使很小的一行字或一个小商标，由于位置、色块和文字的适当安排，也会起到平衡整个画面的作用，给人一种安定感（见图 7-24）。

（12）对比呼应。所谓“对比呼应”，是指装潢画面上所表现的内容和形式，既有和谐，又有变化，各自因素互相关照，紧密呼应，采用这种表现形式，画面会出现既不散也不乱的效果。构成上述效果的因素很多，如采用明与暗、浓与淡的色彩处理以及运用动与静、露与藏、高与低等表现方法，均可起到对比与呼应的艺术情趣（见图 7-25）。

图 7-24 均衡构图

图 7-25 对比呼应

（13）多样统一。装潢设计由于商品内容的不同，对构图的要求也各有差异。因而画面的结构中也必然要有许多轻重、起伏、纵横的变化，但其效果必须协调而统一，因为没有变化的统一或只有变化而不统一，都不能算作完美的画面（见图 7-26）。

（14）虚实相生。装潢画面上所表达的商品内容要掌握虚实变化。虚与实是相互联系、相互影响、对立统一的，做到虚中有实，实中有虚。使画面的密处不觉烦琐，而感到充实；疏处不感到无物，而给人以心旷神怡的感觉，从而使画面虚实相映，生动有致。此外，为了加强商品主题某一部分的表达或构图的需要，画面背底常常留有较大或较小的空白，使主题突出，给人留下深刻印象。当然，处理画面空白要有目的，不能随便空些地方不画。空白不论大小，应与实物相称，整个画面看起来舒适得当，商品主题更加明显突出（见图 7-27）。

图 7-26　多样统一

图 7-27　虚实相生

（15）集中安排。在突出商品主题的前提下，把一部分内容集中起来，把一部分分散开来，在构图上，使之有一种倾向中心而围绕着商品主题的鲜明效果。在具体处理上，一般把中心内容安排在画面的显著位置上，使商品内容能够迅速而集中、一目了然地传达给消费者（见图 7-28）。

（16）主次呼应。在构图上，对画面内容的组织，应当避免“宾主不分”或“喧宾夺主”的现象出现。要分清主次，孰轻孰重分清。在具体运用时，把主要的内容通过色彩的明暗关系画得明显突出，作为主题放在显眼位置上，其他次要的内容，放在不重要的位置上作为陪衬，使其为主题服务，宾主相让，互不争夺。但陪衬的内容，要符合商品主题的需要，做到既要分清主次，又要互相联系（见图 7-29）。

图 7-28　集中安排

图 7-29　主次呼应

2. 形式与内容的统一

包装设计是以商品内容为主题的艺术表现形式，是商品性（内容）与艺术性（形式）的统一。在设计上，如果单纯强调商品性，而忽视艺术性，这种设计必然缺乏感染力。反之，如果只讲艺术性，而不考虑商品性，就会失去为商品服务的包装意义，这两者是相辅相成的，离开艺术性的商品性或离开商品性的艺术性都不能构成完美的装潢画面。为此，要求设计者要有自己的表现手法，要符合装潢设计的特点和不同商品的属性，要符合艺术形式美的法则。

3. 构图简练

“简练”是结构单纯或提炼，它是“以一当十，以少胜多”，高度概括的一种艺术表现手法。具体来说，就是装潢画面通过洗练、剪裁、取舍，扼要地表现出某一种商品内容，使主题内容鲜明突出。这种弃繁求简的表现方法是现代包装设计的鲜明特色，也是许多艺术创作的共同要求，而对包装设计来说尤为重要。一味追求“齐全”面面俱到，应有尽有，样样表现，样样突出，结果必然会降低艺术效果，使画面拥挤、杂乱和压抑，形成繁杂的布局。

要想使画面达到简练大方、主题醒目的效果，应做到宁“减”勿“加”。繁简问题不只是设计画面上图案的多少，而是在设计构思过程中对商品内容的描绘和布局，其效果是否能够使消费者明显得到商品印象的问题。装潢画面的一切艺术结构，都要与商品主题有关，要有中心，要抓住主要环节，对一些与商品主题无关、可有可无的陪衬和不必要的装饰都可以舍弃。只有这样，才能给消费者留下明显而又深刻印象。

如上所述，包装设计的极简风格，是通过准确、洗练、优美、生动的艺术语言来表达的。包装画面面积虽小，但实际上是大有文章可做的，只要设计者肯于动脑筋，有许多东西是表达不完的。如果说“一寸画面，一寸金”的话，那么要求包装设计者在画面上的整体设计中，对每一个环节都不能马虎，强调什么，减弱什么，都需要进行反复琢磨，反复推敲。

4. 包装设计画面的主次关系

画面上的任何装饰，都不能单纯地把它看作仅仅是为了点缀和陪衬，不能使人理解为像作料一样，成为与商品主题无关的东西。即使画面上的一条线或一个纹样，都要与商品主题有关，都是为了衬托商品主题而出现在画面上的。因此，我们必须充分理解局部与整体关系的重要性。如果在我们所设计的包装画面上，只顾一面，而不从全面着想，不考虑局部的内容或个别的内容，在整体画面上能起到好的作用还是坏的作用，不考虑画面的整体效果，那么即使在局部或个别上，精心制作，精雕细刻，在整体中也不能协调，甚至起破坏的作用。

背景是画面商品主题的陪衬，也就是除了对所描绘的画面商品主题之外，留下来的空间部分的装饰，其目的是使主题更加突出鲜明。所以在装潢画面上对背景处理也是一项不可忽视的工作。

在色彩的明度还是纯度上，一般情况下都不能与商品主题色调相争，否则，一旦处理不当，就会喧宾夺主，不仅不能加强商品主题的表达，反而会使画面模糊不清而影响商品形象及销售。

本章小结

本章对包装设计艺术的构思创意和艺术的处理、形式等作了翔实的解读，也对包装的版面设计的基本形式、各种构图作了分析。

本章习题

1. 如何在包装设计中做到“胸有成竹”？
2. 谈谈包装设计中的版面设计主要有哪些构图形式？

ITEM 8

第八章 绿色包装设计

本章导读

随着世界经济的发展，如何保护资源与环境，创造一个良好的生存和发展空间，是实施可持续经济全球良性发展的基本战略。减少包装废弃物，降低对环境的影响，可以大大提高经济效益。

本章重点

○绿色包装的内涵

○绿色包装设计

○绿色包装的展望

20 世纪 90 年代早期，为了生产出新兴的、环保型的、满足消费者需求的产品，变革的步伐很快迈开了。各个公司开始生产用可回收材料制成的包装，基于这一新的环保意识，全新的生产线开始被采用。个人消费品及其用料，如果不符合新的环保方式就会受到责难。碳氟氯化合物（CFCs）被禁止用作喷雾产品包装的推进剂；PVC 材料因释放化学物质被弃用；氯化漂白的纸张被新的“可回收”纸张的光辉所掩盖；雨林木材用作家具或建材都认为是和穿用毛皮服饰一样没有品位的表现；由于对漂网捕鱼的反对，金枪鱼产品包装上开始贴上保护海豚的标志……消费者开始面对环境中种种复杂的问题和矛盾。尽管还只是在认识上的改变，但对环保的忧虑开始成为主流，人们不只是消费“绿色”，而且开始为“绿色”投票。

包装业先前的运作方式也发生了巨大的变化。全部产品被迫在短期内改变。例如，CFCs 被弃用，就需要另有一种全新的方法来盛放并倒出液体。早期环保的立法要求引起并导致了技术的进步，而进步技术不断地改善着包装效果，如包装重量减轻、回收更加有效、设计工艺改进等。这些效果不仅有益于减少包装废弃物，降低其对环境的影响，而且大大提高了经济效益，如图 8-1 至 8-3 所示。

图 8-1　红酒包装

图 8-2　水果包装

图 8-3　大米包装

第一节　绿色包装的内涵

绿色包装所用的材料来自自然，通过无污染的加工形成绿色产品，经使用后丢弃又可以回收处理，或回到自然循环再造，其整个过程如人们所构想的那样美好。在绿色环境中经过绿色生产，形成洁净绿色的产品，再经绿色的回收与再生，构成真正的绿色循环。所以本质上绿色包装涵括了保护环境和资源再生两个方面的意义，它所经历的整个过程可称为包装材料的生命周期，它形成了一个封闭的环，一个真正符合自然规律的生态自然循环。

绿色包装，亦称生态包装、无公害包装或环境之友包装，是指对人体健康和生态环境无害，能重复使用或再生利用，符合可持续发展要求的包装。绿色包装应在设计、材料选择、工艺方法、包装物的使用与回收等方面，充分体现绿色的要求，能在自然生态系统形成平衡（见图 8-4）。

图　8-4 木制包装罐

对于设计师而言，如果要设计符合环保要求的包装产品，就需要不断参照操作过程中的这些原则，即用最少的材料实现包装功能，尽量减少用料种类，要考虑材料来源，尽可能地使用回收材料，在确保安全的前提下尽量减轻包装重量。

（1）在设计上必须使包装产品具有对环境不产生损害的性能，把环保功能列入包装功能设计之中，使包装产品在废弃后易处理、易回收、易腐蚀，或易再生，能重复使用，体现保护环境和资源再生的原则。

（2）选择材料应以天然材料为主，多采用可重复再生、再生材料和可降解材料。

（3）采用绿色技术支持，实施无公害“清洁工艺”生产过程，如使用的添加剂和胶黏剂等符合绿色材料要求。

（4）绿色包装同其他绿色制品一样，按一定的生命周期构成生态自然循环，形成绿色循环链。绿色包装的结果是取之自然又回归自然，使人类能获得良好的自然环境、自然资源及其长久的支持。绿色包装循环链的任何一个环节，都以绿色的内容形成各自的基本形态，形成绿色的系统。绿色系统的末端，其绿色特征需要人们和社会的绿色意识、绿色管理、绿色的法规和绿色的行为给予支持和保证，否则，绿色系统难以形成。

绿色包装的设计还应从其他方面加以思考：考虑包装如何使用，用后如何处理；考虑所有的用后包装处理方式，如重新使用、重新包装、腐化处理；考虑尽可能地利用商品优势减少包装用料；考虑商品用途而妥善设计，如可生物降解的锅等；考虑包装品的印刷，如何使用无毒油墨等，让产品自我促销；商品的包装要易于操作；要便于识别包装中不同种类的材料，如使用不同的颜料或质地；要有助于建立包装在使用、重新使用以及丢弃等各方面的责任感；要符合本地法律规定；考虑本地垃圾管理的优势和劣势，并将其恰当应用到包装收集、回收、重新使用等的设计思想中；考虑包装从使用地点和生产地点的往返运输；考虑如何将生产价值尽可能地保留到后续环节中，如将酒瓶用作砖块；考虑从生产过程中寻找节约用料或节约成本的方法，如采用套模制造生产；始终坚持简单的解决方案等。

第二节　绿色包装设计的目标、系统、理念

一、绿色包装设计的目标及系统

绿色包装设计，除了满足包装体整体的保护功能、视觉功能、经济方便，满足消费者的心愿之外，更重要的是产品要符合绿色标准，即对人体、环境有益无害；包装产品的整个生产过程也要符合绿色的生产过程，即生产中所有的原料、辅料要无毒无害，生产工艺中不产生对大气及水源的污染，以及流通、储存中保证产品的绿色质量，以达到产品整个生命周期符合国际绿色标准的目标。

绿色包装设计系统，应该包括产品原料的采集、包装材料的生产、包装体的设计（包括造型设计、结构设计、装潢设计及工艺设计）、包装产品的加工制作及流通储存、包装废弃后的回收处理与再造及包装工程的成本核算，最后是生命周期的评估。

整个系统划分成若干要素：产品、流通的环境条件、包装材料、消费者、包装设计、加工制造（清洁生产）、回收再利用、包装成本、生命周期 LCA、环境保护。

1．产品

绿色包装设计应考虑产品的物理性质和化学性质，这涉及它的保护功能。从物理角度看，要使内装物完好无缺，要求包装体的强度、结构、造型要合理，其形状在常温或其他温度下保持原有状态。从化学角度看，要保证内装物不变质，也就是化学稳定性要好，即对温度、日光、湿度、气体要保持稳定。还要考虑到包装的视觉效果，是否应用方便、经济，是否可重复使用或回收再造，最重要的是对人体、环境不产生

损害和污染，具有绿色的实质。

2．流通的环境条件

绿色包装设计时应考虑到包装件流通的环境、条件、时间，包括库存、储存与运输。其中运输的工具，仓储的设施、温度、气候条件及变化，生物环境条件，流通过程中的装卸条件，原则是应保证在流通过程中内装物完好、质量不变、不受污染。

3．绿色包装材料

绿色包装材料（包括原材料和成型前的材料），首先自身应无毒无害（即无氯、无苯、无铅、无铬、无镉等），对人体、环境不造成污染；制造该材料所耗用的原材料及能源要少，生产过程中对大气、水源不产生污染，废弃后易于回收再利用或易被环境消解；材料具有所需的强度，与内装物不发生化学作用，性能稳定；易于加工制造，来源丰富，价格低等。

4．消费者

绿色包装应符合消费者心理特点，尤其是当今“绿色浪潮”的兴起，有些消费者尤其偏爱绿色包装产品；`绿色包装应考虑到消费者应用的便利，好开启、好装卸、好携带；绿色包装应顾及人们的风俗习惯及个性偏好需要（见图 8-5）。

图 8-5　便携绿色包装

5．包装设计

绿色包装的设计要根据最终产品的需要而设计。

（1）要有保护功能，结构要符合力学强度，即对产品的形态完整和质量不变有保证。

（2）产品的外观、造型要符合内装物的需要和美观，同时轻量化、材料单一化，要典雅、美观；具有很好的广告效果；加工制造工艺设计简单、经济、清洁、节能、无污染。

6．包装加工制造（清洁生产—绿色生产）

绿色包装加工制造工艺要考虑采用“清洁生产”，即生产过程中不使用任何有害的辅料，不产生任何污染环境的副产品和废气、废水等；节省材料，节省能源，充分利用现有的设备。

7．包装成本

绿色包装设计应考虑包装成本与内装产品的价值，杜绝“过分包装”，在满足使用、保护功能的前提下，应尽量减少包装材料的消耗，减少加工制造的工序，降低能源消耗，人力资源有效使用，从而有效地降低包装成本，增加利润，如图 8-6 中简洁的包装设计。

图 8-6 简洁的包装设计

8．回收再利用及可降解功能

绿色包装的设计应考虑到包装的回收再利用及可降解功能。设计采用的原料必须是可回收再造的原料，或者是可生物降解、水降解、光降解的材料，易于破碎成碎片回归自然，也可以是经清洁处理后再重复使用的包装物。

9．生命周期评估（LCA）

绿色包装的设计应考虑到生命周期评估，即从原料的采集、包装产品的制造加工、包装产品的流通、使用废弃后的回收处理及再造等全过程中对环境是否产生污染的评估系统，以达到国家及国际的绿色生产标准、环境保护标准。

二、绿色包装设计的理念

1．绿色包装设计理念的来源和发展

包装设计不是绝对自由的艺术设计，而有包装设计自身的约束规定，因为它属于人的现实要求，传承着人类的进步与文明，升华于与社会、自然和谐的伦理关系之中。

随着人类对生活质量的更高要求，人的消费意识正发生着根本的改变，绿色概念已深入人心，因此产品的品质对人与环境产生的影响已成为人们对商品评价的价值取向。由于包装设计是形成最终包装产品的决定要素，所以其作用是举足轻重的。设计人员所追求和提倡的理念会蕴含于设计之中。目前在包装设计中越来越崇尚“环境友好的绿色效能设计理念，谋求实现人与环境的协调关系”。

“环境友好的绿色效能设计理念”，来自 ISO14000 国际环境标准，这个标准强调了“ 环境友好 ”和“ 绿色效能 ”两个概念，实质上是保护环境和提高生态环境的协调性，减少对环境的破坏与索取。

环境友好和绿色效能设计理念，渗透了包装伦理的意识，反映了人对生活的一种本能的珍视和对生存环境的责任感，体现了人性化、生态化的设计思想，其本质是在人性的高度上，把握设计方向的一种理性方法，其实现过程是通过关注体验人的需求来实现设计的创新（见图 8-7）。

图 8-7 环境友好和绿色效能设计理念

除了蕴含丰富的人文精神外，环境友好与绿色效能设计理念还体现了人类掌握与运用科学技术来改善自然环境，实现人与自然的和谐共生的愿景。

2. 包装设计中绿色效能的实现

包装设计中绿色效能的实现关键是要正确选用和合理运用包装材料，即遵循以下五个原则。

（1）尽量选择天然物质或是对环境无毒无害的合成材料。

（2）包装设计要选择“减量、质轻、刚度好”的材料，以求用量少，效能好。

（3）选择可以被自然降解、自然消纳或可再回收利用的材料。

（4）加工工艺简单，节约能源和能耗的材料。

（5）回收处理过程中不产生二次污染的材料。

以上五个原则，构成了一个友好的生态环境循环。通过原创性绿色材料、质轻节源的产品形式、循环复用的再生产模式，形式节约资源，保护人类的生存环境。

现实中有许多对环境友好的包装设计的例子。奥地利将 Manner 糖果纸签采用了 Scotch han 涂料处理过的油纸替代了原来采用的铝箔内衬，一年可采用 8t 铝箔。日本采用甘蔗渣与废纸做原材料造纸，1t 废纸可生产 800kg 纸，可节约水 470t 、电 5000kW 、煤 400kg 、碱 400kg、木材 $4m^3$。美国 ANCC 采用细颈压力吹瓶技术，所得产品比过去轻 70.8g，大大节约了原料。我国目前也采用了小口吹薄壁轻质瓶的工艺技术，瓶重比过去减轻了一半，每吨玻璃的产瓶数增加了 1.18 倍（见图 8- 8 ）。美国的金属易拉罐均采取薄壁轻量的结构形式，从源头控制废弃物；德国采用豆腐渣处理后制成牛奶罐；中国采用废弃的天然纤维——麦秸秆、麻秆、甜菜渣和木粉等作填料制造餐盒、包装箱和缓冲材料。在包装设计中采取优化设计方法，对包装的外壳强度、抗跌落、耐冲击性能的测试数据进行分析，采取三次元 CAD、CAE 等软件进行优化设计；采取包装板局部加筋或凸棱的结构来减少包装板材和有效保持其力学支撑强度。

图 8-8　小口吹薄壁轻质瓶

以上这些设计方案都是实施绿色效能的有效举措。

设计方法可以体现时代的特征，集成化并列设计与体验设计相结合的方法，是现代化设计中效率最高、综合性和交流性穿插交汇性最好，能全面实现设计目标和验证指标的最优设计方法。

3. 集成化并列设计与体验设计相结合的方法

绿色包装设计是以产品的生命周期为基础的引导性设计，是以确定的设计目标为根本的全方位的系统设计。把集成化并列设计方法用在绿色包装上，就是利用智能化神经网络和软件系统进行仿真、正交筛选、验证评价。设计中要把所有系统环节设定为模块化，并将他们各自所对应的上下游环节的交叉影响进行平行的、综合的高度集成性的分析，以正交模拟法对条件因素和控制参数进行确定，对产品生命周期各阶段环境影响验证指标进行确定。

然而此种集成化并列设计的灵感和成功的基础必须产生于体验。日本著名质量专家狩野纪昭的“卡诺模型”，提出了顾客对产品满意度的观点，模型表示消费者对产品质量有基本的质量要求，但通过提高这些质量去达到顾客的高度满意却很难。产品仅具备基本要求顾客不会体现出满意，如果连这些基本要求都不具备，顾客就更不会满意。事实上顾客满意度的提高是随线性质量因素的增加而提高的，当达到某一高度或者突然来临的意外效果，都会带给顾客意外的满意和惊喜。

卡诺模型提出了使消费者感到惊喜的特性是消费者潜在要求的表现形式，同时指出在设计过程中首先要搞清消费者对产品的什么特性感兴趣、有要求，然后对这些特性加以提升。这样通过发现与解决消费者的潜在要求并给予实现，就会取得意外的效果，给消费者以惊喜。

卡诺模型以其简单的构想揭开了一个成功设计的真谛，设计的前提是感受。这种感受来自设计者对顾客需求的体验，也就是体验设计的概念。

体验设计是一个新的理解消费者的方法，它摆脱了以往的行为定式，以观察为基础，去考察真实环境中使用产品的人的特性背景与需求以及潜在的需求，甚至捕捉消费者使用时的感受以及对产品的使用动机。这些信息将会激发设计者的创造性，给设计者带来新的视角。目前设计师在包装设计上都在寻找一种人与环境、自然相协调的设计思路，设计角度从单纯满足人的需求的低级设计模式升华到人类与自然相互协调共生互补的境界。

体验设计不能仅把用户当作信息员和测试体，而应视为真情体验的核心。设计者要置身于其中去体验、感受和升华，体验设计要在消费者和设计者之间形成创造性的交互作用，设计者应该在寻找各种信息中，为产品的创新与突破提供机会。

若将集成化并列设计与体验设计相结合，就能对设计产生一个很准确的定位，以最简单的方式、最快的速度把所有信息集合于一体，形成一个最受大众欢迎的成功设计。

第三节　绿色包装系统设计方案

绿色包装系统的设计方案应按照包装产品的整个生命周期形成的先后次序进行设计，并系统规划，环环相扣。

一、选择包装材料

（1）选用绿色包装材料，在包装有效期内不会对产品产生不良影响，比如发生化学反应、使产品损坏等。

（2）选用的绿色包装材料要有良好的加工性能、成型性能、印刷着色性能，能使绿色包装材料在“清洁生产”下完成。

（3）选用标准规格的绿色包装材料，要货源充足、价廉物美，可回收再利用或废弃后易处理，对环境不会造成不良影响。

（4）选用的黏合剂应不含有苯等有害溶剂，油墨中不含有害重金属（见图 8-9）。

图 8-9　不含有苯等有害溶剂的包装

二、确定生产技术要求

（1）所有工序要清洁生产。

（2）技术要求应满足加工、制造的各工序的要求。

（3）性能指标应达到用户要求及国家标准。

（4）印刷方法应规定着色均匀度、色泽、透明度及其他质量要求。

（5）工艺条件应满足技术要求及环保要求。

三、绿色包装产品的设计

1. 包装式样设计

（1）采用多方案比较设计法。

（2）用价值分析法对方案优化选择。

（3）绘制立体透视图、彩色效果图，按比例绘制结构装配图和零件图。

（4）绘制说明书，制作样品模型。

2. 绿色包装结构设计要求及方案设计

（1）包装结构设计要素。

1）包装保护性能如防水、防潮、防震、防锈、防霉、防尘、防蛀、保鲜、卫生等。

2）包装流通特征，如环境条件、周转次数、周转周期等。

3）包装有效期。

4）包装回收使用次数。

5）陈列方式如叠码、悬挂、展开等。

（2）包装结构方案设计。

1）根据容器类型，确定结构的组成部分及相互位置关系和联系方式。

2）确定各组成部分的特点和特殊要求，如携带方便以及开启方式、展示要求、安全防盗、防伪等。

3）要考虑与容器造型和包装设计整体协调。

3. 绿色包装设计的基本要求

（1）产品的特性如级别、档次、价值、包装整体结构造型的特点等。

（2）产品信息应真实、准确、鲜明地传递产品信息和企业形象。

（3）设计部分应产生强烈的货架效应。

（4）应考虑到不同消费者对图形色彩、商品名称等的好恶和禁忌情况。

4. 销售设计包装定位

（1）企业形象定位。通过包装的外观、造型、商标、基色及绿色包装标志等，建立企业特有的形象来参与市场竞争。

（2）产品定位。重点突破被包装产品特点，通过包装使产品给用户留下十分深刻的印象。

（3）消费者定位。要考虑不同国家和地区、不同民族和社会阶层、不同职业和文化素养、不同性别和年龄等消费者，也应考虑消费者心理和生活习惯及消费者的绿色消费意识。

（4）市场定位。要考虑与同类产品竞争的销售场所是大型高档商场还是普通商店，以及货架、环保内涵、陈列方式及环境内涵等。

第四节　绿色包装材料

随着人们对环境、生态意识的加强，发展绿色包装、开发绿色材料、解决包装废弃物的污染，已成为各国实施环境保护的重大举措之一。包装物是否符合绿色要求，一个重要因素在于是否采用了绿色包装材料（见图 8-10）。

图 8-10　绿色包装材料的产品

一、绿色包装材料的特征

（1）废弃后的包装制品或材料，可回收处理，再生利用，或重复使用，不对生态环境构成污染和损害。

（2）不易回收的包装制品或材料，应在短期内腐蚀、降解，在自然条件下回归自然。

（3）在满足包装功能的要求下，可实现优质、轻量设计，减少自然资源的消耗及能源消耗，减少包装物废弃量。

（4）包装材料生产成本低，有合理的性能价格比，可以生产和推广使用。

二、绿色包装材料的分类

1. 可回收处理、利用的包装材料

包装制品及其材料，能回收重复使用或再生利用，对保护环境是一种最经济有效的办法，世界各国也都在大力推行。可重复使用、再生利用的包装材料有如下几类。

（1）纸质材料。经化学方法处理，可反复利用多次，直至纤维消失为止（见图8-11）。

（2）玻璃陶瓷材料。可回收重复再用，或以碎料的形式再生利用，玻璃可以实施薄壁化、高强度、低脆性的轻量设计（见图8-12）。

（3）金属材料。金属包装制品及其材料，可通过回收、回炉再造利用，或回收重复利用，提高利用率（见图8-13）。

（4）塑料材料。热塑性塑料回收后重新造粒生产塑料品，如PS、PVC、PET等；也可以回收后与其他杂物混合焚烧处理；有些塑料容器，回收清洗后可多次重复使用，如PET瓶、PC瓶等（见图8-14）。

图8-11　纸质材料

图8-12　金属陶瓷材料

图8-13　金属材料

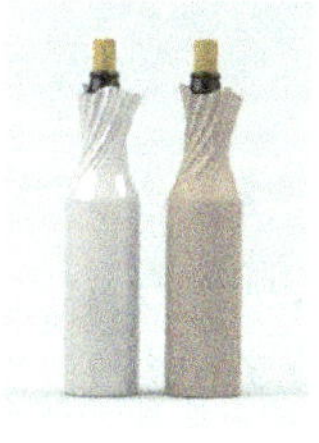

图8-14　塑料材料

2. 可降解包装材料

可降解材料，是指在特定的时间及造成性能损失的特定环境下，其化学结构发生变化的材料。可降解材料按降解机制的不同，可分为光降解、生物降解和复合降解等类型。

（1）光降解塑料。即在光的作用下发生降解。分为添加型与合成型两类。合成型光降解，是在聚合物合成过程中引入一些低能易断开的弱链，或接上一些见光分解

的感光基团转移聚合的原子，这样遇到光的作用就会发生化学反应，导致聚合物大分子的降解，其长链断裂为易被微生物吞噬的小分子碎片。而添加性光降解，是在塑料的配料中加入一定量的光敏剂，遇到光的作用同样发生降解，方法较为简单，成本也较低。

（2）生物降解塑料。即在细菌、霉菌各种微生物的作用下发生降解。因材料内部结构或成分存在能被普通微生物分解的因素，当包装废弃后，在自然环境中经微生物的吞噬、吸收而分解成小分子化合物，直至最后被分解成水和二氧化碳等无机物。生物降解分为微生物合成型、合成高分子型和掺合型。掺合型生物降解塑料，是在塑料中掺和一定量的淀粉、天然秸秆、稻草、果壳等具有生物降解的成分后，经加工形成有一定的生物降解性的包装制品。

（3）复合降解塑料。即在光、生物的共同作用下发生降解。在塑料中加入生物降解淀粉可控降解光敏剂及自动氧化剂的反应，塑料将迅速分解。

3. 可食性包装材料

可食性包装材料是对人体无害、人体可自然吸收，也可在自然环境中风化销蚀的材料。所用原料都是天然有机小分子和高分子物质，如氨基酸、凝胶、蛋白质、植物纤维等，具有无毒、无味、透明、质轻和卫生的特点。可食性包装材料可有效解决污染问题，应用、开发前景极好。

4. 天然包装材料

天然的植物纤维材料，包括稻草、麦秸、棉秆、薯秧、苇秆及毛竹等，可直接编制或通过粉碎制浆、模素成型工艺过程，制成包装容器，有时作为添加材料予以利用。天然材料可在自然环境中分解，还可利用焚烧处理其包装废弃物，使其回归自然。

第五节　绿色包装的展望

包装具有促进经济发展的功能，但是包装的大量制造使用，又给社会带来负面效应，包装工业要消耗大量资源，废旧的包装对环境造成污染。包装设计者应该具有强烈的环保意识，充分考虑包装的结构、材料的运用及印刷的工艺，直至最终的垃圾处理等方面，尽可能做到合理、省料、美观实用，因此，倡导绿色包装设计意识是很有必要的。

绿色包装已成为当今包装工业、世界贸易不可逆转的潮流。面对这股绿色浪潮的冲击，全世界的科技工作者都在致力于开发研究绿色包装材料，已经取得了很大的成绩。西方一些发达国家的绿色包装材料已经在一定程度上取代了旧包装材料，美国的可降解塑料使用率已达到了80%以上。我国在这方面的差距尚远，无论是品种、性能、产量上都大大欠缺，更需加倍努力。

面对世界环境危机的挑战，为还给地球一个洁净的空间，包装工业一定要有超前意识，要坚持包装发展与环境保护同步的原则，把包装对环境污染降到最低限度。

一、包装新材料的展望

可降解包装材料是世界关注和研究的热点，是保护生态环境最理想的材料。我国在这方面的研究进程也在加大，目前建成的降解塑料用料或专用料生产线约 90 条，其中淀粉填充聚乙烯、聚苯乙烯的生产线约 44 条，光降解塑料生产线 9 条，光—生物降解塑料生产线 35 条，淀粉—聚乙烯醇合金生产线一条，全淀粉生产线一条。现有部分企业正式投产或批量生产，总生产能力已超过 10 万吨。

目前我国开发的降解材料品种较少，性能上也较差，所以远远不能满足包装的需要。在国家的“863”计划中，已列入了完全生物降解塑料的开发，主要由清华大学、北京理工大学、北京工商大学等完成。据报道，现在日本、韩国及北美、西欧的一些国家等在完全可降解塑料上已取得了成功的进展。例如，韩国利用遗传基因再结合的方式开发了这项技术，利用大肠杆菌生产出的高分子塑料已经在英国、德国、日本等国作为一次性包装袋和医疗包装材料。近年来，我国也在完全可降解塑料的研究开发上取得了良好的进展。例如，聚乳酸的合成已用于批量生产，它的性能类似聚苯乙烯，除在伸长上稍欠，强度等均优于聚苯乙烯，且热性能好，有较好的印刷适用性（见图 8-15）。

图 8-15　可降解包装材料

根据研究信息，我们可以预期未来绿色包装材料将实现更新的突破。

（1）以生物基因与植物相结合的方法制造包装材料。细菌体内储有一种叫 β-羟基丁酸（PHA）的高分子化合物，具有普通塑料的性质，但又能降解，可以说是制造包装产品的最好材料。但是要得到大量的 PHA 是很困难的，必须有一种促使其快速生成的技术方法。所以采用生物工程技术是最佳方案，它可以把细菌生长的 PHA 基因移植到植物体上，使植物在具有 PHA 基因的情况下长出大量的 PHA，以这种高科技手段可以大量获取 PHA 而用于生产可降解材料。这也意味着未来人们可以得到从土壤里生长出来的“绿色塑料”。

（2）实现纸与可降解塑料混合生产的技术（见图 8-16）。混合造纸法，将可降解塑料的溶液与纸浆以一定的比例混合在一起，这样它可以在一个月内完全降解。直接成型法，将可降解塑料粉末与纸浆粉末通过一种油性介质均匀混合并黏附于一体，选用最好的比例，即可用通常的塑料成型工艺使其成型，做成包装容器。层压成型法，将可降解塑料与纸浆以流层的方式或以膜对膜的方式，黏压在一起制成薄膜包装材料或一些包装片材。以上各种混合制造的包装材料均是完全降解的，可以大大地节约天然资源，还可以降低成本。

图 8-16　纸与可降解塑料混合包装

（3）开发利用一些非木材纤维原料进行造纸，可以节约森林资源。

（4）充分利用含碳酸钙的贝壳、蛋壳，粉碎后按一定比例与塑料混合，制成降解材料。

（5）大量开发玉米塑料生物降解塑料。玉米塑料具有生物可降解性良好、机械性能及物理性能良好、相容性良好的优点，是一种新型环保、可持续发展的材料。基于我国目前的经济现状，全部用降解塑料是不现实的，要从长远的战略目标出发，分阶段性地操作。必须充分利用我国现有的优势资源，采用多种包装材料并用的方式，但是一定要符合绿色包装的内涵并立足轻量化、节源节能化，同时不断地研究开发世界上最新的包装材料，逐步降低成本，加速工业化实施进程。

（6）水溶性薄膜及水溶性缓冲包装材料。

（7）纳米包装膜及阻隔涂层材料。

（8）保鲜杀菌红外陶瓷容器。

（9）纳米再生纸。

（10）天然纤维的复合包装板材与缓冲材料。

（11）具有多功能的环境友好材料。

（12）液晶包装材料等。

二、绿色包装工程的展望

21 世纪，人类的生产活动、生产方式，都应在绿色的环境、绿色的工艺中进行。随着国际环境管理标准的发布，以及我国环境保护法及生产中污染物排放标准的制定和执行，国家的绿色包装标准、质量标准、循环经济运行体系的建立，包装“绿点”计划的实施，更多的现代化回收再生中心将在我国大中城市建立，包装企业将走集约管理的道路，形成更具现代规模和高科技含量的、多种经营和一条龙服务的大型企业公司，以更强大的人才和科技优势，提升自主创新能力，以更优化的设备组合，改变技术结构和产品结构，以更集中的资金去投入发展，开拓我国的绿色包装工程。相信未来的包装工业，应该以清洁生产、绿色生产的形象呈现在公众面前。

三、绿色包装的经济展望

随着人们绿色消费观念的确立，消费方式将直接影响消费市场，绿色经济杠杆必然导致绿色包装产品的价值上升，并且占据包装市场的绝大部分份额。目前绿色包装产品，可降解塑料包装价格稍高一些，所以暂时影响了此种包装在市场上的应用。市场上，纸餐具 0.50 ～ 0.60 元 / 个，纸浆模塑餐具 0.30 ～ 0.50 元 / 个，光 / 生物降解的聚丙烯餐具及碳酸钙填充的聚丙烯餐具 0.25 ～ 0.30 元 / 个，纯淀粉填充的聚苯乙烯餐具 0.25 ～ 0.30 元 / 个，光 / 生物降解的 PS 泡沫餐具 0.20 ～ 0.25 元 / 个，纯淀粉餐具 0.60 ～ 0.80 元 / 个，而普通塑料餐具 0.15 ～ 0.20 元 / 个。比较其价格，新的降解餐具与可造成污染的餐具价格仅相差 0.05 ～ 0.10 元。

世界环保潮流不会逆向，包装市场的导向更趋明确。我们坚信，若将环境管理因素引入到市场机制中来，会更有力地推动绿色包装经济的快速发展。因为市场经济是自由竞争的经济，但不是无序经济。如果没有市场规则和法律秩序，市场经济就无法生存和发展。所以，在发展绿色包装、防治白色污染的问题上，国家一定要融入“命令—控制”的强制管理机制，制定环境法律法规和标准，并以强制和奖惩的方式予以实施。在包装产品的销售上，实行谁污染谁负责的方法，禁止非绿色包装的市场流通。对绿色包装产品给以大力的扶持和经济上的优惠政策，发放绿色环保标志，提高商品的价位，减少商品的税收等，以达到国家确定发展的产品目标和环境保护的要求。发达国家所经历的历史已充分地验证了它的有效性与正确性。

以上所述都足以证明，经济、技术、管理、意识是“绿色包装”得以实现的重要因素。

随着我国社会主义商品经济的蓬勃发展、国家政策法规的不断完善，人们绿色意识的提高，我国包装业将出现一个飞跃式的发展。要在循环经济中创新技术，形成自主知识产权的原创性绿色包装材料，有力地推动包装业的环境友好、资源节约和人类社会的可持续发展，坚信“绿色包装”世界必将成为现实。随着世界经济的发展，如何保护资源与环境，创造一个良好的生存和发展空间，是实施可持续经济全球良性发展的基本战略。我们期盼着绿色真正成为 21 世纪的迷人色彩，绿色包装真正成为包装设计的未来。

本章小结

为了生产出新兴的、环保型的、满足消费者需求的“绿色”产品，包装生产开始使用可回收材料，对环保的忧虑开始成为主流。符合可持续发展要求的包装对人体健康和生态环境无害，能重复使用或再生利用。顺应时代潮流和民意，环保绿色包装一定会占领现代包装市场。

本章习题

1. 绿色包装设计的理念是什么？
2. 包装废弃物如何处理与回收？

参考文献

[1] 路琳，李平平，完利华. 包装设计 [M]. 北京：清华大学出版社，2020.
[2] 魏建兵. 现代包装设计的起源及发展探究 [J]. 中国包装，2017，37（6）：24-26.
[3] 刘志刚，王志伟，胡长鹰. 塑料包装材料化学物迁移试验中食品模拟物的选用 [J]. 食品科学，2006，27（6）：4.
[4] 张立雷，赵俊杰. 绿色包装与设计 [J]. 北京：人民美术出版社，2021.
[5] 王安霞. 产品包装设计 [M]. 南京：东南大学出版社，2009.
[6] 彭桂秋. 现代包装设计 [M]. 长沙：中南大学出版社，2005.
[7] 宋春艳. 包装设计 [M]. 石家庄：河北美术出版社，2016.
[8] 周威. 植物秸秆包装容器造型设计研究 [D]. 东北林业大学，2010.
[9] 陈磊. 走进包装设计的世界 [M]. 北京：中国轻工业出版社，2002.
[10] 王炳南. 包装设计 [M]. 北京：文化发展出版社，2016.
[11] 秦绍兵. 礼盒包装的结构设计与材料选择 [J]. 印刷技术，2016（6）：2.
[12] 张楠. 绿色包装的材料选择与结构设计分析 [J]. 文艺生活·文海艺苑，2012（8）：155-156.
[13] 刘春雷. 包装材料与结构设计 [M]. 北京：文化发展出版社，2015.
[14] 单桃雷，杨阳. 绿色包装设计的材料选择与再利用 [J]. 现代装饰：理论，2015（3）：1.
[15] 丁烨. 现代包装设计理论及应用研究 [M]. 长春：吉林美术出版社，2018.
[16] 黎英，王建民. 包装容器造型设计的人机尺度与舒适度 [J]. 包装工程，2012，33（24）：4.
[17] 周威. 玻璃包装容器造型设计 [M]. 北京：印刷工业出版社，2009.
[18] 李崴. 中国传统艺术对现代包装设计的审美影响 [J]. 中国包装，2022，42（11）：4.
[19] 徐欣，梅婷婷. 基于视觉传达角度分析互动趣味性包装设计 [J]. 包装世界，2019（5）：3.
[20] 迟俭辉，尉欣欣. 品牌设计的市场调查与定位 [J]. 美术教育研究，2016（9）：1.
[21] 杨静. 饮品包装容器造型设计中的情感分析与表达研究 [D]. 福建师范大学，2013.
[22] 朱和平. 现代包装设计理论及应用研究 [M]. 北京：人民出版社，2008.
[23] 刘印. 现代绿色包装设计实务 [M]. 北京：中国纺织出版社，2021.
[24] 席涛. 绿色包装设计 [M]. 北京：中国电力出版社，2012.

［25］冯华．传统文化在包装设计中的运用［J］．包装工程，2008，29（4）：3．
［26］马强，白桦，王超，等．液相色谱－串联质谱法同时测定纺织品和食品包装材料中的壬基酚、辛基酚和双酚A［J］．分析化学，2010（2）：5．
［27］林庚利，林诗键．包装设计+：给你灵感的全球最佳创意包装方案［M］．北京：中国青年出版社，2013．
［28］吕晶，徐险峰．包装设计［M］．长春：吉林大学出版社，2012．